KB052990

아줌마에서 CEO까지, 기상천외한 복면의 영웅들

해커 활약사

黑客简史：棱镜中的帝国 (ISBN: 978-7-121-24393-6)

해커 활약사

아줌마에서 CEO까지, 기상천외한 복면의 영웅들

리우 창 지음

양성희 권희경 옮김

머리말

해커, 웬만해선 그들을 막을 수 없다

중국 네티즌 인구는 4억 명이 넘는다. 한 민간 조사에 따르면 중국 네티즌 중 해커이거나 해킹을 시도한 적이 있거나, 해킹 기술을 연구한 적이 있는 사람이 전체 네티즌의 31%를 차지한다. 이 어마어마한 수치에 사람들은 경악을 금치 못했다.

중국에서는 Hacker를 黑客로 부른다. 헤이커라고 읽으며, 검은 손님이라는 의미이다. 의미와 발음이 절묘하게 맞아떨어진다. '모든 정보의 무료화'가 최종 목표인 해커는 누구라도 컴퓨터 세계에서 예술과 아름다움을 창조할 수 있고, 컴퓨터로 우리의 생활을 더욱 풍요롭게 바꿀 수 있다고 낙관한다.

뛰어난 컴퓨터 실력과 끓어오르는 열정을 겸비한 해커들은 가상공간에서 자신의 개성을 마음껏 분출한다. 자신감이 넘치는 이들은 돈키호테처럼 현실에서 겪을 수 없는 모험과 정복을 이곳에서 경험한다. 혼자 힘으로 만인의 이상세계를 만들고자 한다.

바이러스 제작자와 달리, 해커는 선과 악 사이에서 생동감이 넘친다. 오늘날 해커는 대부분 창의적이고 앞선 기술을 개발한다는 사명보다 경제적 이익을 목표로 한다. 하지만 대중은 바이러스를 혐오하는 것과 달리 연민과 찬탄의 시선으로 해커를 바라본다.

'해킹의 기쁨과 보상은 순수하게 지적인 영역에 있다'는 말은 실력을 겨루며 즐거워하던 초기의 해커에게나 해당한다. 사람들도 21세기의 해커는 대부분 교묘한 방법으로 재물을 탐하는 '부정한' 도적이라고 인식한다.

그동안 해킹 기술은 극소수 컴퓨터 천재의 전유물이었다. 이 때문에 해커는 정체를 알 수 없는 신비로운 인물, 보통 사람이 범접하기 힘든 대상으로 여겨졌다. 하지만 해커는 의외로 가까운 곳에 있을 수도 있다. 시장통에서 채소값 100원 깎으려고 귀가 빨개지도록 야채 장수에게 목소리를 높이는 아줌마, 말끔한 양복에 서류 가방을 들고 토스트를 베어 물며 출근길을 서두르는 샐러리맨, 커다란 책상에 앉아 엄숙한 표정으로 서류에 사인을 하는 CEO, 혹은 그 옆에서 찻잔에 물을 따르는 비서. 이처럼 해커들은 낮에는 열심히 생업 전선을 뛰어다니다가 밤에는 컴퓨터 앞에 앉아 삼엄한 보안망을 뚫으며 희열을 만끽한다.

이들은 '컴퓨터 파괴자'이기보다는 '컴퓨터 세계의 악동'이고 싶다. 이들은 해커의 집념과 깜찍한 일면까지 한마디로 부정당하는 것을 원치 않는다. 해킹 기술이 갈취와 사기, 절도 등 부정적인 영역에서 종종 활용되지만 해커의 주류는 여전히 밝고 건강하다. 중국에는 의로운 해커를 가리키는 '홍커(紅客)'라는 말까지 등장했다. 이런 사례는 정말 흔치 않다.

해커는 대부분 특별한 방식으로 이름을 남기고 싶어 한다. 사람들에게 모범이 되도록 새로운 기술을 탐구하며 실력을 키우고, 이로써 자신들의 존재가 하나의 문화 현상으로 기록되길 바란다. 자신의 재주를 펼칠 수 있는 무대라면 어디든 마다치 않는다. 하지만 이 사람들은 자신을 단련하고 존재를 표현하는 방식이 상당히 남다르다.

'예술의 경지에 이른 해킹 기술'을 범죄의 도구로 전락시키는 해로운 해커도 분명 있다. 신념과 입장이 확고하지 않은 해커는 선과 악 사이에서 끊임없이 흔들린다. 남다른 탐구 정신과 뛰어난 컴퓨터 실력은 이들의 손에서 날카로운 무기가 된다. 그렇게 파괴자가 되어 법망을 넘나드는 자들 또한 적지 않다.

해커에게 도덕과 비도덕의 경계는 선명하면서도 모호해서 선택하기가 쉽지 않다. 다수의 해커가 나이가 들어 호기심과 열정이 감소하고 지성이 무르익어 세계를 이해하는 시각과 사물을 바라보는 관점이 달라지면 날카로운 무기를 숨기고 일선에서 사라진다. 이른바 '해커식 성숙'이다.

해킹은 대부분 양측 모두 피해를 보고 무고한 피해자까지 만들어 낸다. 타인을 공격하다가 자신이 공격당할 확률이 40%가 넘기 때문에 자주 해킹하는 사람은 그만큼 자주 OS를 다시 설치해야 한다. 타인에게 10만큼의 피해를 주려면 자신도 8은 망가져야 하는 것이다. 정의로운 이유로 타인을 공격하더라도 해커 자신 역시 피해를 감수해야 한다.

도의적인 관점과 법률적인 관점 모두 타인의 컴퓨터에 침입하는 해킹 행위를 위법으로 간주한다. 그 동기가 정의로울지라도 법률의 제재를 받는다. 상대방의 보복성 공격뿐만 아니라 죗값을 요구하는 엄격하고 공정한 법률 역시 해킹의 위험 요소다.

평범한 네티즌으로 정식 소프트웨어를 사용하고 타인을 해킹하지 않으며, 선과 악의 경계에서 흔들리지 않는 것이 기본 준칙이다.

인터넷 전쟁에서 압도적인 승리란 없다. 결국 양측 모두 피해를 감당해야 한다.

인터넷은 없는 것이 없는 매혹적인 가상세계다. 누구도 이 세계를 완벽하게 벗어날 수 없다. 해커에게 인터넷은 가상세계의 경기장이자 무예장, 화려한 무대다. 해커가 없다면 이 가상세계는 얼마나 적막하고 무미건조하겠는가.

해커정신은 우리에게 익숙한 인터넷 정신—개방, 평등, 협력, 공유와 상통한다. 진정한 해커라면 최첨단 컴퓨터 기술은 기본이고 뛰어난 창의력, 정의감과 상상력을 지녀야 한다. 컴퓨터 기술이 끊임없이 발전한다 해도 첨단 신기술 탐구자로서 해커는 사라지지 않을 것이다. 해커의 존재에 수반되는 부정적 영향을 최소화하고 신기술을 탐구하는 집념만큼은 격려하여 그들의 창의적인 정신이 정보화시대를 아우르길 바라는 마음으로 이 책을 썼다.

차례

머리말 :: 해커, 웬만해선 그들을 막을 수 없다 4

당신의 정보는 국가에 보고되고 있습니다 12

911 테러 이후 합법적 사찰을 몰래 시행한 미국과
일명 프리즘 프로젝트의 실체를 폭로한 에디워드 스노든

아이폰의 탈옥을 '허'하라 24

아이폰을 탈옥시키려는 조지호츠, 알레그라와
이를 막으려는 애플의 고군분투

로봇 덕후, 31억 세계인을 빨아들이다 42

애플에서 쫓겨난 건 스티브 잡스만이 아니었다
안드로이드의 아버지 앤디 루빈

인터넷 시대 X파일 53

미국 정부의 죄를 폭로한 죄로 체포된
위키리크스 창립자, 줄리안 어산지

페이스북을 만든 해커, 마크 저커버그 71

페이스북 창업과 관련된 돈과 배신의 이야기

자원공유를 위해 싸우는 해커 순교자 85

정보 자유, 자원 공유를 위해 싸우다 죽은
에런 스워츠와 조나단 제임스

선과 악의 싸움 : 바이러스 사냥꾼 102

베일에 싸인 정보요원 유진 카스퍼스키와
장애의 어려움을 이겨내고 중국 바이러스 시장에서 우뚝 선 왕장민

세계 최고의 해커와 보안 기술자의 대결 114

세계 최고의 해커 케빈 미트닉과 세계 최고의 보안 기술자
시모무라의 창과 방패의 대결

소스코드로 된 백지수표 137

ATM을 잭팟 기계로 바꾸고, 자신의 계좌에 원하는 액수를 적고,
주식으로 돈을 버는 해커와 돈 이야기

해커가 있기에 세상이 발전한다 155

모든 통신을 도청할 수 있었던 도청 전문 해커 케빈 폴슨의 이야기

차례

질투는 해커의 힘 164

실력만큼 사랑에 대한 질투도 무시무시했던 여성 해커, 수잔 헤들리

역사상 가장 강력한 바이러스 CIH 181

하드웨어까지 망가뜨리는 CIH 바이러스
그 바이러스가 휩쓸고 간 흔적

벌레보다 끔찍한 웜 바이러스 196

이메일을 이용하는 웜바이러스는 계산 착오로 생겨났다?

네트워크 대전 215

사용자를 인질로 한 중국 회사의 네트워크 대전. 그 승자는?

복권에 당첨되는 가장 빠른 방법 223

복권 당첨 번호를 조작한 해커
신뢰할 수 있는 사이트의 위험성

해킹으로 걸프 전쟁의 승기를 잡은 미국 233

걸프 전쟁을 승리로 이끈 해킹 기술의 위력과 현황

미국의 사이버전쟁 시스템 250

북한에게 한방 먹은 미국의 사이버 전쟁 시스템,
해커들의 낙원이 된 사연

해커의 정신을 지키기 위한 투쟁 263

클라우드 스토리지 창시자 킴 닷컴
소프트웨어 무료를 위해 힘쓴 리처드 스톨먼

해커는 당신 옆에 있다 279

최초의 해커는 컴퓨터가 아니라 호루라기를 이용했다?
너무 어려서 파산한 빌 게이츠의 첫 번째 회사

당신의 정보는 국가에 보고되고 있습니다

나는 높은 연봉을 받는 대가로 타인의 일거수일투족을 감시하며 살고 싶지도 않고, 타인에게 나의 일거수일투족을 감시당하며 살고 싶지도 않다.

공상과학영화가 단순히 영화만은 아니다

"이것은 제리 쇼의 구매 내역입니다. 취미, 관심사 등 개인의 특성을 파악할 수 있는 데이터죠. 우리는 소셜 네트워크와 인터넷 사용기록, 문자메시지를 감시합니다. 동료나 친구, 애인의 이메일, 휴대전화 통화기록, 방범 카메라를 활용해 정보를 수집하기도 하죠. 이 데이터를 모아 세상 모든 사람들의 정보를 다 담고도 남을 만한 거대한 정보 창고를 구축합니다. 우리는 당신이 누구인지 압니다. 우리는 어디에나 있습니다. 연방국의 건설과 정의 수호, 안전 보장, 국가안보 확립을 위해 우리는 미국 국민이 다운로드한 모든 데이터를 제어센터로 모아 둡니다."

2008년 개봉된 미국영화 〈이글아이(Eagle Eye)〉에 나오는 대사다. '자동수사지능통합분석시스템' 이글아이는 국가 안전을 위해 사건과 관련된 방대한 양의 정보를 다양한 방법으로 수집, 분석, 판단한다. 그리고 핸드폰, 현금지급기, CCTV, 교통안내 LED사인보드, 신호 등 주인공 주변에 있는 전자장치와 시스템을 이용해 주인공을 조종한다.

〈이글아이〉는 공상과학영화이다. 하지만 과학기술이 발달하는 추세를 보면 어떤 공상과학영화도 현실이 될 수 있을 것 같다. 과학자와 정치인들은 과학기술이 우리의 삶을 더 윤택하게 한다고 말한다. 그렇지만 반대로 과학기술이 우리의 삶을 망가뜨린다고 생각하는 사람도 적지 않다. 설사 과학기술을 좋은 의도로 활용한다 하더라도 그 방식에 대해서는 논의가 필요하다.

당신의 정보는 국가에 보고되고 있습니다

2013년 6월 5일, 영국의 가디언(The Guardian)지는 NSA(National Security Agency, 국가안전보장국)가 미국의 이동통신업체인 버라이즌(Verizon Communications)에 수백명의 통화기록을 요구했다는 무기명 제보를 보도했다. 통화기록을 요구한 대상에는 정치경제 분야의 유명인사뿐 아니라 범죄 성향을 가진 일반인도 포함되었다. 이 통화기록은 공직자의 자질을 검토하고 범죄자의 범죄 사실을 증명하는 데 활용되었다.

그 다음날 미국의 워싱턴포스트(Washington Post)지는 지난 6년간 NSA와 FBI(Federal Bureau of Investigation, 연방수사국)가 정부의 이름으로 마이크로소프트와 구글, 애플, 야후 등 9대 IT산업 공급업체에 서버의 인터페이스를 개방하라는 요구를 했다고 보도했다. 이를 이용하여 미국 전역의 인터넷 서버에 합법적으로 접속해 미국 국민의 이메일과 대화 기록, 동영상, 사진 등의 개인정보를 감시했다고 밝혔다. 이는 곧 미국의 인터넷 서버를 거치는 이메일은 모두 감시의 대상이 될 수 있으며, 애플의 아이폰으로 한 통화는 물론 해외에서 걸려온 전화까지도 모두 감청될 수 있음을 뜻한다.

실리콘밸리에 닥친 신뢰의 위기는 미국 사회를 뒤흔들었다. 국회는 '미국 국민의 안전을 고려한 조치'였다고 밝혔다. 9.11테러 이후 미국에게는 전 세계가 경계해야 할 대상이었다. 테러의 위험을 실감한 미국은 테러성향이 다분하다고 생각되는 국가와 조직의 정보를 감시하기 시작했다.

사실이 보도된 지 이틀 후 오바마(Barack Obama) 미국 대통령의 대변인은 미국 정부의 감시 조치는 사실이라고 서면으로 발표했다. 대변인은 이 프로젝트는 9.11테러 직후부터 시작해 지난 10년간 실시해왔고 미국 국민을 겨냥한 것이 아니며 국회의 승인을 받았다고 밝혔다. 또한 "미국 국민의 안전을 보장하기 위해 절실한 조처이며, 해외정보감시법(Foreign Intelligence Surveillance Act, FISA)의 관리와 감독을 받는다"고 강조했다.

국가의 기밀전자도청 프로젝트 프리즘

그러나 사건은 누그러지지 않았다. 2013년 6월 9일, 가디언지는 미국 정부가 일급기밀문서 누출사건의 주인공으로 지목한 인물과의 인터뷰 내용을 보도했다. 인터넷에서 제2의 어산지*라 불리는 그는 자발적으로 신분을 밝혔다. 그 밀고자는 에드워드 스노든이라는 사람으로, 국방부 소프트웨어 및 관련 사무 계약업체인 부즈 앨런 앤드 해밀턴(Booz Allen & Hamilton Inc.)의 고급정보원이었으며, 이 회사에서 일하기 전 4년간 NSA에서 근무했다.

"전 세계인의 사생활과 인터넷의 자유를 침해하는 미국 정부의 행태를 두고 볼 수 없었습니다. 이는 양심에 거리낄 뿐 아니라 도의에 어긋나는 일입니다. 이런 프로젝트에 참여했다는 사실이 부끄럽습니다."

그는 인터뷰에서 2년 전 어산지가 했던 이야기를 언급했다. 당시 어산지는 페이스북이 몇 년 만에 세계 제일의 실명 소셜 네트워크로 성장할 수 있었던 가장 근본적인 동력은 미국 정부라고 주장했다. 미국 정부가 페이스북이라는 정신적 아편으로 사람들을 현혹해 스스로 자신의 이름과 사생활, 오늘 저녁 식단과 내일 목적지까지 페이스북에 공개하게 만들었다며, 페이스북이야말로 최고의

* 위키리스크 설립자

간첩이라고 피력했다. 어산지는 구글, 야후 등 세계 유명 포털사이트가 미국 정보조직을 위해 전용 로그인 인터페이스와 백그라운드 조회 시스템을 제공했으리라 추측했다.

"어산지의 발언은 추측일 뿐이지만 저는 증거가 있습니다. 제가 참여했으니까요."

스노든은 두 번의 인터뷰에서 자신의 경험을 근거로 미국 정부가 막대한 자금을 들여 진행한 프로젝트의 내용을 구체적으로 나열했다. NSA의 기밀문서에서 '프리즘'이라 불린 이 프로젝트는 NSA가 2007년부터 실시한 국가급 기밀전자도청프로젝트로, 국방부에서는 'US-984XN'이라고 불렀다. 스노든이 공개한 자료에 의하면, 야후와 같은 세계 유명 포털사이트는 사용자 데이터를 정부에 제공했고, 7년 간 시행된 이 프로젝트에 매년 2천억 달러의 비용이 들었다.

"프리즘은 세금을 어마어마하게 쏟아 부으며 인터넷 세계를 심각한 신뢰의 위기로 몰아넣었습니다. 9.11 테러로 전 세계는 미국의 반테러 물결에 휩쓸리고 있습니다. 오바마 정부가 아무리 테러 방지의 필요성을 강조하더라도 국민들 몰래 시행한 감청과 감시는 도덕의 기본선을 넘었으며 국민의 기본 권리를 침해했습니다."

이에 대해 워싱턴 포스트지는 이렇게 보도했다. "이 프로젝트는 법적으로 자유롭다. 오바마 대통령은 테러사건으로 공황에 빠진 미국 국민을 어루만지겠다는 공약으로 재임에 성공했지만 또다시 국민을 실망하게 했다."

감시한 사람은 있는데 정보를 제공한 사람은 없다?

스노든의 폭로는 큰 파장을 몰고 왔다. 프리즘 프로젝트가 공개된 지 이틀 후 오바마 대통령이 이 프로젝트의 존재를 공식 인정했음에도 불구하고, 스노든이 거론한 포털사이트들은 프리즘 프로젝트에 참여하거나 기술력을 제공하지 않았다고 반박했다. 구글 CEO 래리 페이지(Larry Page)와 최고법률책임자 데이비드 드러먼드(David Drummond)는 트위터를 통해 NSA가 실시한 '프리즘 프로젝트'에 구글은 참여하지 않았으며, 정부 기술자나 국방부 조사기관에 인터페이스도 제공하지 않았다고 밝혔다. 페이스북의 CEO 마크 저커버그도 페이스북에 자신이 무고하다는 입장을 밝혔다.

"페이스북은 미국 정부 및 타국 정부가 서버에 직접 접속하도록 허용하지 않았습니다. 관련 정보와 메타데이터를 제공하라는 법원이나 정부기관의 요청을 받지도 않았습니다. 버라이즌과 같은 요구는 받지 않았으며 '프리즘'이라는 단어를 들어본 적도 없습니다."

미 하원 정보위원장인 마이크 로저스(Mike Rogers)는 버라이즌에서 통화 기록을 수집한 것은 미국 법률에 의거한 조치이고, 프리즘 프로젝트는 국회의 비준을 거친 것이으로 오바마 정부가 권력을 남용한 것이 아니라고 밝혔다.

"국회는 미국 국민을 대표합니다. 국회에서 통과되었다는 것은 미국 국민이 동의한다는 뜻입니다."

하지만 오바마 대통령이 프리즘 프로젝트의 존재를 인정한 순간, 전 세계의 선량한 사람들은 충격을 받았다. 이 사건이 있기 전까지는 감히 상상할 수 없는 일이 벌어진 것이다. 내가 사용하는 휴대폰에서 통화 기록과 대화 기록이 어디론가 전송되고 있고, 그 자료가 범죄증거로 활용될 수 있다니. 페이스북에서 잘못 허풍을 떨었다가 페이스북을 감시하던 경찰관이 나를 체포할 수도 있다니.

미국의 동맹국인 독일과 영국은 미국 정부에 이 사건을 이해할 수 있게 설명하고, 자국민은 NSA에 감시당하지 않았음을 증명하라고 요구했다. 오스트레일리아와 뉴질랜드에서는 자국민의 개인 정보가 인터넷을 통해 어떤 감시도 받지 않았음을 서면으로 보증하라고 미국 정부를 압박했다. 미국 정부는 다른 나라 국민은 감시하지 않았다고 발표했지만 프리즘 프로젝트가 폭로된 이상 세계 제일 패권국가의 발언을 믿는 사람은 많지 않았다.

인터넷을 통해서 정보를 전송하려면 반드시 정보를 모으고 재발송하는 중계 서버가 필요하다. 세계 모든 국가와 기관이 각자의 인터넷 서버를 갖고 있지만 전체 인터넷을 연결하는 '최상위 서버'는 미국에 있다. 인터넷을 통해 전달하는 세계의 모든 정보가 미국의 최상위 서버를 통과할 수도 있다는 뜻이다. 그것이 아니라 하더라도 최소한 미국의 최상위 서버는 다른 나라의 서버에 자유롭게 접속할 권한이 있다. 즉, 누군가 간첩 목적으로 정보의 일부 혹은 전체를 빼내는 일이 이론적으로 가능하다.

스노든, 영웅의 역경

어릴 때부터 컴퓨터를 유난히 좋아한 스노든은 고교 시절 이미 뛰어난 해커로 정평이 나 있었다. 고등학교 때 노스캐롤라이나 주 중앙은행 산하의 정부와 재정부문 웹사이트를 해킹했는데 그 일로 퇴학을 당하고 말았다. 2004년에는 미 육군 특수부대 훈련에 참가하였다. 특수부대는 스노든이 범상치 않은 인재임을 알아차렸고, 그때부터 CIA(Central Intelligence Agency, 중앙정보국)가 이 컴퓨터 천재를 주시하기 시작했다.

2007년 스노든은 CIA 특수정보원으로 발탁되었는데 덕분에 국가 기밀문서를 접할 수 있었다. 2년 후에는 CIA 소속의 NSA로 옮겨 암호연구실 부연구원으로 일했다. 그러나 스노든은 NSA에서 일하면서 국민의 사생활을 끝도 없이 침해하는 미국 정부에 염증을 느끼기 시작했다. 그리고 증거자료를 모으기 시작했다. 2013년 5월 20일, 스노든은 현금 가치가 수십억 달러에 달하는 프리즘 프로젝트의 증거자료를 들고 연봉 30만 달러의 직장과 사랑하는 여인, 부모를 떠나 홍콩으로 갔다.

세계적으로 영향력 있는 두 언론 매체에서 연이어 프리즘 프로젝트를 보도한 뒤, 스노든은 홍콩의 한 호텔에서 은신하며 몇몇 제3국에 정치적 망명을 신청했다. NSA는 이미 스노든의 형사 조사를 마친 상태였다. 홍콩과 미국의 법률에 따라 스노든에게 지어진 죄목은 최소 36개였고 복역 기간은 최대 70년이었다. 가디언지와 인터뷰에서 스노든은 이렇게 말했다.

"저는 여기저기 숨어다니는 도둑이 되었습니다. 하지만 저는 영웅입니다. 숨어야 할 것은 세계제일이라 자칭하는 미국 정부죠."

스노든은 홍콩의 호텔에 은신하면서 외출은 엄두도 내지 못했다. 도청될까 두려워 침대보를 찢어 문틈을 막았다. 어딘가 있을지 모를 감시카메라를 피하려고 컴퓨터를 사용할 때는 이불을 뒤집어썼다. 호텔에 화재경보가 울릴 때조차 밖으로 나오지 않았다. 국가반역죄를 무릅쓰고 기밀을 폭로한 동기에 대해 스노든은 이렇게 대답했다.

"저는 비밀이라곤 손톱만큼도 없는 세상에서 살고 싶지 않습니다. 미국 정부가 전 세계인들의 사생활을 침해하는 것을 양심상 두고 볼 수 없었습니다. 인터넷은 누구에게나 자유롭고 공정해야 합니다. 그들은 인터넷을 모독했습니다. 미국 정부는 결국 저를 감옥에 넣을 겁니다. 하지만 저는 원망도 후회도 없습니다. 두렵지도 않습니다. 세계 최고의 정보기구에 대항할 수 없을 테니, 수감은 각오해야겠죠. 잡히는 건 시간문제일 겁니다. 하지만 저는 담담히 받아들이겠습니다."

망명 생활의 시작

2013년 6월 23일, 홍콩은 프리즘 프로젝트의 최신 뉴스를 보도하면서 스노든이 이미 합법적인 경로로 제3국으로 떠났다고 밝혔다.

이 후 스노든을 태운 것으로 추정되는 러시아 여객기 SU213이 모스크바에 착륙하자 각국 언론매체가 벌떼처럼 몰려들었다. 하지만 비행기에서 내리는 스노든의 모습은 볼 수 없었다. 러시아의 코메르산트((Kommersant Daily)지는 냉전 시대 위세를 떨쳤던 소련 국가보안위원회(Committee for State Security, KGB)를 기반으로 한 러시아 연방보안국(Federal Security Bureau)의 차량과 에콰도르대사관의 차량이 공항에서 스노든을 기다리고 있었다고 보도했다. 일각에선 스노든의 최종목적지가 에콰도르나 아이슬란드일 것이라는 추측이 나왔다.

6월 25일 가디언지의 보도에 따르면 스노든은 어산지의 전례를

본보기로 아직 공개하지 않은 기밀자료를 친구들에게 맡겨두었다고 했다. 스노든이 미국에 잡히거나 미국으로 인도된다면 미국 정부가 기필코 숨기려 하는 기밀문서가 공개될 것이라고 전했다.

2013년 7월 1일, 스노든은 러시아에 정식으로 정치적 망명을 신청했다. 스노든의 폭로가 세계를 떠들썩하게 한 상황에서 미국의 동맹국은 물론이고 그 외 국가도 스노든의 망명을 선뜻 받아주기란 쉽지 않았다. 대부분의 나라가 망명을 거절한 후 러시아에서 임시로 스노든을 받아주었다. 이후 독일, 영국, 프랑스 등은 미국의 결의를 옹호하면서 자국민의 사생활은 '절대 안전'하다고 빤히 보이는 거짓을 발표했다.

전 세계의 대형 네트워크 서버 중 상당수가 미국에 있다. 미국이 아무리 부정하더라도 기술력과 실행 가능성으로 따져보면 미국은 '손쉽게 필요한 정보를 무엇이든 빼낼 수 있는' 최상의 조건을 갖추고 있다. NSA 직원이었던 스노든은 국경을 막론하고 네트워크 정보를 훔치는 미국 정부의 행태를 폭로했다. 프리즘에 반사된 빛이, 음지에 숨어 전 세계를 염탐하던 미국 정부를 만천하에 드러냈다. 타국의 '사이버 공격'을 고발해 온 미국 정부가 사실 도발자였음은 의심할 여지가 없다. 그런데도 줄곧 피해자의 얼굴을 해왔다니, '블랙 코미디'가 따로 없다.

세상에 공개된 프리즘 프로젝트와 스노든 때문에 미국 정부는 대외 외교에서 약자가 되었고 동맹국에 체면을 구겼다. 프리즘 프로젝트의 대상이 자국민이 아니라서 타국 국민을 감시해야 하는가? 테러 방지를 위해서 모든 사람의 사생활이 가차 없이 희생되어야 하는가? 테러 방지가 이유라면 이 세상에서 테러가 사라지지 않는 한, 전 세계 시민들의 사생활은 결코 보장받지 못하는가?

프리즘 프로젝트가 우리 삶에 미치는 의미

스노든의 폭로로 수많은 의문이 수면 위로 떠올랐다. 이 청년은 공공의 적일까 영웅일까? 사실 미국의 입장에서 스노든은 정부 기밀을 빼돌려 타국으로 도주했다는 사실만으로 국가반역죄를 저지른 범죄자임이 틀림없다. 하지만 스노든의 행동은 빅 브라더*가 실제로 우리 주변 어딘가에서 우리의 일거수일투족을 감시하고 있음을 일깨웠다.

프리즘 프로젝트가 공개된 후 미국에서 여론조사가 시행되었다. 53%의 응답자가 테러 방지를 위해서라도 절대 타인의 통화기록과 인터넷 기록을 훔쳐서는 안 된다고 답했다. 38%의 응답자는 어떤 그럴싸한 명분을 내세워도 범죄 혐의가 없는 개인의 사생활을 감청하는 것은 옳지 않고 받아들일 수 없다는 의견을 밝혔다.

프리즘 프로젝트가 폭로되면서 정보화 세계에 우호적이던 일반 대중에게도 변화가 나타났다. 대중에게 이번 사건은 정보가 넘치는 시대에 개인정보가 갖는 가치를 되짚어보고, 개인정보의 감시와 통제에 대해 새롭게 인식하기 시작하는 계기가 되었다.

모든 휴대전화가 도청당하고 있을 거라는 스노든의 발언은 근거가 부족하고 다소 과장되었을 수 있다. 하지만 우리는 이미각종 CCTV에 익숙하다. 방범 CCTV는 골목마다 없는 곳이 없다. 야간 촬영이 가능한 적외선 카메라가 24시간 돌아간다. 강도사건이 발생하면 경찰은 CCTV로 혐의자의 도주 예상 경로를 추적하여 위치

* 조지 오웰의 소설 『1984』에 등장하는 사회를 감시하는 독재자.

를 확인한다. 마음만 먹으면 누군가가 언제 어디에 있는지 찾아낼 수 있다.

스노든이 폭로한 프리즘 프로젝트는 인터넷에서 주고받는 모든 정보에 침입한다. 당신이 인터넷에 접속하고 키보드를 두드리는 순간부터 거의 모든 내용이 낱낱이 추적당한다. 스노든이 '미국의 치부를 공개하고 공공의 이익을 수호한 영웅'이 된 것도 이 때문이다.

아이폰의 탈옥을 '허'하라

"가능하다면, 나는 스티브 잡스와 직접 이야기하고 싶다."

스티브 잡스와 조지 호츠의 정면 대결

2007년 1월 9일, 애플은 아이폰을 선보이며 전 세계의 이목을 집중시켰다. 그해 6월 29일, 미국 이동통신사 싱귤러(Cingular)를 통해 정식 판매가 시작된 후로, 아이폰은 개성과 편의성을 앞세워 인기몰이를 시작했다. 아이폰 운영체제 iOS는 꾸준히 업그레이드되며 우수성을 인정받아 왔다. 당시의 아이폰은 인터페이스, 사용법, 기능은 물론 개념적인 면까지 매우 획기적이었다. 특히 외부연동, 편의성, 속도 면에서 최고의 찬사를 얻으며 세계적으로 많은 마니아를 양산했다. 지금까지도 애플은 편의성과 안정성을 내세워 세계 휴대폰 시장과 PC시장의 강자로 군림하는 한편, 최고의 기술력으로 세계 전자기기 발전과 유행을 선도하고 있다.

아이폰과 아이패드 판매량이 폭발적으로 증가했던 2012년, 애플은 시장가치 5천 억 달러를 돌파하며 명실상부 세계 최고 전자회사로 등극했다. 휴대폰과 컴퓨터 판매 외에 애플 성장을 이끈 또 하나의 동력은 바로 애플스토어이다. 아이폰에는 기본 소프트웨어 외에 다양한 기능을 체험할 수 있는 트라이얼 버전 소프트웨어가 포함되어 있다. 만족스러운 체험이 자연스럽게 구매로 이어지도록 유도하려는 것이다.

전자기기와 OS시스템은 보통 저작권 보호법에 따라 사용권이 제한되며 유료소프트웨어가 포함된 경우가 많다. 제조사는 수익을 극대화하기 위해 전자기기에 여러 가지 애플리케이션을 기본으로 탑재시키고 사용권을 제한한다. 예를 들어 일반 사용자가 슈퍼 사용자* 권한을 침해하지 못하도록 하거나, 유료 기능의 사용을 제한

* super user, 시스템 관리자를 위한 특별한 사용자 계정

하는 조치가 여기에 해당한다.

그런데 이런 조치를 매우 불쾌하게 생각하는 일반 사용자가 늘고 있었다. "비싼 돈을 주고 산 휴대폰을 내 마음대로 사용할 수 없다니!"애플 제품은 특히 고가인 데다 개성 강한 고객이 많아 가장 먼저 문제가 불거졌다. 기본으로 탑재된 애플리케이션은 불필요해도 삭제할 수 없기 때문에 쓸데없이 시스템 용량만 차지하면서 시스템 속도를 저하시켰다. 또한 애플스토어 외에 다른 루트로는 소프트웨어를 설치할 수 없고, 정식 루트를 통해 다운받은 소프트웨어도 막상 사용해보면 중요한 기능은 모두 유료로 제한되어 있다. 일부 사용자는 '찰칵'소리를 조절할 수 없는 카메라 기능에 강한 불만을 표시했다. 휴대폰 성능에 영향을 끼치지는 않지만 꽤 신경 쓰이는 부분이다.

당시 세계적으로 사용되던 스마트폰 OS 및 관련 핵심 기술은 애플 iOS, 노키아 심비안(Symbian), 구글 안드로이드로 대표되는 소수 글로벌 대기업이 독점하고 있었다. 각 OS는 기업의 방향성과 개성을 뚜렷이 표현하는 동시에 타 시스템과의 호환을 철저히 차단한다. 심비안이나 안드로이드의 경우 주요 시스템프로그램에 한해 사용자 임의 삭제를 차단했을 뿐, 전체적으로는 사용자 권한에 대한 만족도가 높은 편이었다. 그러나 아이폰 iOS는 사용자 권한이 전반적으로 낮았다. 아이폰은 임의로 유저인터페이스를 변경할 수 없고, 기본 탑재된 애플리케이션을 삭제할 수도 없었다. 기본적으로 애플스토어에서 판매하는 애플리케이션만 사용할 수 있었으며, 소프트웨어 외부입력 방법도 아이튠즈에 제한되어 있다.

사실 이는 단점인 동시에 장점이기도 했다. 덕분에 아이폰은 바이러스 노출 위험이 적어 매우 안정적인 OS로 평가받고 있으며 절전 효과가 높고 시스템 다운율도 낮았다. iOS는 결과적으로 애플의 수익극대화에 크게 공헌하는 동시에 기업 신뢰도를 크게 향상시켰다. 이처럼 '사용자 권한'은 양날검의 이중성을 내포하고 있다. 그동안 우리는 윈도우 컴퓨터를 사용하면서 수시로 바탕화면을 바꾸고 아이콘을 정리하는 것에 익숙해졌다. 이런 상황에서 아이폰의 고정불변성은 일단 새로웠다. 하지만 뛰어난 성능을 자랑하는 아이폰에 메뉴 정리와 같은 아주 기초적인 기능이 없다는 사실은 확실히 이상해보였다.

아이폰의 적수 등장

애플이 처음 아이폰을 출시한 지 두 달이 지났을 즈음, 유명인의 운명을 타고난 한 소년이 등장했다. 이름도 외모도 평범하기 그지없는 17세 소년 조지 호츠.

최초의 아이폰은 현재 AT&T에 합병된 이동통신사 싱귤러와 독점 계약을 맺고 출시됐기 때문에 싱귤러를 통해서만 아이폰을 사용할 수 있었다. 당시 티 모바일(T-Mobile) 통신사 유심칩을 사용하고 있던 호츠는 이 사실을 인지하지 못하고 아이폰을 사버렸다. 아이폰을 구매한 후에야 기존의 유심칩을 사용할 수 없음을 알게 된 호츠는 단순히 호기심으로 아이폰 시스템을 연구하기 시작했다. 그는 인간의 편의를 위해 이용하는 전자기기에 실행할 수 없는 기능이 존재한다는 사실을 용납할 수 없었다. 그 존재는 호츠에게 매우 큰 자극제였다. 더구나 호츠는 이 문제를 충분히 해결할 수 있는 타고난 천재이기도 했다.

스마트폰 시스템 작동 원리는 기본적으로 컴퓨터와 비슷하다. CPU가 종합적으로 데이터를 수집하고 처리해 해당 소프트웨어로 전송한다. 호츠는 휴대폰 장금장치 암호를 풀어 휴대폰 베이스밴드 프로세서*가 외부에서 입력한 호츠의 명령을 인식할 수 있게 만들었다.

물론 그 과정은 간단하지 않았다. 호츠는 일단 사용설명서가 닳아 찢어지도록 읽고 또 읽은 후 아이폰을 분해했다. 학교에서 배운 전기공학 지식과 인터넷에서 얻은 관련 정보를 바탕으로 베이스밴드 칩에 전선을 이어 붙였다. 이 전선으로 5V 전류를 흘려 넣어 최면을 걸듯 베이스밴드 프로세서 구동주파수를 교란시켰다. 이어서 '언락 아이폰'에 모든 이동통신사의 무선신호를 받아 자동으로 연결할 수 있는 새로운 처리프로그램을 입력시켰다.

호츠는 친구 두 명과 한 달 동안 아이폰 3대를 작살낸 후에야 목표를 달성할 수 있었다. 2007년 8월 27일 밤, 호츠는 아이폰에 원래 사용하던 티 모바일 유심칩을 끼우고 일본에 있는 고모에게 전화를 걸었다. 호츠는 당시 상황을 이렇게 기억했다.

"고모 목소리가 놀랄 만큼 또렷하게 들렸어요. 고모는 제가 흥분한 상태라는 걸 알았는지 '네 심장 뛰는 소리까지 들린다'라고 말했죠."

물론 심장 소리가 들린다는 말은 과장이었지만, 세계 최초로 아이폰 탈옥에 성공한 그 순간은 17세 소년에게는 난생 처음 경험하는 영광의 순간이었을 것이다.

통화가 끝난 후 호츠와 친구들은 아이폰을 해체하고 탈옥하는

---

* baseband processor, 스마트폰에서 모뎀 기능을 하는 부분.

전 과정을 영상에 담아 당당하게 인터넷 동영상 사이트에 올렸다. 세계 최초 언락 아이폰 제작 영상은 순식간에 조회수 200만을 넘겼다.

곧이어 언론에서도 난리가 났다. 다음날 '천재 소년, 애플 제국을 무너뜨리다'라는 기사 제목과 함께 조지 호츠의 이름이 세계 주요 언론사 인터넷사이트를 뒤덮었다. 기사가 나가자마자 미국 켄터키주 루이빌에 위치한 휴대폰 수리업체 서티셀(CertiCell)이 호츠에게 기술 거래를 제안했다. 서티셀은 호츠에게 닛산 350Z 쿠페와 아이폰 3대로 그가 만든 아이폰 탈옥 프로그램 소스 코드를 사들였다.

호츠가 아이폰 탈옥에 성공함으로써 사람들은 모든 이동통신사 유심칩으로 아이폰을 사용하고, 애플스토어를 통하지 않아도 아이폰이 실행할 수 있는 모든 소프트웨어를 이용할 수 있게 됐다. 호츠의 아이폰 탈옥은 애플이 만들어놓은 사용자 권한 잠금장치를 없앰으로써 아이폰 사용자가 원하는 소프트웨어를 무료로 자유롭게 사용하도록 만들었다는 데 가장 큰 의미가 있었다. 호츠는 미국 CNBC와의 인터뷰에서 이렇게 말했다.

"가능하다면, 나는 스티브 잡스와 직접 이야기 하고 싶다."

당시 세상에서 가장 바쁜 기업인이었던 잡스는 이 제안에 별 다른 흥미를 느끼지 못했겠지만. 마침 이와 비슷한 시기에 탈옥을 다룬 미국 드라마 '프리즌 브레이크'가 세계적으로 큰 인기를 끌면서, 휴대폰 시스템 프로그램 잠금장치를 해제하는 행동을 '탈옥'이라 부르기 시작했다.

플레이스테이션3의 악몽

호츠는 아이폰 탈옥 이전에 이미 수차례 천재성을 입증했다. 그가 처음 만든 작품은 일종의 일정알람프로그램으로, 컴퓨터에 중요한 일정을 입력하면 컴퓨터가 시간에 맞춰 알림 기능을 작동시키는 것이었다. 단순히 프로그램 수준으로만 따지면 별로 대단한 일이 아니지만, 5살 아이가 만들었다면 이야기가 달라진다.

14살 때에는 3D맵핑 기술로 인텔국제과학기술경진대회(이하 ISEF) 결선에 진출했다. 2년 후에는 뇌파컨트롤시스템으로 다시 한 번 ISEF 결선 무대를 밟았다. 14살짜리가 해냈다고 해서 이 기술들을 무시해선 안 된다. 현재 세계 전자회사 중에는 이런 기술력조차 갖추지 못한 곳이 훨씬 많다. 호츠는 아이폰 탈옥 성공 직후에도 또 한 번 ISEF 결선에 진출했다.

"나는 해커의 운명을 타고난 것 같다. 나는 어떤 이념을 위해 혹은 특별한 목적 때문에 해커가 된 것이 아니다. 해킹은 한마디로 시스템 원작자와의 대결이다. 해킹에 성공하는 그 순간, 온 몸이 뜨거워지고 살아있음을 느낀다."

2009년 12월 26일, 호츠는 자신의 블로그에 밑도 끝도 없는 한 마디를 던졌다.

"때가 됐다!"

호츠의 열성팬들은 여기에 깊은 뜻이 담겨 있다고 생각했다. 한 팬이 무슨 일인지 반문하자 호츠는 이렇게 대답했다.

"조금 더 어려운 게임에 도전하겠다. 지난 3년 간 난공불락으로 이름을 떨친 소니의 플레이스테이션3(이하 PS3)에 도전한다."

소니가 만든 PS3는 세계적으로 인기 있는 게임기다. 게임 시장을 장악하며 소니에 막대한 수익을 안겨준 상품인 만큼, PS3의 핵심코드는 국가급 기밀에 속한다. PS3는 이용자들의 소프트웨어 기능 확장을 엄격히 제한했다. 예를 들어 PS3 사용설명서에 "모든 게임 소프트웨어는 반드시 지정 사이트에서 비용을 지불하고 다운받아야 사용할 수 있다"라고 써 있다. 아이폰과 마찬가지로 대다수 PS3 사용자는 불만스럽긴 하지만, 방법이 없으니 어쩔 수 없이 소니의 명령에 따라야 했다.

호츠의 도전은 수많은 이목을 집중시켰다. 열성팬들은 호츠를 응원했지만 소니 관계자는 매서운 눈초리로 호츠를 지켜보았다. 하지만 호츠는 전혀 움츠러들지 않고 당당하게 외쳤다.

"반드시 성공하겠다."

그 후 호츠는 집안에 틀어박혀 PS3 기계를 분해하고 새로운 프로그램을 입력하며 몇 주를 보냈다. 새로 만든 프로그램이 너무 복잡해서 PS3 메모리 용량을 확장하기도 했다. 산발이 된 머리, 새빨갛게 충혈된 눈으로 작업에 몰두하던 호츠는 한 달 반 후 드디어 소니의 빗장을 풀어냈다. 그는 한 달 넘도록 방치했던 블로그를 통해 가장 먼저 소식을 알렸다.

"여러분, 기립해주세요. 그리고 박수를!"

이 순간 세계 곳곳에서 우레와 같은 박수가 터져 나왔다. 해당 포스팅에 다음과 같은 덧글이 달렸다.

"난 지오핫*이 죽은 줄 알았어. 아니면 도망쳤거나."

호츠는 스마일 이모티콘과 함께 이렇게 답변했다.

* Geohot, 조지 호츠의 인터넷 닉네임

"지오핫은 위대한 불사조 피네간*이다!"

호츠는 이 발언에 의미를 부여하고자 탈옥PS3 실행화면에 《피네간의 경야》 책표지가 뜨도록 설정했다. 덕분에 탈옥PS3는 '피네간PS3'라는 별칭을 얻었다.

한편 소니는 시장에 떠돌고 있는 탈옥PS3를 회수해 취약 부분을 보완해 업그레이드 패치를 내놓았다. 그러나 호츠는 이미 PS3 핵심코드를 소니의 프로그래머보다 더 완벽하게 꿰뚫고 있었다. 소니에서 공식 패치를 발표할 때마다, 호츠도 새로운 탈옥 프로그램을 만들었다. 이런 과정이 수차례 반복되면서 호츠는 PS3를 더 깊이 연구했고, PS3 루트 권한에까지 접근할 수 있게 되었다.

호츠는 소니에게 완벽한 패배를 안기기로 결심했다. 처음에 만든 탈옥 프로그램은 돈을 받고 팔아넘겼지만, 마지막에는 기존 프로그램까지 모두 함께 인터넷에 공개했다. 이로써 전 세계 PS3 사용자들이 무료로 PS3 탈옥프로그램을 이용할 수 있게 됐다. 피네간PS3에서는 기존 프로그램을 삭제할 수 있고 해적판 게임 소프트웨어도 실행할 수 있었다. 호츠는 천 줄 분량의 프로그램 코드로 세계 게임시장을 장악한 소니컴퓨터엔터테인먼트의 핵심 사업부분을 철저히 무너뜨렸다.

코딩의 패배를 소송의 승리로 갚아주다

이 사건으로 일본 전체가 들썩였다. 2년 전 애플은 별 다른 공식 입장을 발표하지 않았지만, 소니는 미국의 '컴퓨터 사기와 오용에 관

---

* 아일랜드 소설가 제임스 조이스(James Joyce)의 장편 소설 《피네간의 경야(Finnegans Wake)》의 주인공. 술을 사랑하는 벽돌 운반공 피네간이 사다리에서 추락해 사망했는데, 경야의 조문객이 그의 얼굴에 위스키를 엎지르자 피네간이 되살아나 조문객들과 향락을 즐긴다는 내용이다.

한 법률(Computer Fraud and Abuse Act)'을 근거로 호츠가 자사의 저작권을 침해했다며 정식 소송을 제기했다.

그러자 이번에는 호츠의 팬들이 들고 일어났다. 이 중 상당수는 PS3기기를 구매하고도 정품게임소프트웨어에 또 비용을 지불해야 하는 것이 불만인 PS3 사용자였다. 호츠 옹호자들은 그가 정보의 자유를 수호하고 인터넷 정보의 공공성을 지키려는 영웅이며, 소니가 독점적인 지위를 이용해 소비자의 권리를 침해하고 있다고 목소리를 높였다.

반면 소니는 법원에 제출한 고소장에서 호츠의 행위가 소니의 저작권 권리를 침해했을 뿐 아니라, 수많은 게임소비자의 불법행위를 부추기는 동시에 정품 게임소프트웨어를 구매한 소비자에게 심각한 피해를 줬다고 주장했다. 소장을 접수할 당시 소니는 기존의 정품 구매자마저 호츠에게 돌아설 것을 염려했는데, 그들의 우려는 곧바로 현실이 됐다. 기존의 정품 구매자들은 더 이상 새 게임소프트웨어에 비용을 지불할 생각이 없었다. 이들은 이미 호츠를 응원하기 시작했고 소니는 고립무원에 빠졌다.

미국 법원은 결국 소니의 손을 들어줬다. 호츠에게 앞으로 소니 기술을 해킹하거나 그 정보를 공개하지 말라고 명령했다. 그리고 소니가 호츠의 게임사이트 계정을 감시 통제할 수 있으며, 탈옥 PS3를 이용하거나 탈옥 영상을 다운받은 IP주소를 추적할 수 있도록 판결했다. 하지만 이 판결은 소니가 모든 PS3 사용자의 개인정보를 마음대로 이용할 수 있게 했다는 점에서 또 다른 문제를 일으켰다.

어나니머스의 개입

어나니머스(Anonymous)는 인터넷 해커그룹의 원조이다. 고정 핵심 간부를 중심으로 세계 각지의 정상급 해커 수천 명이 활동하고 있다. 이들은 어산지의 위키리크스 지지를 선언한 후 수차례 정부 및 대기업 사이트를 공격하며 유명세를 타기 시작했다. 그들은 소니가 호츠를 고소하자 이 사건에 본격적으로 개입했다.

2011년 4월 4일, 어나니머스는 인터넷을 통해 "소니닷컴(Sony.com)과 플레이스테이션닷컴(PlayStation.com)을 공격했다."고 발표했다. 이와 함께 소니 중역들의 휴대폰 번호와 주소를 공지했다. 이들은 어나니머스 회원과 전 세계 해커들에게 소니를 공격하자고 호소하는 동시에 PS3 탈옥과 관련된 모든 소송을 중단할 것을 소니에 요구했다.

일부에서는 세계 최대 전자회사 소니와 홀로 싸우는 호츠가 영웅처럼 보였을 것이다. 아직 최고가 되지 못한 나약한 무협소설 주인공이 거대 문파와 대결하는 느낌이랄까? 호츠와 소니의 대결은 화제가 될 수밖에 없었고 어나니머스가 개입하면서 사태가 걷잡을 수 없이 과열되기 시작했다.

2011년 4월 19일, 소니의 서버 4개가 해킹 공격을 받아 1억 명의 회원정보가 유출됐다. 비밀번호, 생년월일, 이메일주소, 거주지 주소 등 개인정보가 빠져나갔고, 일부 회원은 신용카드 번호와 같은 금융정보까지 털렸다. 이쯤 되자 소니는 시스템 재구축을 이유로 서버를 중단하기에 이르렀다. 당시 소니는 일주일에 천만 달러의 손해를 감수해야 했다.

해킹 사건은 동시 다발적으로 일어난다는 특징이 있다. 곧이어 또 다른 세계적인 해커그룹 룰즈섹(Lulzsec)이 영화사 소니픽처스 중앙 서버에 침입해 100만 명의 비밀번호를 빼냈다. 이들은 소니픽처스 중앙 서버 백그라운드 해킹 방법을 인터넷상에 공개하며 전 세계 해커들에게 소니 공격에 동참하라고 독려했다.

두 거대 해커그룹의 주도 하에 중소 해커그룹과 개인 해커들이 동참하면서 "대기업의 횡포에 맞서 개인의 권리를 되찾자"라는 일종의 로빈후드 정신이 인터넷을 뒤덮었다. 소니와 같은 일본 게임기업인 닌텐도(Nintendo)와 세가(Sega)를 시작으로 일렉트로닉 아츠*, 뉴스코퍼레이션**, 부즈 앨런 앤드 해밀턴***, 나토(NATO) 등 일본 게임기업과 전혀 관계없는 일반 기업과 국가기관과 국제기구까지 수난을 면치 못했다.

호츠의 개과천선

이 해킹 사건은 애초에 "정보의 자유와 인터넷 정보의 공공성을 수호한다"는 취지로 시작됐지만, 결국 대상을 가리지 않는 무차별 공격으로 정당성이 약화됐다. 사건의 발단인 호츠는 인터넷 세상이 혼란스러워지자 무거운 마음으로 입을 열었다.

"해커는 뛰어난 컴퓨터 기술을 가진 사람이다. 그러나 기술은 아무 죄가 없다."

어나니머스, 소니와 수차례 의견을 나눈 호츠는 2011년 4월 29일, 다음과 같은 성명을 발표했다.

"나 조지 호츠는 지금까지 한 번도 정의와 도리에 어긋난 나쁜

* Electronic Arts, 미국 게임 개발업체

** News Corporation, 미국의 방송사, 영화사, 출판사 등으로 구성된 미디어그룹

*** Booz Allen & Hamilton, 미국의 컨설팅 전문 업체

짓을 하지 않았다. 나는 당당하다. 나는 어나니머스의 행위에 동의하지 않는다. 소니가 이 일을 나와 연결시키지 않길 바란다. 탐구와 창조는 아름답고 위대한 행위이다. 상대가 아무리 비열하게 나오더라도 도둑질로 응징하는 것은 매우 부끄러운 일이다. 그들은 해커의 이름에 먹칠을 하고 있다."

호츠는 해커그룹 어나니머스, 룰즈섹과 확실히 선을 그었고, 곧이어 소니와 합의안을 마련했다. 소니는 호츠와 관련된 모든 소송을 취하했고, 호츠는 평생 소니제품과 기술에 손대지 않기로 약속했다. 소니는 심지어 호츠를 소니 미국 본사에 초대해 PS3 엔지니어를 대상으로 하는 강연을 부탁하기도 했다. 그러나 이 합의안은 호츠와 소니에게만 유효했을 뿐, 호츠의 열성팬을 비롯한 전 세계 PS3 사용자의 분노는 잠재우지 못했다. 호츠와 소니의 합의안이 발표된 후에도 소니 본사 건물 앞에는 매일 수많은 시위대가 몰려들었다.

호츠는 나이를 먹으면서 성숙한 눈으로 세상을 바라보게 됐다. 세상을 떠들썩하게 만들었던 이 천재 해커는 소니 사건 이후 특별한 활동 없이 조용히 지냈다. 그러다 1년 후 페이스북 보안팀 팀장으로 스카우트됐다고 한다.

"흥미로운 기계가 나타난다면 아마도 다시 탈옥 연구에 매달릴 것이다. 하지만 인터넷상에 정보를 공개하는 일은 없을 것이다. 이제 이런 짓을 할 나이는 지났다."

최강 애플 크래커 알레그라

몇 년 후, 조지 호츠에 이어 애플을 궁지에 빠뜨린 또 한 명의 다

크호스가 등장했다. 영화 해리포터의 주인공 다니엘 래드클리프(Daniel Radcliffe)를 닮은 니콜라스 알레그라(Nicholas Allegra)다. 호츠보다 3살 어리며 주로 코멕스(Comex)라는 닉네임을 사용했다.

알레그라는 애플이 신제품을 출시할 때마다 가장 먼저 기기를 구입해야 직성이 풀리는 열렬한 애플마니아였다. 하지만 그가 애플 전자기기를 추종하고 즐기는 방법은 여느 애플마니아와 확실히 달랐다. 그는 새로 산 전자기기를 낱낱이 분해하고 연구했다. 특히 애플스토어 유료 소프트웨어 크래킹에 관한 한 해커계의 전설로 통했다.

9살 때부터 프로그래밍을 시작한 알레그라는 2011년 6월, 19살의 나이로 Jailbreak ME 프로그램을 만들어 아이패드2 탈옥에 성공했다. 그는 모든 애플 전자기기 사용자들이 탈옥 프로그램 코드를 무료로 이용할 수 있도록 인터넷에 공개했다. 이 프로그램은 철저하기로 소문난 아이폰과 아이패드의 보안시스템을 단 몇 초 만에 무력화시켰다. 애플 사용자들은 환호했고, 애플은 피를 토했다.

2008년, 호츠 사건을 겪은 애플은 '코드사인'이라는 보안장치를 만들었다. 코드사인은 애플 전자기기에서 외부 불법 소프트웨어를 사용하기 위해 사용자가 임의로 입력한 코드나 명령을 감시한다. 이를 통해 해커가 시스템 취약점을 찾아내 iOS 내부에 침입하더라도 기존 애플 시스템을 보호하고, 기존에 허용된 소프트웨어와 사용명령만 인식할 수 있도록 했다. 외부 불법 소프트웨어의 명령이 걸러질 수 있도록 삼엄한 방화벽을 하나 더 세운 셈이었다.

하지만 내가 조금 더 뛰어난 것 같다

코드사인은 알레그라에게 그다지 의미 없는 존재였다. 그는 Jailbreak ME3.0을 개발하면서 코드사인을 무력화시키기 위해 프로그램 세그먼트를 진행했다. iOS가 Jailbreak ME3.0을 정상적인 iOS시스템의 일부로 인식하게 만든 것이다. 그 결과 아이패드2를 포함해 iOS4.3.3 이전 버전을 탑재한 모든 애플 기기는 Jailbreak ME3.0을 이용해 탈옥이 가능해졌다.

Jailbreak ME3.0의 등장으로 애플 프로그램개발자들은 iOS4.3.3을 출시한 지 9일 만에 다시 밤을 새워가며 iOS4.3.4를 준비해야 했다. iOS4.3.4는 탈옥 프로그램의 침입 경로가 되는 시스템 취약부분을 보완하고 동적코드 변환을 통해 순차적으로 변환코드를 정렬시켰다. 이는 해커들이 명령어를 찾기 힘들게 만들어 모든 크래킹을 막고자 함이었다. 애플의 눈물겨운 노력에도 불구하고 결과적으로 애플 사용자 140만 명 이상이 Jailbreak ME3.0을 이용해 iOS에서 탈옥했다. 단, 이 숫자는 iOS4.3.4로 업그레이드 하지 않은 경우에만 해당했다. iOS4.3.3 이전 버전 사용자라면 언제든 외부 소프트웨어를 무료로 사용할 수 있는 길이 열려 있다.

물론 알레그라의 연구는 계속 이어졌다. 그는 iOS4.3.4를 겨냥한 업그레이드 버전을 준비하면서 '눈에는 눈, 이에는 이'로 대응했다. 그는 애플과 마찬가지로 동적코드 변환 기술을 이용해 알레그라가 만든 코드를 식별하지 못하게 만들었다. 두 개 프로그램이 하나의 기기 안에서 복잡하게 뒤엉킨 결과, 알레그라가 만든 프로그램 세그먼트가 최종 승리를 거뒀다. 확실히 승기를 잡은 알레그라는 포커스와의 인터뷰에서 이렇게 말했다.

"나는 이 일에 많은 시간을 투자했다. 애플의 프로그래머는 최고의 기술력을 보유하였으며 존경받아 마땅한 전문가라고 생각한다. 하지만 내가 조금 더 뛰어난 것 같다."

애플과 주거니 받거니 경쟁을 벌인 알레그라는 혼자 힘으로 글로벌 대기업을 상대하면서 한 순간도 의기소침한 적이 없었다. 수세에 몰린 애플은 iOS에 알레그라 프로그램을 무료 배포하는 JailBreakMe.com 사이트 접속을 차단하는 프로그램을 구축하는 정책을 선택하기에 이르렀다. 이 조치는 애플이 더 이상 기술적으로 Jailbreak ME3.0를 상대할 수 없음을 자인하는 것으로, 애플 스스로 패배를 인정하는 셈이었다.

컴퓨터보안전문가이자《더 맥 해커의 핸드북(The Mac Hacker's Handbook)》의 저자인 다이노 다이 조비(Dino Dai Zovi)는 이렇게 말했다.

"오케이, 세계 전자업계를 재패한 애플이 드디어 젖비린내 나는 애송이에게 손을 들었다!"

다이노는 Jailbreak ME가 기술적으로 스턱스넷*보다 훨씬 뛰어나며, 알레그라는 해커 10명도 동시에 상대할 수 있는 세계 최고의 해커라고 평가했다.

"일반 해커들은 알레그라보다 기술적으로 5년 이상 뒤떨어져 있다. 나는 알레그라가 세상의 모든 애플 크래커 중 단연 최강이라고 확신한다."

미국 법원은 휴대폰 탈옥을 합법으로 규정하고 있다. 그동안 글로벌 전자기업들이 전자기기 크래킹 행위를 엄격히 처벌해야 한다

* 산업자동화시스템 크래킹을 목적으로 만들어진 컴퓨터바이러스

며 수차례 연합 소송을 제기했지만, 알레그라가 다른 목적을 드러내지 않는 한, 아직까지 법으로 그의 행위를 처벌할 근거는 없다.

"나는 법의 허점을 노릴 생각도, 이 기술로 떼돈을 벌려는 것도 아니다. 그동안 내가 Jailbreak ME 개발에 쏟은 시간과 노력을 다른 일에 사용했다면, 아마도 나는 더 크게 성공해 큰 부와 명예를 얻었을 것이다. 내가 이 일을 하는 이유는 단지 이 일이 즐겁기 때문이다. 나 혼자 글로벌 대기업을 상대해 오로지 내 힘으로 그들을 쓰러뜨렸다. 정말 멋지지 않은가!"

애플과의 대결이 끝났을 때, 알레그라는 갓 스물의 대학생이었다. 알레그라와 인터뷰한 기자는 기사 말미에 "알레그라의 뛰어난 기술은 충분히 증명됐다. 나는 애플이 이 천재 소년을 보안팀에 영입하는 것을 진지하게 고려해보길 바란다."라는 말을 덧붙였다. 또 다른 매체에서는 "알레그라가 애플 인턴을 한다면, 최소한 연봉 10만 달러에 개인작업실 정도는 제공해야 하지 않을까?"라는 의견을 내놓기도 했다. 애플이 알레그라를 영입한다면 아주 이상적인 일이 되겠지만, 과연 이 천재 소년이 자신에게 패한 애플에 고개를 숙일까?

박수갈채의 대가

대다수 대기업의 저작권과 영업권은 법률의 보호를 받는다. 호츠와 알레그라의 행위는 수많은 대중의 박수갈채를 받았지만, 두 당사자는 개인적으로 여러 가지 힘든 일을 겪었다. 특히 호츠와 소니의 대결은 법정 싸움으로 번졌다. 세계적으로 해커그룹을 양산했고 당시 일본 기업 사이트들은 큰 피해를 입었다. 이들은 대부분

"모든 인터넷 정보는 투명하게 무료로 공개되어야 한다"고 주장했으나, 이들의 행위는 대부분 세계저작권조약과 각국 법률에 저촉되는 것들이었다.

일부 나이 어린 해커들은 세상을 놀라게 했다는 기쁨에 취해 자신이 법을 어겼다는 사실은 인지하지 못했다. 해킹은 모방에 모방을 거쳐 진화하는데, 열정이 지나쳐 통제력을 잃은 해커들은 천재적인 컴퓨터 기술 때문에 결국 법의 심판대에 오른다. 컴퓨터 천재가 범죄자로 전락하는 일은 당사자 뿐 아니라 국가와 인류에게도 매우 유감스러운 일이다.

메이주 해킹사건

2012년 8월 15일, 중국 신생 휴대폰브랜드 메이주가 총 10개의 문제를 가장 빨리 푼 사람에게 상금 10만 위안을 주는 'IQ대회'를 개최했다. 일단 3문제만 풀어도 메이주 온라인쇼핑몰에서 이용할 수 있는 300위안 상당의 할인권이 주어졌다. 대회 당일 메이주 홈페이지는 400만 건이 넘는 접속건수를 기록했다. 문제는 이 중 대부분이 해커였다는 사실이다. 메이주를 방문한 해커들은 문제를 풀지 않고 곧바로 할인권 발행 시스템에 접속해 전자할인권을 받아냈다. 잠시 후 타오바오를 비롯한 대형 오픈마켓에 '메이주 300위안 할인권' 상품이 등장했다. 가격은 5위안부터 100위안까지 다양했다. 이 일로 오히려 2012년 8월 한 달 동안 메이주 휴대폰 판매가 폭발적으로 증가했고, 지오니, 레노버에 이어 중국 3대 휴대폰 브랜드로 우뚝 설 수 있었다.

로봇 덕후, 31억 세계인을 빨아들이다

호기심과 주의력결핍과잉행동장애 덕에 나는 마음에 드는 장난감을 직접 만들어볼 수 있었다.

안드로이드의 아버지

비 하드웨어모뎀*을 메인보드에 집약한 세계 최초 개인용 정보단말기(PDA) 모토로라 엔보이(Envoy). 인터넷 멀티미디어 TV인 WepTV와 사이드킥(Sidekick)** OS. 그리고 이제는 할머니 할아버지까지 알 만한 안드로이드 스마트폰 OS. 이 모든 걸작들은 앤디 루빈의 반짝이는 아이디어에서 시작했다. 하지만 안타깝게도 그가 세운 공에 비하면 앤디 루빈을 기억하는 사람이 많지 않다. 그는 마이크로소프트의 발을 동동 구르게 했고 애플의 속을 바짝 태웠다. 구글을 새로운 강자로 만들었고 스마트폰 시장에 이정표를 세웠다.

앤디 루빈을 유명인사로 만든 것은 코드(Code)였다. 이 코드로 전 세계를 누비는 인터넷 플랫폼, 안드로이드 스마트폰 OS를 만들었다. 안드로이드는 앤디 루빈이 어린아이처럼 천진한 마음으로 자신을 위해 만든 장난감이다. 이 장난감을 만드는 것은 그에게 큰 즐거움이었다. 그리고 이 장난감은 세계 통신 시장에 혁명을 일으켰다.

로봇 덕후의 영재성

앤디 루빈은 '안드로이드의 아버지'라는 칭호보다 명함에 쓰인 '로봇 전문가'라는 말을 더 좋아한다. 그 이름도 찬란한 '구글 부사장'이나 엔지니어, CEO 등의 직함도 좋아하지 않는다.

"강철로 조립한 이 로봇이야말로 저의 아들입니다. 아버지로서 성취감을 느끼게 하죠."

앤디 루빈은 여섯 살 때 로봇을 만들어 전자제품 회사를 운영하

* 데이터 송수신에 필요한 모든 과정을 모뎀 자체에서 처리하는 모뎀

** 리눅스 OS를 휴대전화에 적용한 최초의 스마트폰 플랫폼

는 아버지를 놀라게 했다. 아버지의 가게가 좁아서 제조상의 샘플을 집에 보관해야 했는데, 덕분에 앤디 루빈은 어릴 때부터 최신 전자 기기와 친숙해질 수 있었다. 그중에는 신용카드 단말기와 콘센트에 꽂으면 움직이며 소리를 내는 전자 장난감도 있었다. 앤디 루빈은 전자 개구리의 전선을 기계 팔에 연결해서 기계 팔이 개구리와 함께 팔짝팔짝 뛰게 했다. 며칠 후에는 로봇의 상반신을 떼어내고 다리에 용수철을 달아 두 다리와 한쪽 팔을 가진 괴물이 좀 더 '안정적으로 걷게' 만들었다. 옆에는 개구리가 흥에 넘쳐 이리저리 뛰어다니면서 산타클로스 노래를 흥얼거렸다. 축하카드에 있는 멜로디 칩이 개구리에 붙어 있었던 것이다.

"이건 이것저것 갖다 붙인 것일 뿐 창조가 아니야. 어리석은 사람만이 이런 물건을 만들고 우쭐거린단다."

여섯 살 아이가 이만큼 개조한 것도 대단한 일이었지만 심리학 석사 학위가 있는 아버지는 만족스럽지 못했다.

"그래도 진짜 신났어요, 재밌었단 말이에요."

어린 앤디는 인정받고 싶었다. 하지만 아버지는 뜻을 굽히지 않았다.

"즐거움은 스스로 만드는 거야. 이런 쓰레기로 다른 사람의 만족을 간단히 반복하는 게 아니란다. 정말 즐거워지고 싶다면 네가 직접 만들어보렴."

하지만 앤디 루빈은 전자부품들이 콘센트만 꽂으면 빛이 나고 소리를 내는 것이 재미있었다. 특히 정해진 프로그램에 따라 일정하게 움직이는 것은 정말 대단하다고 생각했다.

기계손

1986년, 스물세 살 앤디 루빈은 유티카 대학(Utica College) 컴퓨터 과학과를 우수한 성적으로 졸업했다. 그의 졸업 작품은 쥐는 힘을 조절할 수 있는 공업용 기계손 설계였다. 저항하는 힘이 있으면 기계손은 즉시 작동을 멈췄다. 특히 공정 정밀도가 다른 기계손과 비교할 수 없을 만큼 뛰어났다. 이 기계손은 고품질 카메라 렌즈 제조사인 칼 자이스(Carl Zeiss)의 초정밀 부품 자동용접기 개발 사업에 쓰이게 되었다.

기계손에 지능을 부여하고 싶었던 앤디 루빈은 회사 고위층에 개선 방안을 전달했다. 프로그래밍으로 완벽하게 통제할 수 있는 지능형 로봇을 만들 계획이었다. 앤디 루빈은 지금껏 본 적 없는 대단한 물건이라 자부하며 야심에 차 있었다. 그러나 회사 고위층의 답변은 앤디 루빈의 야심에 찬물을 끼얹었다.

"그런데 말일세. 현재 기계손은 카메라 렌즈를 만드는 용접기로써 이미 충분해. 자금도 자금이거니와 실용적이지도 않은 기계손을 만들어 이목을 끌 필요는 없다네."

로봇을 좋아하고 완벽한 프로그램을 만들고 싶은 그에게 그저 용접만 잘하는 로봇은 좋은 로봇이 아니었다. 로봇은 못하는 것이 없어야 한다고 생각하던 앤디 루빈은 한계를 느꼈고 결국 1세대 기계손이 생산에 투입된 후 장기휴가를 냈다.

애플과의 운명적인 만남

케이맨 제도(Cayman Islands)의 풍광은 아름다웠다. 하얀 모래사장과 옥빛 바닷물은 울적한 마음을 달래기에 제격이었다. 빛을 보지 못한 지능형 기계손의 설계안을 들고 케이맨 제도에 온 앤디 루빈은 해변에서 햇볕을 쬐며 앞으로의 10년에 대해 고민했다. 회사가 원하는 대로 전기용접기만 제어하는 로봇을 만들 것인가, 자신이 원하는 대로 상상을 뛰어넘는 똑똑한 장난감을 만들 것인가.

케이맨 제도에서 고민을 거듭하던 어느 날이었다. 선글라스를 깜빡한 앤디 루빈은 설계도를 둔 채 객실에 다녀 왔다. 그런데 앤디 루빈이 머물었던 자리에서 누군가 미래 로봇의 설계도를 들고 있었다.

"이거, 당신이 그린 건가요?"

앤디 루빈은 고개를 끄덕였다.

"이 설계도를 구현하려면 과감한 추진력이 필요할 것 같군요.당신의 생각을 마음껏 펼칠 수 있는 집단과 높은 연봉, 완벽한 실험실을 제공하는 회사가 필요할 것 같은데요."

"음…… 그런 곳이 있나요?"

"물론입니다. 우리 회사로 오시죠. 애플입니다."

1989년 당시, 애플은 확실히 다른 회사와 달랐다. 제때에 결과물을 내놓기만 한다면 출퇴근 시간도 없이 아무 때나 오고 갈 수 있었다. 갖가지 괴이한 아이디어를 현실화할 수 있었으며, 간부에게 긍정적인 반응을 얻어내면 아이디어를 구현할 만한 거액의 지원금이 나왔다. 앤디 루빈이 간절히 원했으나 찾지 못했던, 무한한 자유가 있는 곳이었다. 앤디 루빈은 사방에 발코니가 있는, 대통령도 부럽지 않을 만큼 호화로운 개인 사무실에서 일했다. 실험실에는 전용 화상 전화기와 각종 최신 설비가 갖추어져 있었다. 이 모든 것이 지능형 로봇의 설계도 덕분이었다.

진행은 순조로웠다. 설계팀 동료들은 평소 각자 업무에 충실하다가 주말이면 함께 모여 서로의 기발한 아이디어를 공유했다. 앤디 루빈은 이 모임을 굉장히 좋아했다. 동료들의 이야기에 늘 귀 기울이고 싶었던 앤디 루빈은 회사의 전화 시스템을 개조해서 프런트의 교환기와 자신의 책상에 있는 전화기를 연결한 뒤 동료들의 대화를 들었다.

앤디 루빈은 스마트 로봇을 만드는 틈틈이 바퀴 달린 시험용 꼬마로봇을 만들었다. 로봇에 위치 추적 장치와 카메라를 설치해놓고 설계팀 동료들의 사무실을 드나들게 했다. 출근한 앤디 루빈의 첫 일과는 꼬마로봇에게 커피를 따르게 시키는 것이었다. 커피 서비스를 마친 로봇은 마음대로 돌아 다녔다. 꼬마로봇은 동료들의 작업 내용을 수시로 보내왔고 앤디 루빈은 이를 자신의 설계에 참고했다. 꼬마로봇은 혼자서 카메라를 켜고 끌 수 있었고, 필요한 정보를 앤디 루빈의 컴퓨터로 보내기도 했다. 동료들은 이 로봇을 '앤디의 해킹 아바타'라고 부르며 아끼고 귀여워했다.

애플에서 쫓겨난 건 스티브잡스만이 아니었다

앤디 루빈이 애플에서 별다른 쓸모없이 이목만 끄는 꼬마로봇만 만든 것은 아니다. 애플의 첫 멀티미디어 컴퓨터인 쿼드라(Quadra)와 세계 최초의 소프트모뎀*은 모두 앤디 루빈의 손을 거쳐 나온 것이다. 사실, 이 두 걸작 또한 앤디 루빈의 로봇에 대한 애정의 과정에서 우연히 탄생한 것이다. 미래의 로봇에 음성과 화상 인식기능을 추가하려던 것이 전혀 새로운 형태의 멀티미디어 컴퓨

* 개인용 컴퓨터(PC) 본체에 내장된 디지털 신호 처리 장치(DSP) 칩이나 중앙 처리 장치(CPU)를 사용해서 소프트웨어적으로 모뎀 신호를 합성하는 구조의 모뎀

터 플랫폼을 탄생시켰으며, 로봇이 수집한 신호를 무선인터넷설비로 발송하려는 소망이 소프트모뎀을 만들게 하였다.

1992년 애플은 통신 분야에 뛰어들었다. 앤디 루빈은 로봇 프로젝트를 잠시 보류하고 통신 설비를 전문적으로 다루는 애플의 자회사 제너럴 매직(General Magic)으로 자리를 옮겼다. 거기에서 앤디 루빈은 컴퓨터의 기능을 휴대전화에서 구현하자는 대담하고 파격적인 아이디어를 내놓았다. 당시 기술력으로는 컴퓨터의 모든 기능을 노트북에서 구현한다는 것조차 어려웠다. 앤디 루빈은 하드웨어는 구현해내지 못한다는 전제하에 소프트웨어만 완성하자고 목표를 세웠다. 전무후무한 휴대전화 운영 인터페이스였다. 앤디와 동료들은 전화 통화 외에 멀티미디어 기능을 구현하고자 운영체제의 기저에 모든 기능을 통합했다.

제너럴 매직은 마침내 휴대전화 OS 개발에 성공했다. 초보적이지만 기본적인 체계와 내용을 갖춘 첫 번째 시스템이었다. 다만 너무 앞선 기술이라서 시뮬레이터에서만 시연할 수 있었고 하드웨어는 처음부터 구현할 수 없었다. 천만 달러가 넘는 자금을 투자해서 쓸 수도 버릴 수도 없는 물건을 만든 것이다. 지나치게 이상적인 OS에 애플은 분노했고, 결국 앤디와 제너럴 매직 동료들은 모두 실업자가 되었다.

실업자가 된 후에도 앤디 루빈은 기발한 생각은 멈출 줄 몰랐다. 멀티미디어 기능을 휴대전화에 구현할 수 없다면 텔레비전에서 구현하기로 마음을 먹었다. 몇 달 후, 양방향 인터넷 TV인 Web TV가 세상에 모습을 드러냈다. Web TV는 일반적인 TV에 웹서핑 기능이 추가된 것이었다. CPU와 모뎀이 설치되어 있어 사용자가 원하면 언제든 인터넷에 연결할 수 있고, 인터넷에 연결할 필요가 없을 때는 다시 평범한 TV로 돌아왔다. Web TV는 사실 대단한 기술이 필요한 것은 아니었다. 기존의 TV에 사용자가 원할 때마다 인터넷에 접속할 수 있도록 했을 뿐이다. Web TV는 앤디 루빈이 오랫동안 만들고자 했던 스마트 로봇과 비슷했다. 그가 꿈꾸던 로봇이 기술적으로 실현 가능한지 시험해 본 것인데, 이 시험이 마침 대중의 요구에 부합 것이다. 예상치 못한 성공을 거둔 Web TV는 디지털 TV의 뒤를 이어 가장 인기 있는 TV가 되었다.

1997년, 마이크로소프트는 Web TV 특허를 구입하고 앤디 루빈을 영입했다. 이를 계기로 앤디 루빈은 다시 스마트 로봇이라는 꿈을 좇을 수 있었다. 개성을 독려하는 애플과 달리 마이크로소프트는 상당히 엄숙했다. 적응이 쉽지 않았던 앤디 루빈은 매일 로봇의 기능을 향상하는 것에만 전념했다. OS를 완성하고 카메라와 음성인식 장치, 적외선 장치 등의 기능을 꾸준히 추가해 나갔다. 앤디 루빈은 애플에서와 마찬가지로 꼬마로봇을 풀어놓았는데, 이번에는 이 로봇이 화를 불러왔다.

꼬마로봇의 프로그램이 인터넷을 통해 유출되었고 해커에게 이용당하고 말았던 것이다. 로봇의 카메라로 찍은 마이크로소프트 내부 사진이 해커 사이트에 퍼지면서 내부 자료가 유출되었고, 회사 주차장에 고급 승용차가 몇 대가 있는지까지 대중에게 공개되었다. 이 사건은 마이크로소프트를 발칵 뒤집었다. 결국 앤디 루빈은 로봇과 함께 회사를 떠날 수밖에 없었다.

앤디 루빈 장난감의 결정체, 스마트폰

또 실업자가 되었지만 앤디 루빈은 도리어 의연해졌다. 다시금 슈퍼로봇을 개발하는 데 열정을 쏟기 시작했다. 스마트폰을 만들기로 한 것이다. 로봇을 만든 경험을 바탕으로 전자 기기의 부피를 줄이고 연산능력을 향상시키기 위해 노력했다.

전화 통화만 할 수 있던 작은 휴대전화가 광대한 인터넷 세계에 연결되어 전 세계와 소통할 수 있는 창구가 된다면 얼마나 멋지겠는가. 앤디 루빈은 로봇 기술을 모두 스마트폰에 적용하기 시작했다. 안드로이드(Android)라는 회사를 설립하여, 모든 소프트웨어 제작자가 접근할 수 있는 통일된 형식의 개방적인 스마트폰 플랫폼을 만드는 데 온 힘을 쏟았다. 안드로이드라는 단어는 프랑스 작가 오귀스트 빌리에 드 릴아당(Auguste Villiers de l'Isle-Adam)이 1886년 발표한 공상과학소설 《미래의 이브(L'Eve future)》에서 따왔다. 이 책에 나오는 로봇의 이름이 바로 안드로이드다. 지능, 기계, 개방, 포용이라는 앤디의 열망이 모두 담겨 있었다.

몇 달 후, 앤디 루빈은 화면이 넓은 휴대전화를 들고 구글 CEO 사무실을 찾았다. 이 휴대전화의 기능을 자세히 설명하자 구글 전체가 들썩였다. 앤디 루빈은 '구글 엔지니어파트 부사장'이라는 명함을 가지게 되었다. 그 후로도 앤디 루빈은 꾸준히 안드로이드 시스템을 업그레이드했다. 2007년 11월 5일, 구글은 1세대 스마트폰 OS를 내놓았다. 앤디 루빈이 사랑하던 로봇은 안드로이드를 상징하는 이미지가 되었다.

애플의 스마트폰 OS인 iOS는 하드웨어에 지나치게 의존하고, 가격이 너무 비싸 소비자가 선뜻 구매하기 어렵다. 안드로이드는 저작권 제한이 없고 하드웨어를 까다롭게 따지지 않는다. 많은 소프트웨어 제작자들이 개방된 코드를 기초로 안드로이드 OS를 자유롭게 응용한다. 2012년 말 통계수치에 따르면, 안드로이드의 시장 점유율은 콧대 높은 애플을 멀리 따돌렸다. 안드로이드는 명실상부 세계 제일의 스마트폰 플랫폼이 되었다.

"누구나 쉽게 접근할 수 있는 시스템을 만들고 싶다는 생각이 저를 끊임없이 나아가게 했습니다. 우리는 지구 반대편에 있는 사람과 이웃이 될 수 있습니다. 디지털 스펀지로 전 세계 사람들을 연결하는 것이 제 목표입니다."

앤디 루빈의 로봇 사랑

스마트폰으로 성공하였지만, 역시나 앤디 루빈이 가장 사랑하는 것은 로봇이다. 앤디 루빈에게 안드로이드는 로봇과 휴대전화를 합친 새로운 로봇이었다. 안드로이드라는 이름도 로봇에서 따왔고, 소프트웨어 시작화면에도 로봇이 등장한다. 스마트폰 구석구석 로봇을 사랑하는 마음이 담겨 있다.

앤디 루빈의 집안 곳곳에서도 로봇의 그림자를 찾을 수 있다. 현관문 초인종이 울리고 15초가 지나도록 인터폰을 받는 이가 없으면 거실 입구에서 기계손이 야구방망이로 징을 친다. 현관문에는 망막스캐너가 설치되어 있어 열쇠를 챙길 필요가 없다. 눈동자를 문에 가까이 대기만 하면 문이 열린다. 문이 열리면 옥상 테라스에 있는 모형 헬리콥터가 대문까지 날아가 주인을 맞이한다. 앤디 루빈을 기다리던 로봇들이 욕조에 따뜻한 물을 받고 토스터를 작동하느라 분주히 움직인다. 저녁 메뉴가 고민되면 정원을 활보하던 로봇을 이웃집에 보내 염탐하게 한다.

앤디와 함께 애플에서 일했던 한 동료는 이렇게 말했다.

"로봇은 과정을 즐긴다는 앤디의 소신을 잘 보여줍니다. 과정은 그 자체로 충분히 멋지죠. 로봇과 관련된 모든 것에 앤디의 천진함이 깃들어 있습니다."

인터넷 시대 X파일

세상에서 가장 위험한 사람은 책상머리에 앉아 전쟁을 좌우지하는 이들이다. 우리의 힘으로 그들을 막아야 하고, 막을 수 있다. 물론 여러분이 그들처럼 나를 위협적인 존재로 생각한다면 어쩔 수 없겠지만.

강간 혐의로 체포된 해커

"이제야 서방 세계 전체가 한시름 놓았다."

2010년 12월 아프카니스탄. 외부는 한겨울 영하 기온으로 떨어졌지만 국방기지 지하 40m 벙커 안은 공기청정에어컨 덕분에 일년 내내 봄날이었다. 막 이곳에 도착한 미국 국방부 장관 로버트 게이츠(Robert Gates)가 푹신한 소파에 비대한 몸을 맡기며 한숨을 내쉬었다. 오랫동안 긴장 상태로 지내온 그는 살짝 고개를 젖히며 다시 한 번 길게 숨을 내쉬었다.

"우리로서는 2010년 최대 희소식입니다."

게이츠가 커피 잔을 돌리자 커피 잔 안에 작은 소용돌이가 생기면서 은은한 커피 향이 퍼졌다. 게이츠의 마음에 미소가 번지듯 커피 소용돌이는 멈출 줄 몰랐다. 게이츠 맞은 편 책상 위에 그날 발행된 영자신문이 놓여 있었다. 1면 헤드라인은 "강간 사건으로 피소된 어산지 체포, '외교가의 911테러' 막을 내리다"였다. 늘 강인한 이미지를 보였던 세계 패권국 국방부 장관을 이렇게 애타게 만들었던 어산지는 누구일까?

인터폴 적색수배령

2010년은 가히 '어산지의 해'라고 해도 과언이 아니다. 40대 초반에 국제 미아가 된 어산지는 007요원처럼 신출귀몰하며 컴퓨터 하나로 서방 세계 고위 인사들을 벌벌 떨게 만들고 세계의 이목을 집중시켰다. 그러나 어산지는 의외의 사건으로 경찰에 체포되었고, 그가 일으킨 파문도 일단락됐다.

대중은 어산지를 영웅이라 부르지만 각국 군사정치 고위인사에게는 매우 위험한 인물이었다. 그는 위키리크스를 통해 정의의 이름으로 자행된, 악랄하고 비열한 사기행각과 수많은 속임수를 폭로했다. 이에 큰 타격을 입은 CIA, FBI, 나토는 빈 라덴(Bin Laden) 체포 작전 때처럼 수많은 비밀요원을 투입했다. 덕분에 신생 사이트 위키리크스와 어산지는 2010년 인기 사이트로 등극했다.

2010년 11월 18일, 스웨덴 경찰은 위키리크스 설립자 줄리안 어산지에게 강간 및 성희롱죄를 적용해 인터폴 적색수배령을 내렸다. 어산지가 스웨덴 여성 두 명을 상대로 성범죄를 저질렀다는 혐의였다. 두 여성은 애초 어산지와 합의하에 성관계를 시작했다고 진술했다. 그러나 관계 도중 콘돔이 찢어져 여성 측이 새 콘돔을 사용할 것을 요구했으나 어산지가 이를 거부했다고 말했다. 이 때문에 어산지는 수개월 넘도록 변장을 해가며 도피생활을 해야 했다. 수시로 염색하고 가명을 썼다. 또한 추적을 피하기 위해 신용카드는 전혀 사용하지 않고 비화폰*을 사용했다.

그해 12월 7일 오전 9시 30분, 어산지는 제 발로 런던 경찰서에 걸어 들어갔다. 이날 정오에 어산지는 웨스트민스터 치안법원 공판심리에 출석했다. 스웨덴 검찰의 강간 기소로 공판이 시작됐다. 이날 영국 법원 하워드 리들(Howard Riddle) 판사는 어산지의 보석 신청을 기각했고, 어산지는 스웨덴 송환을 거부하는 동시에 강간 혐의를 강력히 부인했다.

"나는 '정치'게임 규칙을 어긴 죄로 '정치'게임 규칙을 수호하려는 자들의 손에 희생당할 위기에 놓였다. 강간죄로 인터폴 적색수배령을 내린다는 것이 말이 되나? 어떻게든 내 입을 다물게 하려는

---

* 도청이나 감청을 방지할 수 있는 기능을 갖춘 휴대폰.

수작이다. 스웨덴에서 체포영장을 발부한 강간혐의자를 영국법원에서 재판한다니, 정말 웃기지 않은가?”

도망자 운명의 시작

어산지는 태어나는 순간부터 이미 평탄하지 않은 삶이 예견됐다. 어산지의 아버지는 그가 첫돌을 맞이하기 전에 이미 죽은 사람이나 다름없었다. 어머니는 3류 영화감독과 재혼했으나 7년 만에 이혼했다. 그리고 다시 무명 음악가와 결혼했다. 사이비 종교에 빠진 새아버지는 어산지를 종교에 끌어들이려고 혈안이 되어 있었다. 어산지 어머니는 생명의 위협을 느껴 아들을 데리고 도망을 나왔다. 어산지는 14살이 될 때까지 37번이나 거처를 옮기며 떠돌이 생활을 했다.

거처를 자주 옮겨 다니는 바람에 제대로 된 교육을 받을 수 없었지만, 어산지는 지적 호기심과 배움에 대한 열정이 넘치는 소년이었다. 수차례 이사를 하던 중 전자기기 상점 근처에 살게 됐는데, 어산지는 이곳이 무척 마음에 들었다. 그는 이 가게에 자주 드나들다가 주인과 친해져 아르바이트를 하게 됐다. 하루 4시간 일하는 대신 가게에 있는 전자기기를 마음껏 사용할 수 있는 조건이었다.

어산지는 흑백 모니터가 연결된 낡은 컴퓨터를 통해 새로운 세상을 발견했고, 컴퓨터 세상에 푹 빠졌다. 그는 아르바이트를 하는 4시간 외에는 종일 컴퓨터에 매달렸고, 독학 두 달 만에 생애 첫 프로그래밍을 성공시켰다. 당시 어산지 모자는 쫓기는 신세였기 때문에, 어머니는 그가 컴퓨터 가게에서 일하는 것이 불안했다. 그래서 어머니는 큰 맘 먹고 어산지에게 컴퓨터와 모뎀을 사주었다. 마음껏 컴퓨터를 이용할 수 있게 된 어산지는 멘닥스*라는 아이디로 인터넷 세상을 누비기 시작했다. 순수하게 독학으로 쌓은 지식이었지만, 보안이 뛰어나기로 유명한 사이트를 농락하며 단숨에 최고의 해커로 인정받았다.

그로부터 얼마 뒤에는 혼자 힘으로 포트스캔 프로그램 스트로브(Strobe)를 만들고, 소스코드를 인터넷에 공개했다. 어산지의 프로그램 소스를 본 전문가들은 놀라움을 감출 수 없었다. 이 프로그램은 아주 치밀하고 빈틈없이 짜여 있어서 단 한 줄도 빼거나 줄일 것이 없었다. 10대 소년이 이렇게 완벽한 프로그램을 만들었다는 사실은 좀처럼 믿기 힘들었다. 곧이어 더욱 놀라운 작품이 탄생했다. 1997년, 어산지는 친구 두 명과 함께 인권운동가의 민감한 정보를 보호하기 위한 거부적암호화** 프로그램 러버호스(Rubberhose)를 개발했다. 이것은 지금까지도 가장 완벽한 암호화 프로그램으로 인정받고 있다.

국가 전복자들의 탄생

해커로 이름을 알리기 시작한 어산지는 동료 해커 두 명과 함께 '국제 전복자들(International Subversives)'이라는 해커그룹을 조직했다. 그들은 보안이 뛰어나기로 유명한 시스템을 드나들었다. 유럽경제공동체*** 서유럽연합****이 인터넷거래시스템을 런칭하며 "이

* Mendax, 고대 로마 시인 호라티우스(Horatius)의 작품 중 '고귀한 거짓말쟁이'을 뜻하는 'splendide mendax'에서 따온 이름이다.

** Deniable Encryption, 하나의 암호 텍스트를 둘 이상의 방법으로 해독하는 정보 보안 형식. 이것은 논쟁 대상이 되는 메시지를 상대에게 숨기거나 거부하기 위해 사용된다.

*** European Economic Community, 2009년, EU에 흡수됨.

**** Western European Union, EU출범 이후 한동안 지속됐으나 2011년, EU에 흡수됨.

것은 가장 빠르고 편리하며, 가장 안전한 시스템입니다"라고 자평한 다음날, 국제 전복자들에게 공격당했다. 국제 전복자들은 뛰어난 기술과 대범함을 겸비해 초기 해커그룹 중 단연 돋보였고, 이 때문에 경찰의 표적이 되었다. 당시 호주 경찰은 해킹 사건이 빈번하게 발생하자 해킹전담수사대를 조직하고 코드네임 '기상작전(operation weather)'을 시작했다. 경찰의 탐문수사가 시작되자 위협을 느낀 어산지 모자는 서둘러 짐을 꾸렸다.

그러던 중 캐나다 통신기업 노텔 네트웍스(Nortel Networks)의 멜버른 메인 터미널에 침입한 어산지는 여느 해커와 달리 프로그램 오류를 수정해주는 친절함을 베풀었다. 어산지에게 해킹은 삶의 활력소였다.

"나를 쫓는 경찰들이 잠꼬대로 내 이름을 부르고 동료 해커들이 '어산지 만세!'를 외치게 만들 것이다. 이렇게 신나는 일이 또 있을까!"

어느 날 밤, 노텔 네트웍스 메인 터미널에 다시 들어간 어산지는 시스템 관리자가 접속해 있는 것을 발견하고 충동적으로 일을 저질렀다. 그는 시스템 관리자에게 정중한 말투로 자신의 존재를 알리며 "서너 군데 취약 부분을 찾아 고쳐놨습니다. 도움이 되길 바랍니다"라는 메시지를 보냈다. 대담한 어산지는 메시지 말미에 집 전화번호까지 남겼다. 결국 이 전화번호에 발목이 잡히고 말았다.

'기상작전'수사대는 즉시 통신회사에 협조를 요청해 이 전화번호를 감청하는 한편, 노텔 네트웍스 시스템 관리자를 통해 어산지에게 "당신의 해킹 기술을 배우고 싶습니다"라는 답장을 보내게 했다. 며칠 간 많은 증거를 확보한 경찰은 1991년 10월 29일에 정식으로 어산지를 체포했다.

어산지는 국가 및 공공네트워크 불법 침입, 산업스파이 등 31개 죄목으로 기소당해 최고 10년 형에 처해질 위기에 처했다. 그러나 그는 뛰어난 변호사를 만난 덕분에 결국 단순한 지적 호기심과 인터넷 서핑에 심취한 것일 뿐 다른 목적이 있다는 증거는 없다는 이유로 가벼운 벌금형에 처해졌다. 어산지를 잡느라 고생한 경찰은 '세상에서 가장 웃긴 판결'이라며 불만을 터트렸다. 그도 그럴 것이 해킹전담수사대는 3년 동안 어산지를 쫓으며 증거를 수집한 데 반해, 어산지를 체포하고 최종 판결이 나오기까지 걸린 시간은 한 달이 채 걸리지 않았던 것이다.

인터넷 세계의 로빈 후드

어산지는 체포되기 전 여러 달 동안 어머니와 여자친구, 어린 아들을 데리고 경찰 추적을 피해 호주 전역을 전전했다. 그는 초등학교 때부터 대학까지 총 37개 학교를 거쳤다. 이런 떠돌이 생활은 어산지를 과감하고 강인한 남자로 만들었다. 그는 웬만한 일에는 눈 하나 깜짝 하지 않았으며, 말수가 적고 늘 무표정했다. 여자친구와 아들이 생긴 후에도 달라지지 않았다. 떠돌이 삶을 견디지 못한 여자친구는 어산지가 체포되자 결국 아이를 데리고 말없이 떠났다. 얼마 뒤 벌금형으로 풀려난 어산지는 아들의 양육권을 되찾기 위해 장장 3년 간 소송을 벌였으나, 면접 교섭권을 얻는 데 그쳤다.

어려서부터 이어진 떠돌이 삶과 수 년 간의 법정 다툼을 경험하면서 어산지의 '권위'에 대한 저항의식은 깊어졌다. 권위라는 이름으로 온갖 모순과 거짓을 숨기고 있는 자들을 경멸했다. 권위에 대한 저항은 자신의 능력으로 정의를 실현하고 세상을 구하겠다는 의지로 발전했다. 이런 이상과 목표는 대다수 해커의 심리적 특징 중 하나이다. 어산지는 각국 정부와 주요 국제단체가 수많은 추악한 비밀을 권위로 포장하고 있으며 극소수 최고위층 인사들끼리 은밀하게 소통하고 있다고 생각했다. 이들의 소통 통로를 파괴하면 음모자들의 교류가 크게 위축될 것이고, 음모 교류가 사라지면 진실이 득세하는 세상이 올 것이라 생각했다. 어산지는 '음모와 진실을 만천하에 공개하는 일'을 자신이 해야 할 일로 받아들였다.

"이 일은 자유를 위한 투쟁이다."

해커가 개인에서 그룹으로 발전하면 그들의 역량과 활동 범위는 개개인의 합 이상으로 커진다. 어산지와 동료들은 인터넷을 통해 세계 주요 기관의 기밀문서를 빼내었다. 그리고 스스로 만든 안전하고 확실한 방법으로 이동시켜 보관했다. 기밀문서를 손에 넣으면 해당 기관과 협상을 벌이거나 유력 매체에 팔아넘겼다. 물론 어산지의 목표는 돈벌이가 아니었다.

"만약 돈이 목적이었다면 나 혼자 힘으로 충분하다. 그러나 나는 내가 살고 있는 이 세상을 바꾸려 한다. 정의의 이름으로 진실을 지킬 것이다."

2006년 어느 날, 어산지는 어느 시골 마을 집 한 채를 빌려 문을 단단히 걸어 잠근 채 이상국 건설에 돌입했다. 그는 소스 코드 개발을 시작으로 자신만의 홈페이지 시스템을 만들었다. 주요 사이트에서 제공하는 기존 시스템은 보안이나 안정성 면에서 믿을 수 없기 때문이었다.

"기술에 관한 한 나는 나 자신만 믿는다. 나는 나만의 개성과 특징을 살려 어느 누구도 흉내 낼 수 없는 완벽하고 특별한 시스템을 만들 능력이 있다."

이렇게 탄생한 위키리크스 홈페이지는 스웨덴 인터넷 서비스 제공업체 PRQ 서버에 등록됐다. 특별히 중요한 정보는 어산지가 개발한 특별한 인터넷 데이터 중개 방법을 이용해 벨기에 지역에 있는 서버에 보관했다. 이 과정에서 수년 전 개발해 큰 호응을 얻었던 러버호스가 큰 도움이 됐다.

미국 정부의 악몽의 시작

2006년 12월, 위키리크스는 첫 번째 비밀문서를 공개했다. 어산지와 동료들이 몇 달 동안 수집한 비밀문서 수백 만 건 중, 소말리아 반정부 무장단체 이슬람법정연맹* 지도자가 서명한 비밀문서를 선택했다. 이 비밀문서가 공개되자 가장 놀란 것은 미국이었다. 그동안 미국 정부가 온갖 수단과 방법을 동원했음에도 결국 알아내지 못한 내용이었기 때문이다. 미국 정부도 해내지 못한 일을 민간 사이트 운영자가 해냈으니, 놀랍고 또 한편으로는 두려웠을 것이다.

위키리크스가 폭로한 비밀문서는 큰 파문을 일으켰으나, 이것은 문서의 내용 때문만은 아니었다. 위키리크스는 첫 등장과 함께 미국이 규정한 '세상에서 가장 위험한 사이트' 목록에 이름을 올리는 영예를 누렸다. 미국은 세계에서 인터넷이 가장 발달한 나라인 만큼 하루 종일, 일 년 내내 인터넷을 통해 수많은 극비정보가 오고 간다. 세상에는 대중이 알아서는 안 될 중요한 비밀이 생각보다 많다. 위키리크스를 지켜보는 미국인은 흥미로우면서도 한편으로는

* SICU, Somalia's Islamic Courts Union

두려웠다. 위키리크스의 등장으로 미국인들은 정부의 최고정보요원들이 알아내지 못한 비밀이 많다는 사실을 알게 됐다. 동시에 누군가 자신의 사생활 정보를 노리지 않을까 걱정스러웠다. 이렇게 뛰어난 해커그룹이 존재한다는 사실은 미국에게는 큰 골칫거리였다.

위키리크스가 가진 정보는 대부분 미국 정부가 공개를 원치 않는 것이었고, 일부는 미국 국민에게 큰 상처를 줬다. 위키리크스 등장 초기, 많은 미국인들이 매일같이 위키리크스를 찾아와 비밀 정보에 환호했다. 하지만 그 칼끝이 곧 그들을 겨누게 될 줄은 몰랐을 것이다.

케냐 정부 부패 내막과 관타나모 수용소의 인권유린 실태 등 미국은 연일 충격의 도가니였다. 2010년 4월, 이라크에 주둔한 미군이 무장 아파치 헬기로 민간인을 공격하는 동영상 파일을 공개했다. 같은 해 7월, 아프간전쟁과 관련된 미군의 극비 전쟁문서 7700만 건이 공개됐다. 10월에도 핵폭탄급 폭로가 이어졌다. 여기에는 이라크전쟁 중 미군이 민간인을 학살하고 불법 처형한 내용 등이 포함됐다. 특히 눈길을 끈 내용은 미국정부가 발표한 이라크전 미군측 사망자 숫자가 위키리크스가 공개한 문건 내용과 크게 다른 점이었다. 그동안 미국정부는 미군 사망자 숫자를 축소 은폐하면서 이라크전쟁이 곧 미군의 압승으로 끝날 것이라고 주장해왔다. 위키리크스가 관련 문건을 공개하면서 체면을 구기게 된 미국정부는 이 문제에 관한 한 더 이상 당당할 수 없었다. 동시에 정부에 대한 신뢰가 떨어진 미국인들은 알 수 없는 불안감에 휩싸였다.

이때는 소련 해체로 냉전 시대가 막을 내린 시기였다. 세르비아의 슬로보단 밀로셰비치(Slobodan Milosevic) 대통령, 보스니아의 라도반 카라지치(Radovan Karadzic) 대통령, 이라크의 사담 후세인(Saddam Hussein) 대통령 등 미국의 세계화전략에 걸림돌이 되는 인물이 대부분 제거된 후 미국이 마음껏 뜻을 펼치려던 찰나였다. 그런데 난데없이 등장한 위키리크스가 강펀치를 날리자 미국 전체가 휘청거렸다. 미국정부에 씻을 수 없는 상처를 안긴 어산지와 위키리크스는 폭격기나 핵폭탄이 아니라 컴퓨터 하나로 세계 초강대국을 벌벌 떨게 만들었다.

이미 많은 미국인이 정부를 신뢰하지 않는 상황이었지만, 위키리크스는 연일 그들의 약점을 들춰내 미국정부를 세계적인 웃음거리로 만들었다. 르윈스키와 아무 관계도 아니라고 발뺌했던 빌 클린턴 대통령, 사담 후세인이 대량살상무기를 보유하고 있다고 주장했던 조지 워커 부시 대통령, 아프간전쟁이 곧 승리로 끝날 것이라고 외쳤던 버락 오바마 대통령. 이들의 당당하고 거침없는 발언은 곧 위키리크스를 통해 사실과 거리가 먼 것으로 밝혀졌고 이로 인해 국민들은 미국정부에 크게 실망했다.

외교가의 9.11 테러

2010년 11월 28일, 위키리크스가 세계 각지 미국대사관, 영사관, 대표부가 워싱턴에 보내온 외교문서 25만 건을 공개했다. 해당 문건은 2004년 이후부터 바로 전날까지 전송된 문건으로 내용과 표현이 너무 솔직해서 더 화제가 됐다. 이날 미국은 건국 이래 최대 위기에 봉착했다. 특히 세계 각국 정상을 희화한 표현들은 세계 초강대국 미국을 매우 난감하게 만들었다.

미국 외교관들은 이란 마무드 아마디네자드(Mahmoud Ahmadinejad) 대통령을 '제2의 히틀러'로, 독일 앙겔라 메르켈(Angela Merkel) 총리를 테프론*으로, 러시아 블라디미르 푸틴(Vladimir Putin) 대통령을 알파 독**으로, 러시아 드미트리 메드베데프 (Dmitry Medvedev) 총리를 '항상 우유부단한 정치인'으로, 프랑스 니콜라 사르코지(Nicolas Sarkozy) 대통령을 '벌거벗은 임금님'으로 표현했다. 그리고 오마바 대통령이 직접 "나는 서양보다 동양이 좋다. 유럽에 대해서는 귀속감은 물론 어떤 감정도 느껴지지 않는다"라고 말한 내용도 있었다.

이 사건이 터지자 미국뿐 아니라 세계 각국 지도자들도 위키리크스에 주목하기 시작했다. 특히 이탈리아의 프랑코 프라티니(Franco Frattini) 외무장관은 이 사건을 '외교가의 911테러'라고 표현하면서 위키리크스의 외교문건 폭로에 대해 매우 유감스러운 일이며, 강경하게 대처하지 않으면 세계 외교 대란이 일어날 것이라고 말했다.

자수한 FBI 수배자

어산지가 이렇게 쉽게 체포되리라고는 아무도 예상하지 못했을 것이다. 2010년 11월, 인터폴이 정식으로 적색수배령을 내리자 어산지는 노트북과 작은 배낭을 챙겨 도피생활을 시작했다. 어려서부터 익숙했던 떠돌이 생활 덕분에 강인한 의지를 가지게 된 그는 포기와 굴복은 생각해본 적도 없었다. 그러나 혼자 힘으로 세계 각국

---

* Teflon, 흠집이 나지 않는 것으로 유명한 독일제 프라이팬. 메르켈 총리가 모험을 무척 싫어한 덕분에 정치적인 실수를 하더라도 좀처럼 타격을 입지 않는 상황을 비유한 것

** Alpha Dog, 가장 힘센 수컷 혹은 우두머리 개라는 뜻으로 무리 중 가장 지배적인 남성을 가리키는 말

이 정보를 공유하는 국제경찰 조직 인터폴을 상대하기는 쉽지 않았다. 어산지는 도피 중 언론을 통해 "위키리크스는 미국과 우방국을 한꺼번에 쓰러뜨릴 수 있는 미공개 자료 수십 만 건을 가지고 있다"고 주장했다. 이 카드를 이용해 인터폴 적색수배령을 취소하고 자신의 자유와 안전한 삶을 되돌려 달라고 요구했다.

어산지는 FBI의 밀착 추적이 시작된 지 나흘 만에, 영국 런던 경찰에 자수함으로써 도피생활을 끝냈다. 그는 먼저 자신의 신분을 밝히고 물과 빵을 요구했다. 간단히 배를 채운 후 경찰서 의자에 누워 잠들었다. 세 시간 후 깨어난 그는 이번에는 면도기를 요구했다. 사람들에게 건강하고 당당한 줄리안 어산지의 모습을 보여주고 싶었을 것이다. 어산지는 인터폴이 강간죄로 적색수배령을 내렸다는 사실에 여전히 의문을 제기했다.

"그 두 여성은 분명히 성관계에 합의했다. 나중에 콘돔 문제로 작은 마찰이 있었지만. 찢어진 콘돔을 사용했다는 이유로 나에게 강간죄를 뒤집어씌울 수 없는 것처럼, 강간죄를 이유로 나와 위키리크스를 침묵하게 할 수 없을 것이다."

그의 변호사는 어산지에게 경각심을 일깨웠다.

"당신이 규칙 밖에서 일을 벌였으니, 그들 역시 규칙 밖에서 대응하겠지요. 게임의 규칙을 벗어나는 순간, 당연히 규칙으로부터 보호받을 수 없는 겁니다."

일리 있는 말이었지만, 어산지는 크게 개의치 않았다.

어산지가 체포된 후, 전 세계 위키리크스 지지자 60만 명이 어산지 구명을 위해 서명운동을 벌이며 '정보 공개의 자유, 언론 보도의 자유, 공정한 법률 적용'을 외쳤다. 또한 이들은 이렇게 주장했다.

“오늘날 언론은 정치권력의 선전도구로 전락해 진실 규명 기능을 잃었다. 지금 언론은 위키리크스 정보가 진실이라는 것을 분명히 알고 있다. 물론 법원이 인터넷 여론에 좌우되지는 않겠지만.”

도둑이 제 발 저린다

한편 미국 국무부 대변인 필립 크롤리(Philip Crowley)는 어산지 체포와 관련해 다음과 같은 공식 입장을 내놓았다.

“미국정부 홈페이지는 그동안 기밀문서를 안전하게 전달하기 위해 최선의 노력을 다했다. 해킹으로 국가 기밀문서를 빼내는 것은 미국 법률에 명백히 위배되는 행위이다. 이는 미국의 안전을 위협하고 사회 혼란을 야기할 뿐 아니라, 정부 이미지를 깎아내려 국민들의 정부 신뢰도를 떨어뜨린다. 이번 일로 정부와 시민 모두 큰 타격을 받았다. 정보가 비정상 루트를 통해 나온 만큼 덮어놓고 믿을 것이 아니라 국민 여러분이 이성적으로 현명하게 판단하길 바란다. 어산지는 자유와 진실의 이름을 더럽히는 교묘한 사기꾼이다.”

어산지 변호인은 정부 대변인의 무미건조한 입장에 대해 이렇게 반박했다.

“만약 이 정보가 터무니없는 거짓이라면 그렇게 당황하거나 놀랄 필요 없지 않은가? 또한 난리법석을 떨면서 어산지를 추적하고 체포하거나 암살 위협을 가할 이유도 없을 것이다. 어산지와 위키리크스는 정보화시대의 제임스 본드, 이 시대의 영웅으로 불린다. 위키리크스를 공격할 것이 아니라 보호해야 한다.”

어산지를 친구처럼 의지해온 어머니 크리스틴 어산지(Christine Assange)는 아들의 체포 소식을 듣고 곧바로 런던으로 달려갔다. 아들을 만난 그녀는 매우 걱정스러운 표정으로 이렇게 물었다.

"정말 이렇게까지 할 만한 가치가 있는 일이니?"

"내 결심은 변하지 않아요. 나는 여전히 내 이상이 옳다고 생각해요. 지금 잠시 힘들다고 해서 신념을 바꿀 수는 없어요. 더 힘든 일이 있을지 모르지만, 그렇다면 내 신념은 더욱 강해질 겁니다. 내 이상은 정확한 진실이니까요."

위키리크스를 이끄는 익명의 사람들

어산지가 체포된 후에도 위키리크스는 정상적으로 운영됐다. 이 비밀 조직은 9명의 주요 간부를 중심으로 운영됐는데, 어산지를 제외한 8명은 공개적으로 신분을 밝히지 않았다. 위키리크스는 고정 사무실이나 운영본부가 없고, 직원이라고는 런던 시내 모처에 임대한 지하사무실에서 일하는 문서 입력원 몇 명이 전부였다. 실질적인 정보 제공 및 분석은 전 세계에 흩어진 수백 명의 자원봉사자가 담당했다. 이들은 위키리크스의 가장 큰 원동력이었다. 위키리크스 대변인은 "어산지가 석방되지 못하고 유죄 판결을 받는다면, 세계는 다시 한 번 혼란에 빠질 것이다"라고 경고했다. 그러나 미국을 비롯해 위키리크스 폭로로 타격을 입은 각국 지도자들은 순순히 호랑이를 풀어줄 생각이 없었다.

영국 법원은 증거를 분석하고 있다는 이유로 계속 판결을 미뤘다. 어산지는 이 상황에 대해 "민간 사이트가 서방 세계 연합을 상대로 승리했다"라고 자평했다.

"유죄를 확정하지 못하는 것은 재판부의 누군가가 두려움을 느끼고 있다는 증거이다. 이것은 곧 나의 신념과 행동이 옳다는 것을 의미한다. 무한한 영광으로 생각한다."

11월 11일 체포되기 몇 주 전, 어산지는 포브스와의 인터뷰에서 "위키리크스는 새로운 종류의 저널리즘을 탄생시켰다. 새로운 저널리즘의 핵심 키워드는 바로 진실이다"라고 말했다. 진실은 모든 기사와 언론의 기본이자 핵심이지만, 오늘날 대중은 자신이 접한 기사가 진실한 것인지 판단하기 힘들어졌다. 그래서 위키리크스는 기사와 사건 진실의 검증 기능에 주목했다.

"과학저널리즘*을 실현하기 위해 기사 안에 해당 기사의 소스가 된 정보를 링크로 연결시켰다. 이 기사가 과연 진실인지, 기자가 정확하게 보도했는지를 독자 스스로 판단하도록 하는 것이다. 민주사회에는 어떤 외압에도 흔들리지 않는 강한 언론이 필요하다. 이것이 위키리크스가 지향하는 바이다. 언론은 정부가 그들의 잘못을 인정하고 조금씩 진실을 향해 갈 수 있도록 만들어야 한다. 세상의 모든 정부와 기관은 진실을 말하는 사람을 총살할 권리가 없다."

포브스 기자는 어산지에게 "혹시 폭로 자체를 즐기는 것이 아니냐"고 질문했다. 어산지는 아주 솔직하게 대답했다.

"거짓을 폭로하는 일은 매우 즐겁다. 내 손으로 직접 세상을 바꾸고 그 과정을 내 눈으로 지켜볼 수 있는데 흥분하지 않을 수 있겠는가? 긍정적인 에너지가 투입되어 발전적인 방향으로 흘러가는 사회, 권력을 남용한 자와 대중을 기만한 자들이 합당한 처벌을

* 과학에 관련된 내용을 전달하는 것이 아니라, 과학적 분석을 통해 올바른 정보를 전달하는 것을 의미한다. 과학적 저널리즘이라고도 한다.

받는 사회, 대중이 진실을 알고 진실에 가까워지며 행복을 느끼는 사회, 그런 아름다운 사회라면 뭐가 더 필요한가?"

"모르는 게 약이라는 말도 있죠. 거짓이 폭로될 때 오히려 고통스러워하는 사람도 있습니다."

"죄가 있는 사람이라면 고통스럽겠지요."

위키리크스

위키리크스는 2006년, 각국 정부과 유명 기업의 부패 행위를 폭로하기 위해 만들어졌다. 그리고 몇 년 동안 꾸준히 화제가 될 만한 비밀을 폭로하며 여러 권력자들의 애간장을 태웠다. 그러던 중 미군의 불법 행위를 연이어 폭로하면서 줄리안 어산지와 위키리크스는 세계적인 스타로 발돋움했다. 특히 2010~2011년 동안에는 가장 인기 있는 인터넷검색어로 꼽혔다.

위키리크스는 외부에 알려진 주소나 전화번호가 전혀 없고, 핵심 운영자 이름이나 사이트소유자 정보 또한 일체 알려진 바가 없다. 일반 온라인 기업이 본부위치, 운영방식, 조직상황 등을 적극적으로 알리는 것과 달랐다. 지금까지 알려진 바에 따르면, 위키리크스 운영에 참여하고 있는 자원봉사자는 전세계적으로 수백 명이나 된다. 운영자금은 자원봉사자의 기부 혹은 개인 및 단체의 후원으로 충당하고 있다. 이들이 정부, 기업, 기관의 내부 문건을 폭로하는 이유는 부패 및 불법 사건의 내막을 알리고 정보 투명화를 지향하기 위함이다.

2010년 7월 26일, 영국 데일리 텔레그래프(The Daily Telegraph)는 그동안 위키리크스가 폭로한 '말할 수 없는 비밀'을 일목요연하게 정리했다. 그 중 몇 건을 소개한다.

1) 미군의 민간인 사살

미군이 이라크 민간인을 공격하는 동영상이 위키리크스 홈페이지에 공개됐다. 이것은 이라크 주둔 미군 헬기 조종사 시점으로 촬영된 동영상으로, 영국 로이터통신 소속 기자 2명을 포함해 총 18명이 사망했다.

2) 관타나모 수용소 매뉴얼

2007년, 위키리크스는 미국 국방부가 사병들에게 나눠준 <관타나모 수용소

관리 지침 매뉴얼>을 공개했다. 매뉴얼 내용을 보면, 간수 병사는 국제적십자 위원회의 수감자 방문을 중지시킬 수 있다고 규정했다. 또한 태도가 좋고 미군에 협조적인 수감자에게만 특별포상 형태로 휴지 등 일상용품을 제공했다.

3) 기후학자들의 데이터 조작

영국 이스트 앵글리아 대학교(University of East Anglia) 기후연구소를 오간 이메일 1,000여 통이 위키리크스에 공개됐다. 메일 내용을 통해 많은 기후학자들이 자신의 연구 결과에 불리한 기후 데이터를 임의로 바꾼 사실이 드러났다. 지구온난화의 경우 심각성을 강조하는 방향으로 데이터를 조작했다. 이 일로 대중은 지구온난화 이론 자체를 의심하기 시작했고, 과학계 외부의 비난과 질타가 이어졌다.

4) 페일린 개인 이메일

2008년 미국 대통령경선기간 중, 공화당 대통령 후보 존 매케인(John McCain)과 한 팀이었던 부통령 후보 세라 페일린(Sarah Palin)의 개인 이메일 계정이 해킹 당했다. 해커들은 이메일 내용을 포함해 그녀와 가족의 사진을 위키리크스에 공개해 논란을 일으켰다.

5) 911관련 메시지 50만 건

2009년 11월, 위키리크스는 911테러 발생 당일 미국 국민들 사이에 오고간 휴대폰 문자메시지 50만 건을 공개했다. 이 중에는 연방정부와 지방정부 관계자가 작성한 메시지도 있었다. 위리리크스의 발표에 따르면 이 자료를 제공한 익명의 제보자는 이 자료를 통해 911테러 당시 상황을 있는 그대로 보여주고 싶었다고 한다.

페이스북을 만든 마크 저커버그

5억 명의 친구가 있다면, 그중 몇몇쯤 적이 있지 않겠는가?

– 데이빗 핀처*(David Fincher)

* 영화감독이자 뮤직비디오 감독. 대표작으로는 〈소셜 네트워크〉, 〈세븐〉, 〈파이트 클럽〉, 〈벤자민 버튼의 시간은 거꾸로 간다〉, 〈밀레니엄 - 여자를 증오한 남자들〉 등이 있다.

중국 마이크로소프트의 CEO를 역임한 우스훙(嗚士宏)은 "어떤 이상을 품든, 일단 살아야 한다"고 말했다. 이 말은 보편적인 진리인 듯하다. 어린 시절 꿈이 무엇이냐 물으면 과학자나 선생님, 군인 등 반드시 위대하지는 않더라도 제법 고상한 직업을 이야기하곤 했을 것이다. 하지만 보통 사람들에겐 고상한 꿈이나 명예로운 직업보다는 등 따시고 배부른 것이 먼저다. 정신적 풍요는 배부름을 전제로 한다. 많은 사람이 벼락부자를 꿈꾸지만 실현되기는 어렵다. 부자와는 거리가 먼 사람들도 기회가 찾아온다면, 누구든 이 기회를 잡으려 들 것이다.

페이스북 효과

아무렇게나 신은 스니커즈와 티셔츠, 앳된 얼굴을 가진 젊은이가 '제3 제국'을 건설한 인물이라는 사실은 쉽게 믿기 어렵다. 이 젊은이는 애플 CEO 스티브 잡스와 위풍당당한 어산지를 제치고 타임(Time)지의 2010년도 올해의 인물로 선정되었다. 이는 1927년 이후 가장 젊은 표지모델이었다. 바로 페이스북의 창시자 마크 저커버그(Mark Zuckerberg)의 이야기다.

편집장 리처드 스텐걸(Richard Stengel)은 다음과 같이 밝혔다.

"전대미문의 위대한 업적을 완성한 저커버그를 올해의 인물로 선정했습니다. 세계인구의 10%를 연결한 페이스북은 인간관계를 더욱 조화롭고 친밀하게 만들었죠."

사용자 수가 중국과 인도의 인구에 버금가는 가상공간의 '제3 제국'에는 아주 재미난 이름이 붙었으니, 바로 '얼굴 책'이다. 장난기 많은 저커버그는 몇 차례 해킹을 하기도 했지만 개성을 표현하는 방식 중 하나일 뿐, 즐거움을 위해 남을 고통스럽게 하지는 않았다. 어릴 때부터 컴퓨터에 남다른 재주가 있던 저커버그는 여섯 살 때부터 혼자 프로그램을 짜기 시작했다. 열두 살 때는 세상에서 가장 잘생긴 남자라면서 본인 사진으로 학교 홈페이지를 도배했다. 대학교 때는(저커버그는 컴퓨터 업계의 큰 형, 빌 게이츠와 하버드 동문이다) 학교 홈페이지를 본인 사진으로 채운 것으로 모자라 잘 생겼는지 못생겼는지 묻는 투표까지 개설했다.

페이스북이 성공하자 마이크로소프트는 저커버그에게 연락을 했다. 알다시피 마이크로소프트의 고위급 인사를 만날 기회란 결코 쉽게 오는 것이 아니다. 세계적인 유명 기업가들도 얻기 힘든 기회를 갓 스무 살이 넘은 애송이는 단박에 거절했다. 보통 사람은 상상도 못 할 거절 이유가 있었으니, 바로 평소 아침 잠이 많은 저커버그에게 약속 시각이 너무 이르다는 것이었다. 하고 싶은 대로 행동하는 이 애송이는 하버드 대학의 교내에서만 사용되던 웹페이지를 4년 만에 세계에서 여덟 번째로 사용자 수가 많은 유명 웹사이트로 만들었다.

하버드를 떠나다

저커버그는 치과의사인 아버지와 함께 뉴욕 북 웨스트체스터의 교외에 살았다. 늘 환자가 많아서 힘들어하는 간호사들이 마음에 쓰였던 열두 살 저커버그는 일주일 만에 환자대응프로그램을 만들었다. 이 프로그램은 집과 병원을 연동할 수 있어서 집에서도 병원의 상황을 알 수 있었다. 나중에는 '집에서 친구와 이야기할 수 있는 장난감'으로 친구들에게 큰 인기를 끌었다. 작은 동네에서 일약 스타가 된 저커버그는 여자아이들의 우상으로 떠오르기도 했다.

저커버그는 원체 착한 아이나 책만 아는 범생이로 살 성격이 아니다. 굉장히 활발하고 움직이는 것을 좋아했으며 행동과 말이 빨랐다. 대학 펜싱팀에서 리더로 활동했고 문학학사 학위도 취득했다. 꽤 괜찮은 책을 몇 권 집필하기도 했다. 물론 관심을 보인 출판사는 없었지만. 저커버그는 주로 프로그램을 만들며 시간을 보냈다.

저커버그가 개발한 프로그램은 단순해서 이해하기 쉬우면서도 기술적으로 상당히 뛰어났다. 저커버그가 만든 프로그램에 관심을 보인 AOL*과 마이크로소프트가 그를 영입하려 했으나, 자유로운 생활을 좋아하는 저커버그는 제도나 엄격한 집단에 자신을 옭아매기 싫었다. 프로그래밍과 음악 감상을 좋아했던 고등학생 저커버그는 커피를 마시면서 사용자의 취향에 따라 재생 빈도가 높은 곡을 위쪽에 배열하는 음악재생프로그램, 시냅스(Synapse)를 만들었다. 마이크로소프트가 200만 달러에 이 프로그램을 사겠다고 나섰으나 저커버그는 쿨하게 거절했고, 누구나 사용할 수 있게 인터넷에 무료로 배포했다.

페이스북은 새로운 프로젝트를 하던 중 개발되었다. 어떤 쌍둥이 형제가 하버드 학생들만의 소셜 네트워크를 만들자고 제안했던 것이다. 함께 프로젝트를 진행하던 중 돌연 저커버그는 두 달 만에 그들에게 이별을 고하고 직접 소셜 네트워크를 만들었다. 이것이 페이스북의 초기 모델이다. 학교 홈페이지에 침입해 자신의 사진을 두 장 내걸고 어느 사진이 더 잘생겼는지 묻는 투표를 개설한

---

* America Online, Inc. 미국의 종합미디어 기업인 타임워너(Time Warner Inc.)의 인터넷사업부문 자회사로 인터넷 서비스를 주력 사업으로 하는 미디어 기업

게 이 즈음이었다. 저커버그는 호되게 훈계를 들었고, 각종 규정에 얽매이며 점잔빼는 학교가 마음에 들지 않는다는 생각을 했다. 마침 저커버그가 만든 페이스북이 젊은이들에게 선풍적인 인기를 끌었고 사용자 수가 폭증하며 하루가 다르게 성장하고 있었다. 그는 페이스북에만 전념하기로 했다.

새로운 동업자

마이크로소프트의 200만 달러를 거절했던 주커버그는 놀랍게도 1천 달러의 투자를 받아들였다. 에두아르도 새버린(Eduardo Saverin)이 그 투자자인데, 그는 페이스북을 위해 안정적인 네트워크 서버를 빌려왔다. 새버린이 페이스북으로 돈을 벌 수 있다 생각해서 1천 달러를 들고 찾아온 것이라고 해석하는 친구도 있었다. 하지만 사회적 배경이 좋고 웹사이트 운영 경험도 있는 새버린이 도움이 될 것이라 여긴 저커버그는 조금도 망설이지 않았다. 새버린과 저커버그 서로에게 이익이 되는 상황이었다. 둘의 나이를 합쳐도 50이 넘지 않는 젊은이가 의기투합하는 순간이었다.

2004년 1월 12일 뉴욕, 저커버그는 한 달 임대료가 85달러인 서버를 빌리고 도메인을 등록했다. 저커버그는 웹사이트의 구조를 다시 설계하고 경영방식을 고민하느라 머리를 싸맸다. 새버린은 1천 달러 투자금의 대가로 30% 지분을 받고 CFO가 되었다.

페이스북이 최초의 소셜 네트워크인 것은 아니다. 그때 당시 이미 무수히 많은 소셜 네트워크가 시장을 선점한 상황이었다. 이처럼 불리한 상황에서도 저커버그의 기발함은 제대로 역량을 발휘했다. 다른 사이트는 마우스를 클릭 한번으로 낯선 사람이 친구가 되지만, 페이스북에서는 당사자의 동의가 있어야만 친구로 등록되었다. 또한 타인에게 공개할 범위를 사용자가 직접 조정할 수 있었다. 대단할 것 없어 보이는 이 기능은 사용자의 프라이버시에 대한 염려를 없앴다. 덕분에 페이스북은 출시 몇 달 만에 3천여 명의 사용자를 확보했다. 수치상으로는 얼마 안 되지만, 하버드 대학교 재학생 5천여 명 중 절반 이상의 학생이 페이스북을 사용하는 것이니 대단한 결과가 아닐 수 없다. 이후 등록자 수가 기하급수적으로 늘어났다. 폭증하는 데이터를 혼자 감당할 수 없게 되자 저커버그는 동급생인 더스틴 모스코비츠(Dustin Muskovitz)를 영입했고 자신의 지분에서 5%를 주었다. 하지만 얼마 후 세 사람의 협력관계는 급격히 나빠졌다.

새로운 도전과 실리적인 안전의 사이

"오래 함께하면 헤어지고 오래 헤어져 있으면 다시 만나기 마련이다"라는 말은 세상 어디에서나 정확히 맞아떨어진다. 승승장구하던 페이스북 역시 이 저주에서 벗어나지 못했다. 학생인 저커버그의 동업자 둘은 여름 방학을 맞아 시간이 많아졌다. 페이스북을 운영하기만 해도 충분히 이 시간을 채울 수 있었지만, 현실에만 얽매이기 싫었던 저커버그는 밖으로 나가 세상을 경험하고 싶었다. 모스코비츠는 저커버그의 의견에 동의했다. 두 사람은 첨단과학기술 밀집지역인 캘리포니아에 진출하기로 마음 먹었다. 캘리포니아의 좋은 환경을 발판으로 회사 규모를 키울 수 있을 것이다. 투자를 유치하기만 하면 단순한 오락물인 페이스북을 상업모델로 전환할 수 있을 거란 꿈에 부풀어 있었다. 그러나 새버린의 생각은 달랐다.

새버린은 두 사람의 캘리포니아행에 관심이 없었다. 이유는 간단했다. 페이스북이 인기를 끌긴 했지만 운영비는 여전히 새버린의 주머니에서 나오고 있었던 것이다. 캘리포니아행은 예산이 1억 달러나 드는 일이었다. 사용자 수가 급증한 웹사이트의 데이터를 정상적으로 처리하려면 성능이 더 좋은 서버를 빌려야 했고, 그 임대료도 만만치 않았다. 세 사람은 논쟁을 피할 수 없었다. 저커버그는 캘리포니아에 무한한 기회와 밝은 미래가 있다고 믿었다. 그러나 새버린은 불확실한 도전에 막대한 비용을 들이는 것보다 웹사이트에 상업광고를 받는 것이 더 안전하고 실리적이라 생각했다.

"저커버그를 막을 수 있는 사람은 없습니다. 저커버그는 확신이 서면 결과를 계산하지 않고 끝까지 밀어붙였습니다. 그리고 신기하게도 그의 선택은 언제나 옳았습니다."

캘리포니아로 간 저커버그는 매일 대형 네트워크 회사를 찾아다녔고 업계 유명인사와 교류하며 쉬지 않고 공부했다. 실리콘밸리에서 음원 공유서비스로 명성을 얻은 냅스터(Napster)의 대표 숀 파커(Sean Parket)는 저커버그의 좋은 스승이자 친구가 되었다. 파커는 페이스북이 상당히 뛰어난 웹페이지라고 생각했다. 페이스북의 발전 전망과 운영 전략으로 보아 머지않아 인터넷 사업의 판도를 바꿀 것이라고 확신했다. 광고로 푼돈을 벌 것이 아니라 때를 기다리며 안정적인 사용자 군을 꾸준히 확보하는 것이 더 중요하다고 분석했다. 저커버그도 파커와 같은 생각이었다. 이번에도 저커버그는 망설임 없이 자신의 지분 일부를 주며 파커를 페이스북에 영입했다. 저커버그는 인터넷 업계에서 잔뼈가 굵은 파커의 풍부한 실전 경험을 바탕으로 페이스북을 더욱 발전시켜 역사적인 도약기를 맞이하고 싶었다.

그러나 뉴욕에서 자신의 회사에 새 주주가 생겼음을 전혀 모르는 새버린은 눈앞의 이익을 좇아 메인페이지에 광고를 게재했다. 페이스북에 처음 게재된 광고는 구직 사이트 광고. 바로 새버린이 운영하는 사이트였다.

이를 알게 된 저커버그는 분노했다.

"페이스북이 조만간 구직서비스를 시작할 거란 거, 너 알고 있었잖아. 페이스북 발전 계획에 명확히 쓰여 있어. 근데 말도 없이 혼자 구직사이트를 만들고, 신성한 페이스북에다 이 후진 물건을 광고해? 이건 잘못 한 정도가 아니라 비열한 거야!"

돈, 천재 그리고 배신

웹페이지가 날로 번창하는 시점에서 새버린은 최대 주주인 저커버그와 사사건건 부딪쳤다. 이런 갈등 와중에도 페이스북은 승승장구했다. 불과 6개월 만에 등록자 수가 백만 명을 돌파한 것이다. 초기에 빌린 작은 서버로는 수많은 방문자를 감당하기에 턱없이 부족했고 새버린은 더 많은 자금을 끌어와야 했다.

물론 새버린은 전도유망한 페이스북을 위해 기꺼이 돈을 내놓았다. 문제는 모스코비츠와 저커버그의 캘리포니아행이 예상보다 결과가 좋았다는 것이다. 인터넷 업계의 수많은 큰손이 페이스북에 상당히 관심을 보였다. 숟가락을 얹으려는 투자자가 줄을 설 지경이었다. 저커버그는 이 거물 인사들을 만나느라 매일 눈코 뜰 새 없이 바빴다. 매일 새로운 아이디어를 이야기하는 짤막한 전화통화가 이어졌다. 저커버그가 고개를 끄덕이기만 하면 회사 계좌에 투자금이 들어왔다. 이 모든 일은 원래 새버린의 몫이었다.

막대한 투자금이 들어올 무렵, 새버린은 저커버그가 의도적으로 자신을 피한다고 느꼈다. 새버린도 자산이 있었지만 거액의 투자금과는 비교할 수가 없었다. 인터넷 업계에서 다년간 단련된 사람들과 겨루자니 새버린은 벼랑 끝에 서 있는 느낌이었다. 새버린의 최후의 수단을 썼다. 자신의 은행 계좌를 동결시킨 것이다. 새버린은 페이스북의 자금줄을 끊고 싶었다. 저커버그가 돈이 부족하지 않다는 것은 잘 알고 있었다. 그저 저커버그에게 자신의 존재를 상기시키고 싶을 뿐이었다. 하지만 새버린의 이 행동은 역효과만 냈을 뿐이었다. 저커버그는 공로를 내세워 거만하게 행동하는 것을 가장 싫어했다. 저커버그는 지난 일을 떠올렸다. 웹페이지를 처음 만들 당시, 새버린은 미래가 불투명한 사업에 자금을 투자하고 함께 열정을 불태웠다. 저커버그는 새버린을 캘리포니아로 불렀다.

"앞으로 5년 동안 회사를 어떻게 이끌어 나갈지 의논하자. 너도 페이스북이 잘 되길 바라잖아. 나는 다만, 회사를 조직하고 자금을 조달하고 비즈니스 모델을 만드는 것처럼 중요한 일에 CFO로서 네가 늘 좋은 결과물을 내놓지 못했다는 게 아쉬울 뿐이야. 지난 한 달 동안 네가 한 일이라고는 페이스북 메인페이지에 구역질 나는 광고를 게재한 게 전부잖아."

격분한 새버린은 저커버그의 초대를 단칼에 거절했다.

"일등석 비행기티켓을 끊어줘서 고맙군그래. 근데 말이야 존경하는 주주 양반, 그 티켓은 예쁜 금발여자한테나 줘버려. 그 여자가 날아가서 피곤한 네 육체를 위로해 줄 거야."

새버린이 이런 대응을 하는 동안, 저커버그는 75억 달러에 달하는 투자를 받았다. 그리고 새버린을 잘라낼 결심을 했다. 저커버그에게는 새버린을 쫓아내 조직을 재정비하는 것이 가장 시급했다.

해커 CEO

저커버그는 막대한 자금을 끌어오긴 했지만 그때마다 회사 지분을 나눠주지는 않았다. 삼대 주주인 세 명 중 저커버그의 지분이 65%, 새버린이 30%, 모스코비츠가 5%였다. 회사가 급속도로 성장하는 시점에서 누군가 자진해서 떠날 리도 없고 쫓아낼 수도 없었다. 하지만 미꾸라지 한 마리가 물을 흐리게 둘 수는 없었다.

"당장 새버린을 쫓아내도 실질적인 이득은 없지. 그렇다고 제멋대로인 새버린을 이대로 둘 순 없어. 통제할 방법이 필요해."

저커버그의 태도는 확고했다. 2004년 7월 말, 페이스북은 파커와 다른 투자자를 주주로 영입하며 새 둥지를 틀었다. 그해 10월 31일, 저커버그는 주주협의에 서명하도록 새버린을 꾀었다. 이 협의안의 내용은 다음과 같았다. 저커버그의 지분 중 일부를 파커와 투자자들에게 나눠주고 65%의 지분을 51%까지 낮춘다. 새버린의 지분은 기존의 30%에서 35%로 늘리고, 대신 기존 회사의 지적 재산권 중 새버린의 권리를 모두 새 회사로 옮긴다.

새버린은 페이스북의 지적 특허에서 기술 지분이나 참여권이 전혀 없는 것이다. 또한 새버린은 자신이 회사에 없을 때는 저커버그가 대신 투표권을 행사한다는 데 동의했다. 저커버그는 금융전문가의 도움으로 협의안의 본질을 숨기고 원하는 바를 얻어냈다. 새버린은 똑똑한 사람이었지만 순진하게도 자신의 지분 35%가 보통주라는 중요한 사실을 간과했다. 저커버그의 지분은 희석*되지

* 주식의 가치가 낮아지는 것을 말한다. 신주가 발행될 때 주식수가 늘어나는 만큼 회사 자산이나 이익이 늘어나지 않으면 주식수가 늘어나는 만큼 회사 자산이나 이익이 준다.

않고 주식 이전*이 가능한 우선주였다. 새버린은 앉은 자리에서 몇 백만 달러를 벌긴 했지만, 이 정도는 요동치는 주식시장에서 순식간에 휩쓸릴 수 있었다.

협의안에 서명한 후, 득의양양한 새버린은 학교로 돌아가 한가로이 수업을 들었고, 저커버그는 바로 '희석계획'을 추진했다. 2005년 1월 저커버그는 새버린을 대신해 찬성표를 던지며 두 차례에 걸쳐 보통주 대량 발행 결의안을 통과시켰고, 곧 새버린의 지분은 10% 아래로 희석되었다. 3월 28일에는 회사가 신주(新株)를 상장했고 새버린의 지분은 순식간에 0.05%까지 떨어졌다. 그해 4월, 명색이 페이스북의 CFO인 새버린은 2차 자금 조달과 관련된 문서에 서명할 때에야, 자신이 CFO라는 이름 외에 아무것도 가진 것이 없음을 알게 되었다.

그로부터 15일 후 새버린의 변호사가 저커버그의 사무실을 찾아왔다. 법정에서 저커버그는 새버린에게 7%의 회사 지분을 주며 아량을 베풀었다. 하지만 지분을 보유하지 않고 당일 마지막 거래 가격으로 현금화한다는 조건을 달았다. 새버린이 위안으로 삼을 만한 것은 투자금 1만 달러가 2년 만에 천만 달러로 불어났다는 것뿐이었다.

페이스북은 몇 년 만에 전 세계를 휩쓸었다. 오바마 대통령과 영국 여왕 엘리자베스 2세까지 페이스북의 일원이 되었다. 페이스북의 시장가치는 최소 1천800억 달러를 넘는다. 저커버그는 하루아침에 자퇴생에서 세계에서 가장 젊은 억만장자로 거듭났다. 빌 게이츠처럼 저커버그도 공부에 열중하지 않는 학생이었지만 빈손으

* A기업 주식을 B기업 주식으로 일괄 전환하는 방식으로 지주회사가 자회사 지분을 100% 확보하는데 필요한 제도

로 대업을 이뤄냈고 위대한 전설이 되었다.

저커버그는 공식 석상에서도 절대 양복을 입지 않는다. 사회 명사나 정부 고관을 만날 때도 시장에서 산 1.5달러짜리 낡은 슬리퍼를 신는다. 저커버그는 늘 자전거로 출퇴근하고 커피를 마시며 컴퓨터에 몰입한다. 직원들과 마찬가지로 밀고 밀리며 도시락을 사고 프로그램을 만든다. 보통 사람들처럼 평범한 집을 빌려 사랑하는 사람과 함께 산다.

비범한 청년과 열정적인 사용자가 있었기에 페이스북은 짧은 시간에 유행을 선도할 수 있었다. 물론 호시탐탐 기회를 노리는 적도 많다. 그중에는 물론 저커버그를 사무치도록 미워하는 새버린도 포함되어 있다.《우연히 탄생한 백만장자- 섹스, 돈, 천재 그리고 배반》*이라는 책에 참고인으로 참여한 새버린은 저자와 인터뷰에서 저커버그를 저속하기 짝이 없는 호색한이라고 비방했다. 새버린은 영화 '소셜 네트워크'의 감독 데이빗 핀처의 말을 이해하기에 아주 좋은 사례다.

"5억 명의 친구가 있다면, 그중 몇몇쯤 적이 있지 않겠습니까?"

실연당한 남학생의 고백

나는 마크 저커버그, 전형적인 곱슬머리 유대인이다. 공부는 제법 잘한다. 고등학교 때부터 프로그래밍을 좋아해서 간단한 소프트웨어를 몇 개 만들었다. 하버드 대학교에 입학한 뒤 나는 모든 것이 만족스러웠다. 사교? 돈깨나 있는 상류사회 애들이 즐기는 놀이다. 부럽긴 해도 꼭 필요한 건 아니다. 여자친구? 솔직히 말하자면 에

---

* The Accidental Billionaires: The Founding of Facebook : A Tale of Sex, Money, Genius and Betrayal 벤 메즈리치(Ben Mezrich) 저. 영화 '소셜 네트워크'의 원작 소설

리카를 좋아하긴 했다. 하지만 그녀는 나만큼 똑똑하지 못했다. 보스턴 대학에 다니는 것만 봐도 알 수 있지 않은가. 나는 달콤한 말 따위 할 줄 모르고 언제나 생각나는 대로 내뱉는다. 에리카가 '재수 없는 놈'이라 욕하며 나를 차버린 것도 이 때문이다. 나는 화가 나서 블로그에 그녀를 욕하는 글을 올렸다. 페이스매시(Facemash)라는 웹사이트를 만들어 내가 얼마나 여자들을 싫어하는지도 썼다. 한 시간 만에 뚝딱 만든 웹사이트에는 두 시간 만에 엄청나게 많은 방문자가 몰렸고 하버드 네트워크 시스템을 마비시켰다. 그럼 또 어떤가? 아무것도 무섭지 않다.

멍청한 쌍둥이 형제가 하버드 학생들만의 소셜 네트워크를 만들고 싶다고 나를 찾아왔다. 그들은 이 사이트를 '하버드 커넥션(The Harvard Connection)'이라 불렀다. 제법 괜찮은 생각 같았다. 나는 혼자서 '더 페이스북(The Facebook)'을 만들기 시작했고 친구인 에두아르도 새버린도 나와 함께 했다. 새버린이 자금을 대고 나는 프로그램을 개발했다. 내 지분이 70%, 새버린이 30%. 멍청한 쌍둥이 형제는 내가 아이디어를 훔쳤다며 야단법석이었지만 나는 잘못한 것이 없다. 새버린이 내가 쓸데없는 말을 듣고 다닌다며 성질을 부리기에 그의 지분을 0.03%로 낮춰버렸다. 새버린은 변호사 앞에서 나에게 말했다. "마크, 나는 네 하나뿐인 친구야. 근데 네가 나를 배신해?"나는 대꾸할 말이 없었다. 나는 내가 나쁜 사람이 아니라고 믿는다. 하지만 이 모든 것이 무엇을 위한 것일까. 세계에서 가장 젊은 억만장자인 나는 몇백만 달러로 새버린의 입을 막아버렸다. 외로운 나에게 남은 건 페이스북, 그리고 돈뿐이다.

나는 컴퓨터 앞에 앉아 한때 많이 좋아했던 여자의 페이스북을 찾아보았다. 한참 동안 프로필 사진을 바라보며 망설이고 또 망설이다 친구추가 버튼을 눌렀다. 또 한참 동안 새로고침 버튼을 반복해서 누르며 그녀가 내 초대를 수락하길 기다렸다. 그리고 깨달았다. 내가 기다리는 어떤 일도 일어나지 않는다는 것을. 현금 가치가 6억4천 달러인 이 웹사이트가 실연의 상처로 쓰라린 속을 부여잡고 만든 것임을 그녀가 어찌 알겠는가.

자원공유를 위해 싸우는 해커 순교자

당신은 우리 중 최고였다. 우리의 무한한 잠재력을 깨워주오.

MIT 공대 홈페이지가 무너졌다

2013년 1월 14일 월요일은 아침부터 잔뜩 찌푸린 날씨로 시작됐다. 지난 며칠간 내린 폭설로, 그렇지 않아도 교통 체증이 심한 시내도로가 더 복잡해졌다. 접촉사고까지 겹친 빙판길을 뚫고 겨우 회사에 도착해 출근카드를 찍는 순간 "안 됐군요. 지각입니다"라는 무뚝뚝한 기계음이 더욱 심기를 건드렸다. MIT공대 전자컴퓨터 공학부 학장 압두(Abdou) 교수는 간신이 화를 억누르며 사무실에 들어섰다. 출근길에 접촉사고가 3번이나 있었다. 하지만 보험회사에 연락하고 기다릴 시간이 없어 자기 돈으로 수리비를 물어줬다.

"요즘엔 정말 되는 일이 없어. 다 엉망진창이야!"

확실히 그랬다. 날씨도 세상도 정상이 아니었다. 의자에 앉으려던 압두 교수의 눈에 커피메이커가 들어왔다. 평소에는 여자친구가 네덜란드에서 사다준 오리지널 원두로 커피부터 내렸다. 하지만 요 며칠 밤을 새느라 원두가 다 떨어졌다. 커피향이 사라지면서 행복까지 사라진 느낌이었다. 커피메이커에서 눈을 떼고 컴퓨터 쪽으로 고개를 돌리는 순간, 이상한 느낌이 들었다. 컴퓨터 옆에 설치된 CCTV 모니터에는 MIT공대 홈페이지 메인 화면이 떠 있었다. 연노란 색 배경으로 디자인한 메인 화면은 중세 유럽의 요조숙녀처럼 우아한 느낌이었다. 그런데 지금 모니터 화면은 온통 붉은 색이다. 압두 교수는 눈을 비비며 몸을 일으켰다. 다시 봐도 역시 붉은 색이 틀림없었다. 화면 아래쪽에 메시지가 보였다.

"우리는 저장 위치에 상관없이 모든 정보를 가질 수 있어야 한다. 백업을 구축해 세계가 공유하도록 해야 한다. 우리는 자유연맹 게릴라 부대이다. 우리는 전통적인 시민봉기 방식으로 공공문화를 절도하는 소수에 대항할 것이다."

어디에선가 본 것 같은 아주 익숙한 문구였다. 그러나 지난 며칠 무리한 밤샘 연구로 뇌가 과부하에 걸린 탓인지 좀처럼 생각이 나지 않았다. 압두 교수는 담뱃불을 붙이며 조교 디모에게 전화를 걸었다. 그 순간 디모는 노크하는 것도 잊은 채 사무실 문을 벌컥 열고 바람처럼 뛰어 들어왔다. 그는 종이 한 장을 손에 쥐고 있었다.

"교수님, 우리 홈페이지가 해킹 당했습니다. 아직 확실하지 않지만 어나니머스라는 해커그룹 소행인 것 같습니다. 여기 트위터 캡처 사진을 보세요."

디모가 건네준 종이에는 인터넷 화면이 인쇄되어 있었고, 그 안에는 트위터 주인 '어나니머스'가 전하는 짤막한 메시지가 적혀 있었다. mit.edu(MIT 공대 홈페이지)가 무너졌다.

"어나니머스라면 그 유명한 해커그룹 아닌가? 어나니머스는 알겠는데, 그들이 우리랑 무슨 상관이지?"

"이 문구를 잘 읽어 보세요."

디모는 붉게 변한 홈페이지 메인 화면 아래쪽 메시지를 가리켰다.

"이 문구, 교수님도 잘 아시잖아요. '오픈 액세스 게릴라 선언'에 나온 말이에요. 이 선언문을 작성한 사람은 에런 스워츠(Aaron Swartz)이고요."

압두 교수는 무너지듯 의자에 걸터앉았다.

"스워츠가 죽고 모든 것이 끝난 줄 알았는데……."

디모는 뒤죽박죽이 된 홈페이지 화면을 멍하니 바라보다 깊은 한숨을 내쉬었다.

"끝난 게 아니라, 이제 시작인 거 같은데요."

민중의 영웅

1986년생인 에런 스워츠는 스탠포드대학 컴퓨터공학과를 중퇴했다. 같은 세대인 마크 저커버그(Mark Zuckerberg)와 잭 도시(Jack Dorsey)가 페이스북과 트위터로 공전의 히트를 친 것과 비교하면 스워츠의 성과는 다소 미미하게 느껴진다. 하지만 이 평범한 청년은 결코 평범하지 않은 역사적 사명을 띠고 태어났다.

사실 스워츠도 이 책에 등장하는 어느 누구 못지않은 천재다. 불과 14살에 RSS1.0* 개발 작업에 참여했다. RSS는 오늘날 거의 모든 네티즌이 이용하고 있는 위대한 기술이다. 얼마 뒤 인포가미**를 창업했으나, 레딧***과 합병됐다가 다시 대형 미디어그룹 콩데 나스트(CondéNast)에 팔렸다.

2007년 콩데 나스트를 떠난 스워츠는 하버드대학 연구센터 연구원으로 변신했다. 스워츠는 수년 간 IT업계에서 다양한 경험을 쌓는 동안 포털사이트들의 치열한 경쟁, 기업들의 저작권 분쟁 사건을 지켜봐 왔다. IT업계의 천재들은 새처럼 높이 날아올라야 한다. 다이빙 플랫폼이 높을수록 멋진 다이빙 연기를 만들어낼 수 있는 것처럼.

2010년, 스워츠는 디맨드 프로그레스**** 설립에 참여했다. 이 단체

---

* 수시로 업데이트되는 웹사이트 정보를 간략히 전달하는 방법이다. 뉴스사이트에서 RSS 구독을 신청하면 빠르고 편리하게 정보를 받아볼 수 있다.

** Infogami, 웹 기반 블로깅 소프트웨어를 제공하는 회사

*** Reddit은 read와 edit의 합성어로 이용자가 뉴스 콘텐츠를 읽고, 편집한다는 의미. 누군가 글을 등록하면 다른 사용자들이 투표를 통해 순위를 매기는 커뮤니티 뉴스 공유 사이트

**** Demand Progress, 평범한 사람들을 위한 진보적인 정책 변화를 요구하는 비영리 온라인 활동가 단체

의 목표는 평범한 사람들의 이익과 관련된 특정 사회 문제에 대해 온라인 활동 방식으로 의회와 정부에 의견을 전달하고, 의견이 실행될 수 있도록 압력을 행사하는 것이다. 스워츠는 특히 '온라인저작권 침해금지 법안'과 '지식재산권보호 법안' 반대 운동에 적극적으로 참여하면서 인터넷 정보공유 및 자유 운동의 리더로 떠올랐다.

스워츠는 Rss1.0표준 작업에 참여할 당시 '온라인저작권 침해금지 법안'과 '지식재산권보호 법안'의 세부 조항이 다른 법률과 중복 혹은 모순된다는 사실을 발견했다. 그는 이 문제와 관련된 법률 조항을 조사하기 시작했는데, 인터넷으로 관련 자료를 확인하려면 해당 사이트에 가입하고 비용을 지불해야 했다. 스워츠는 왜 그래야 하는지 도저히 이해가 되지 않았다. 연방법원 소송서류 검색시스템(이하 PACER)*은 미국 최고의 법률정보 데이터베이스로, 연방법원에서 진행된 모든 판결결과를 보관하고 있다. 이 자료를 열람하려면 건당 10달러를 지불해야 했다.

스워츠는 이 자료는 기밀문서가 아니므로 누구나 자유롭게 이용할 수 있도록 무료로 공유해야 한다고 생각했다. 그는 먼저 간단한 계정자동등록 프로그램을 만들고 이 프로그램을 이용해 새로 만든 계정을 관리자등급으로 상향시켰다. 관리자 자격으로 메인서버에 저장된 관련 판결파일 2000만 건을 다운받은 후, 누구나 열람할 수 있도록 인터넷에 게시했다. 이것은 PACER 데이터베이스에 보관된 전체 자료의 20%에 해당하는 방대한 분량이었다.

스워츠는 PACER 시스템 자체는 전혀 망가뜨리지 않았고, 공개

* PACER, Public Access to Court Electronic Records

한 파일은 기밀문서가 아니었다. 더구나 그는 금전을 포함해 다른 어떤 이득을 취할 목적도 없었다. 그래서 스워츠는 몇 차례 소환 조사를 받았지만 정식으로 기소되지는 않았다. 이 사건을 계기로 이름을 알린 스워츠는 인터넷 영웅, 민중의 영웅으로 불리기 시작했다. 그는 해커 세계와 IT전문가 사이에서도 많은 지지를 얻었다.

스워츠는 뜻을 같이 하는 사람들과 연대해 인터넷 정보공유 운동을 펼쳤다. 특히 그는 자유로운 정보 교환을 가로막고 경제적 이익을 도모하는 정보 유료화에 강력히 반대했다. 나아가 그는 크리에이티브 커먼즈(Creative Commons) 공동 설립에 참여했다. 크리에이티브 커먼즈는 영화계에서 지지하는 '인터넷사생활보호법' 입법 반대 활동 등 사회 평등을 위한 인터넷 활동에 주력하는 단체다.

50년 형, 벌금 400만 달러

지식재산권과 저작권보호법은 정보공유 운동과 정면 배치된다. 우리는 인터넷에서 불법소프트웨어 이용자들과 안티 불법소프트웨어 측의 공방, 검색 및 다운로드를 유료화한 사이트를 흔히 볼 수 있다. 아마도 인터넷 이용자라면, 필요한 정보를 검색하다가 다운로드를 눌렀는데 회원가입 혹은 결제를 요구하는 상황을 경험해봤을 것이다.

중국의 경우 논문이나 학술에 관한 사이트인 VIP즈쉰, 중국즈왕, 우시잡지 사이트가 기본적으로 유료화를 채택하고 있다. 이들은 자료 일부를 미리보기 형태로 무료 공개한다. 일부를 읽고 전체 자료가 필요하다면, 이때부터는 비용을 지불해야 한다. 이것은 미등록자의 사용을 일부로 제한하는 쉐어웨어*와 비슷한 방식이다. 미등록자는 전체가 아니라 일부 기능만 사용할 수 있고, 전체 기능을 모두 사용하려면 정식으로 등록하고 비용을 지불해야 한다.

스워츠는 인터넷 정보의 공유와 자유로운 사용에 있어 지적재산권을 보호하는 동시에 정보의 완전한 자유를 보장하는 방법을 고민했다. 원작자의 이익을 존중하면서 정보자원의 공유와 사용을 극대화하는 방법, 정보자원이 특정인의 이익 추구만을 위한 것이 아니라 원하는 모든 이들이 마음껏 사용할 수 있는 방법이 없을까? 하지만 현실은 스워츠의 생각과 전혀 달랐다. 세계 곳곳에서 매일 새롭게 등장하는 과학, 문화, 고문서, 신문잡지 등의 정보는 모두 디지털화되어 정부와 소수 개인을 위한 기관이 독점한 채 이익추구를 위해 사용되고 있다.

"정보는 권력이다. 모든 권력이 그러하듯 정보를 소유한 자는 독점하고 싶어 한다. 나의 임무는 이들의 환상을 깨는 것이다."

2011년, 스워츠와 크리에이티브 커먼즈는 미국 최대 공공정보 데이터베이스 중 하나인 저널스토리지(이하 JSTOR)**에 주목했다. 저널스토리지는 MIT공대 컴퓨터실에 호스트컴퓨터를 두고 있었다. 스워츠와 동료들은 JSTOR 백그라운드 시스템을 샅샅이 훑으며 취약점을 찾아냈고, 이를 이용해 호스트컴퓨터에 침입할 수 있는 프로그램을 만들었다. 이들은 보름 만에 JSTOR 백그라운드 연결에 성공했고 10개가 넘는 슈퍼사용자 계정을 만들었다. 슈퍼사용자 계정으로 백그라운드에 로그인해 유료파일 500만 건을 다운로드한 후 크리에이티브 커먼즈 사이트에 무료 배포했다.

---

* 정식제품 구매 전에 먼저 체험해 볼 수 있도록 사용기간이나 특정 기능에 제한을 둔 소프트웨어

** Journal Storage, 온라인 학술저널 도서관

미국의 대중은 환호했다. JSTOR는 스워츠의 행동에 크게 신경 쓰지 않았기에 그를 고소할 생각이 전혀 없었다. 하지만 매사추세츠주 연방 검사 카르멘 오티즈(Carmen Ortiz)는 "이것은 명백한 절도 행위이다. 컴퓨터 명령어를 사용했든 지렛대를 사용했든 그들의 목표는 유료정보파일이었다. 이런 절도 행위를 묵인한다면 미국, 나아가 세계 질서가 무너진다"라며 강력한 기소 의지를 밝혔다. 이에 연방수사국은 13개 범죄 혐의로 스워츠를 기소했다. 유죄 판결이 날 경우, 50년 형에 벌금 400만 달러가 부과될 것이라는 예측이 나돌았다.

자유를 위한 투쟁의 마감

스워츠는 법이 그를 심판하도록 내버려두지 않았다. 2013년 1월 11일, 보석금 10만 달러를 내고 집에 돌아온 스워츠는 바로 그날 목을 매 자살했다. 그는 자살 직전, 마지막으로 컴퓨터를 켜고 미국 최대 파일공유사이트 파이러트베이(Pirate Bay)에 접속해 BT(bit torrent) 시드파일* 18,592개를 게시했다.

"나 혼자는 세계를 상대할 수 없었다. 하지만 여러분의 환호에 고마움을 전한다. 마지막으로 꼭 하고 싶은 말이 있다. 학술논문은 원래 모든 사람이 자유롭게 이용할 수 있어야 한다. 그러나 대부분의 논문은 JSTOR라는 족쇄에 묶여 있다. JSTOR는 이 정보를 독점하기 위해 상당한 비용을 지불하게 하고 있다. 원래 공공 영역에 해당하는 정보자원을 소수가 독점하는 것은 지식의 원칙에 어긋난다. 공공의 물건을 대중에게 돌려주는 것이 왜 잘못인가? 학술논문

* 씨앗파일, 토렌트파일이라고도 한다. 비트토렌트 서비스를 이용하는 첫 번째 단계로 자료의 정보를 담고 있는 토렌트파일을 비트토렌트 클라이언트에서 실행하는 것이다.

은 모든 사람에게 무료로 제공되어야 한다. 이번이 내가 할 수 있는 마지막 정보공유이다."

이 글 마지막에는 '영원히 여러분을 사랑하는 에런 스워츠'라는 서명이 있었다.

사실 스워츠는 그동안 여러 번 죽음을 언급했었다. 2007년 어느 매체와의 인터뷰에서 "언젠가 내가 이 세상에서 사라진다면, 자유를 위한 투쟁에서 삶을 마감할 것입니다"라고 말했다. 당시 그는 디맨드 프로그레스 창립 등 바쁜 나날을 보내며 만성위염, 우울증, 스트레스 등으로 몸과 마음이 매우 괴롭고 지친 상태였다.

"밖으로 나가 맑은 공기를 마셔도, 사랑하는 사람과 함께 있어도 기분이 좋아지기는커녕 더 우울했어요. 타인의 기쁨이 나의 기분을 바꿀 수는 없죠. 반대로 세상의 모든 슬픔은 내 마음과 머릿속에 강력한 고통의 흔적을 남겼어요. 스스로 자신을 학대하고 있다는 것을 알았지만, 그래서 도망치고 싶었지만, 그럴 수 없었어요. 사실 이런 증상 자체는 중요한 것이 아니었어요. 세상이 나의 바람과 다르게 흘러가고 내 이상과 점점 멀어져가는 것, 그것이 바로 모든 고통의 원천이었죠."

스워츠는 어산지와 같은 정보자유주의자로 의적 로빈 후드처럼 파괴력과 정의감을 겸비했다. 소수 독재자와 독점자를 제거함으로써 대중을 위해 정의를 실현하는 민중의 영웅이 그였다.

이것은 개인의 비극이 아니다

스워츠의 죽음은 곧 주요 포털사이트 메인기사가 됐고, 여러 개인과 단체 간에 많은 논쟁거리를 낳았다. 정보의 자유와 지적재산권, 유료와 무료, 윤리와 가치 등이 논란의 중심에 있었다. 스워츠의 멘티이자 동료이며 유명 법학자이자 변호사인 로런스 레시그(Lawrence Lessig)는 자신의 블로그에 '검사는 법률의 폭도'라는 제목의 글을 올렸다.

"만약 정부의 증거가 진실이라면 스워츠는 명백한 죄인이다. 물론 스워츠가 법적으로 무죄라 해도 수단과 방법적인 면에서 도덕적으로 어긋난 행동을 한 것은 사실이다. 하지만 법은 그의 도덕적 과실을 처벌할 합당한 근거가 없다. 그가 테러리스트라도 되는가? 그가 훔친 물건으로 이익을 취하거나 시스템을 파괴했는가? '수백만 달러어치의 정보를 절도했다'라는 표현은 스워츠의 행위가 '이익'을 목표로 했다는 뜻이다. 이미 무료로 공개된 학술논문으로 어떻게 돈을 벌 수 있나? 돈을 벌 수 있다고 생각하는 사람은 미친놈이거나 또 다른 목표로 대중을 호도하려는 사기꾼이다."

이외에도 많은 사람들이 스워츠의 죽음과 JSTOR 사건에 대해 직접적인 방법으로 불만을 표현하기 시작했다. MIT공대 홈페이지 해킹 이후 미국 사법부와 연방수사국 사이트가 공격당했다. JSTOR 사이트는 일주일 내내 해커들의 집중 공격을 받았다. 특히 유명 해커그룹 어나니머스는 미국 사법부 산하 미국심판위원회 홈페이지에 침입해 "스워츠가 당국의 부당한 처사 때문에 자살했으므로 어나니머스는 법률과 인권의 정의를 지키지 못한 미국 사법부를 응징하겠다"라는 내용의 동영상을 남겼다. 이것은 인터넷 정의 실현과 함께 스워츠의 죽음에 대한 복수였다.

"스워츠는 우리에게 실망했을 것이다. 또한 자신과 이 세상에 크게 실망한 것이다. 그는 이 실망감을 견딜 수 없어 죽음으로써 의미 없는 투쟁을 끝내려 했을 것이다."

혼자 힘으로 세상에 저항하는 행동은 무모하지만 아름답다. 스워츠는 세상을 떠났지만, 그가 남긴 문제는 끝나지 않았다. 특히 정보의 자유와 지적재산권에 대한 논쟁은 이제 시작이다. 스워츠의 친구이자 유명 SF작가인 코리 닥터로우(Cori Doctorow)는 이렇게 말했다.

"스워츠는 자신이 가장 잘 할 수 있는 방법으로 해커 정신의 정수를 실천한 것뿐이다. 그는 그것이 가장 확실한 방법이라고 생각했을 것이다. 이번 사건은 그가 자유를 위해 자신을 희생한 고별무대였다."

정보 자유를 위한 또 다른 전쟁

26살에 요절한 스워츠보다도 젊은 나이에 생을 마감한 또 다른 천재 해커가 있다. 해커 역사상 다섯 손가락 안에 드는 실력자로 꼽히는 조나단 제임스(Jonathan James)는 2008년 5월 18일, 향년 25세의 나이에 세상을 떠났다. 제임스는 암을 앓고 있었지만, 죽음의 이유는 암 때문이 아니었다. 그의 친구이자 동료였던 아드리안 라모(Adrian Lamo)는 이렇게 말했다.

"제임스는 마지막 순간에 권총으로 자신의 머리를 정확히 겨누었다. 그를 악명 높은 해커라고만 표현하기에는 뭔가 부족한 느낌이다. 그는 수많은 환호를 받았다. 그는 해커계의 신이었다. 제임스가 키보드 위에서 손가락을 움직일 때마다 세상의 비밀이 벗겨졌다."

1999년, 제임스는 아직 중학생이던 시절 이제 막 보급되기 시작한 인터넷에서는 무한한 자유의 세계가 펼쳐져 있었다. 어려서부터 수학에 천부적인 재능을 보였던 제임스는 컴퓨터를 만나는 순간 다른 것에는 관심을 잃었다. 그는 한 번도 컴퓨터 교육을 받아본 적이 없었지만 곧 간단명료하고 빈틈없는 프로그램을 만들어냈다. 컴퓨터에 간단한 코드만 입력하면 거리의 공중전화에서 집안의 텔레비전까지 마음대로 조종할 수 있었다.

그러던 어느 날, 제임스는 DTRA* 사이트의 취약점을 발견했다. DTRA는 미국 국방부 산하 조직으로 핵무기와 생화학무기 연구개발 기관이다. 제임스는 우연히 DTRA 중계서버 시스템에서 문제를 보완하지 못한 라우터를 발견했고, 그 허점을 파고드는 데 성공했다. 그는 라우터를 갈아타며 그 안에 트로이목마 바이러스를 심었다. 이렇게 해서 DTRA로 발송된 4천여 건의 데이터패킷을 차단했고, DTRA 직원의 출입기록을 지우고 암호를 무력화시켰다. 이중에는 최소 8개 이상의 슈퍼사용자 암호가 포함되어 있었다.

제임스는 1999년 6월 29일과 30일 두 번에 걸쳐 프록시 서버를 이용해 본인의 진짜 IP를 서부 지역 어느 학교 컴퓨터와 연결한 후 슈퍼사용자 계정으로 DTRA 메인 서버에 접속했다. NASA**에서 사용하는 200만 달러 상당의 전용 소프트웨어를 다운받았다. 국제 우주정거장 운영규칙매뉴얼 등 극비자료 데이터베이스를 이 잡듯 뒤졌다. 제임스가 해킹하는 데 걸린 시간은 20분에 불과했지만, NASA는 무려 21일 간 시스템을 중단하면서 수억 달러의 손해를 감수해야 했다.

그나마 다행인 것은 제임스가 소프트웨어 판매자를 찾기 전에

* Defense Threat Reduction Agency, 국방위협감소국

** National Aeronautics and Space Administration, 미국항공우주국

FBI가 먼저 제임스를 찾았다는 것이다. 16살 천재 소년 제임스는 이 같은 행동이 돈을 노린 것이 아니라 단순히 호기심과 충동 때문이었다고 주장했다. 하지만 국방부는 '극비자료와 소프트웨어 해킹 행위를 근절하기 위한'이유로 이 사건을 일벌백계로 삼기로 했다. 결국 제임스는 6개월 형을 선고받았다.

이때 제임스를 구한 것은 모리스 웜이었다. 1999년 어느 날 악성코드의 일종인 웜 바이러스가 갑자기 세계를 휩쓸면서 전 세계 이메일 시스템이 마비됐다. 미국 정부도 속수무책으로 당할 수밖에 없었다. 이때 제임스는 웜 바이러스 코드를 분석해 바이러스를 만든 모리스의 정보를 찾아냈다. FBI가 모리스를 체포하는 데 큰 공을 세우자 당국은 6개월 형을 취소하고 대학 입학을 주선했다. 미국에서는 전과가 있을 경우, 대학 입학이 불가능했기 때문이다. 이듬해 러브레터 바이러스가 유행하자, FBI는 다시 대학생이 된 제임스에게 도움을 요청했다. 그는 FBI의 기대에 부응해 일주일 만에 바이러스의 출처를 찾아냈고, 해킹계의 스타로 발돋움했다.

공유의 세상을 위한 해킹

일련의 활약으로 제임스는 뛰어난 해킹 실력을 인정받았다. 그는 다른 해커와 달리 극소수가 독점하고 있는 암호화된 개인자료와 유료정보 데이터베이스를 해킹하는 데 주력했다.

"인터넷에서는 모든 정보가 공유되어야 한다. 인터넷 정보는 이익의 도구가 아니다. 누구나 필요한 만큼 이용할 수 있어야 한다."

제임스는 이런 생각을 바탕으로 대학 졸업 후 비영리 인터넷 민간단체를 설립했다. 인터넷상의 모든 공유정보를 수집하고 일련의 시스템을 만들어, 수집한 정보를 디렉터리별로 정리해 제공하는 사이트였다. 그러나 수집해야 할 자료가 워낙 많아 사이트를 방문하는 네티즌에게 도움을 요청해야 했다.

얼마 뒤 제임스는 미국 국가정보국* 데이터베이스와 영국 국립도서관 온라인열람시스템에 주목했다. 이 두 사이트는 방대한 자료와 상세목록을 제공했는데 대부분 회원 가입 후 비용을 지불해야 이용할 수 있었다. 제임스는 이 금전주의에 빠진 철옹성을 공격해 인터넷을 순수한 자유와 공유의 세상으로 만들기로 결심했다.

제임스는 두 사이트의 루트코드를 겨냥한 침입프로그램을 만들기 위해 수차례 탐색과 테스트를 진행했다. 그리고 사이트 특성에 맞춘 프로그램 두 개를 만들어 해당 서버에 각각 연결했다. 이 프로그램을 통해 유료 콘텐츠에 자동으로 링크를 걸었으며, 백그라운드를 통해 본인 컴퓨터로 옮겼다. 제임스는 장장 두 달에 걸쳐 7,000만에 달하는 유료 콘텐츠를 모은 후 이것을 카테고리별로 나누어 자신이 만든 무료 자료공개 사이트에 게시했다.

"진정한 해킹의 목표는 세상을 어지럽히는 것이 아니라 인터넷 세계에서 완벽한 민주와 자유를 실현하는 것이다. 기술을 팔아 돈과 명예를 얻으려는 해커는 신성한 인터넷 세상에서 몰아내야 한다. 나는 끝까지 자유를 위해 투쟁할 것이다. 이것이 내 이상을 실현시켜줄 자유의 뿌리이다."

제임스는 그의 행동에 뒤따라올 법적인 제재조치에 대해 크게 개의치 않았다.

"내가 감옥에 가야 했던 일은 16살 되던 해였다. 나는 이미 젖값

* ODNI, Office of the Director of National Intelligence

을 치렀다. 법률상 '절도'의 의미는 '경제적인 이익을 얻기 위해 교묘한 방법으로 남의 물건을 빼앗는 것'이다. 내가 한 일은 물처럼 맑고 투명하다. 내게서 조금이라도 돈 냄새가 나는가?"

관련 당국은 제임스의 행위에 분노했지만 현행법상 특별히 그를 제재할 방법이 없었다. 판사들이 난감해하는 가운데 국회에서는 당장 법을 개정해 인터넷 무법자들을 처벌하라고 압력을 가했다. 여러 해커그룹과 자유를 수호하는 대중들은 제임스를 '전설의 의적 로빈 후드'라고 치켜세우며 강력한 지지를 보냈다.

자유를 지키려는 사람이 승리하는 것은 불가능하다

그러나 인기에 비하면 제임스의 삶은 너무도 궁핍했다. 민간인 자격으로 FBI에 협조하는 일은 무료봉사일 뿐이었다. 뛰어난 기술이 있었지만, "세상 모든 정보는 투명하게 공개되어야 한다"고 외치는 괴짜 해커는 기업 입장에서 볼 때 시한폭탄 같은 존재였다.

일자리를 구하지 못한 제임스는 당장 먹고 살 일이 걱정이었지만, 매일 무료 배포할 자료를 수집하느라 바빴다. 이렇게 살다보니 배를 곯는 날이 하루 이틀이 아니었다. 뛰어난 해킹 기술이 있었지만 자신의 이익을 위해 남에게 손해 끼치는 일은 절대 할 수 없었다. 그는 고민 끝에 마트에 가서 아르바이트를 하려 했다. 그러나 그를 알아본 마트 사장은 "자유 공유 선생 아니신가? 사회를 위해 노동력 공유하러 오셨을 테니 돈 같은 건 필요 없겠지요?"라며 비웃었다. 제임스의 '자유 공유'프로젝트는 결국 현실의 벽 앞에 무너졌다.

2006년 가을, 제임스는 다시 해킹을 시작했다. 한 작은 컴퓨터

보안회사 시스템에 침입했다. 사이트 메인화면에 본인의 이력서를 띄우고 다음과 같은 메시지를 남겼다.

"귀사에 피해를 줄 생각은 없습니다. 단지, 한 가지 하고 싶은 말이 있습니다. 저는 일자리가 필요합니다. 컴퓨터보안이라면 자신 있습니다. 한 달에 50달러만 주셔도 좋습니다."

이 작은 컴퓨터 회사는 제임스를 고용했고, 그는 이 회사가 개발한 소프트웨어에서 오류를 찾아내는 일을 담당했다. 그러나 두 달을 넘기지 못하고 회사를 나왔다. 그의 눈에는 이 회사 소프트웨어가 쓰레기로밖에 보이지 않았던 것이다.

세계 최고 수준의 해킹 기술로 인터넷 자료 무료공개 및 배포에 앞장섰던 조나단 제임스는 정작 본인은 밥 한 끼도 제대로 먹기 힘들 만큼 궁핍했다. 절망에 빠진 제임스는 어디에선가 구한 권총을 집어 들었다.

"열정적으로 자유를 지키는 사람이 모두 돈의 유혹에 무너지는 것은 아니다. 하지만 이들이 승리하는 것은 거의 불가능하다."

해커들이 추앙하는 자유, 민주, 평등의 관점에서 세상을 바라보면, 우리는 수많은 등급이 존재하는, 전혀 자유롭지도 민주적이지도 평등하지도 않은 세상에 살고 있다. 하다못해 도서관 자료를 읽는 데도 여러 등급이 존재한다. 맨 꼭대기에는 여지없이 VIP가 존재한다. 자유를 최고의 가치로 생각하는 해커들은 엄격한 등급시스템에 반감을 느낄 수밖에 없다. 그래서 해커들은 수단과 방법을 가리지 않고 자료를 공개해 모두가 평등한 세상을 만든다.

물론 여기에는 여러 가지 문제가 뒤따른다. 공유해야 할 자료와 비밀이 보장되어야 할 자료의 기준이 무엇인가? 편리하고 효율적인 자원 공유 서비스를 위해서 그에 따른 인건비와 서버 대여비 등 일련의 비용이 발생할 수밖에 없다. 완벽한 공유 환경을 위해서는 누군가의 희생이 필요하다. 이런 현실적인 문제는 간단히 해결될 일이 아니다.

선과 악의 싸움 :
바이러스 사냥꾼

내 목표는 돈이 아니다. 돈은 산소와 비슷해서 충분하면 좋지만 목표가 될 순 없다. 목표는 세상을 구하는 것이다.

프레임 바이러스

2012년 5월 제네바, 유엔 국제전기통신연합(International Telecommunication Union)의 사무총장 하마둔 뚜레(Hamadoun Toure)는 두 시간 전에 비행기에서 내렸다. 그는 러시아 최고의 네트워크 보안전문가이자 카스퍼스키 랩(Kaspersky Lab)의 CEO인 유진 카스퍼스키에게 보고서를 건넸다.

"굉장히 급합니다. 2년 전 스턱스넷(Stuxnet) 웜바이러스*처럼 정체를 알 수 없는 트로이목마 프로그램이 이란 석유와 관련된 기밀정보를 빼내고 있습니다."

2년 전, 모스크바에 있는 카스퍼스키 안티바이러스 랩은 세계 최고의 '네트워크 무기'인 스턱스넷 웜바이러스를 성공적으로 제거한 적이 있다. 당시 이 바이러스는 이란 남서부 도시 부셰르에 있는 원자력발전소의 원심분리기 프로그램에 침투해 핵연료 주입을 지연시켰다. 새로운 바이러스가 이란을 다시 공격하자 하마둔 뚜레는 카스퍼스키에게 도움을 청했다.

하마둔 뚜레의 사무실에서 인터넷에 접속한 카스퍼스키는 랩 소속의 안티바이러스 전문가를 소집해, 세계 각지에 있는 '카스퍼스키 보안네트워크'의 직원이 보내온 바이러스 의심 샘플을 중동 지역을 중심으로 철저히 검사하게 했다. 몇 시간 후 고무적인 결과가 나왔다. 바이러스 의심 샘플을 보내온 컴퓨터 417대에서 불명확한 임시 파일이 발견되었고 그중 185대가 이란에 있었다. 어떤 컴퓨터의 임시 파일은 2010년에 만들어졌다. 만약 이 파일이 새로운 형태의 트로이목마 바이러스라면, 이미 2년 전에 바이러스가 실

* 마이크로소프트 윈도우를 통해 감염되어, 지멘스 산업의 소프트웨어 및 장비를 공격한다.

행된 것이다.

일주일 동안 코드를 분석한 카스퍼스키 랩은 이 바이러스에 '프레임(Flame)'이라는 이름을 붙였다. 프레임 바이러스는 세계에서 가장 뛰어난 안티바이러스연구소인 카스퍼스키 랩에게도 가장 복잡한 스파이웨어였다. 백신 프로그램은 시스템 프로세스와 엮여있는 프레임 바이러스를 시스템 필수 요소로 착각했다. 코드 길이가 6만 행에 달해 작은 OS와 맞먹는 프레임 바이러스는 백신 프로그램을 피하는 능력과 자기복구능력, 뛰어난 스파이 능력까지 두루 갖춘 수준 높은 프로그램이었다. 단순히 일반적인 해커 한두 명이 짧은 시간 내에 완성할 수 없는 방대한 프로젝트였던 것이다. 이는 어느 국가의 정부가 의도적으로 제작했다고 볼 수밖에 없고, 이란 석유 기밀을 정탐하고 수집했던 스턱스넷 바이러스와 목적이 같을 가능성이 컸다.

2012년 6월 1일, 뉴욕 타임스는 백악관이 몇 년 전 조직적인 대이란 네트워크 정보전을 펼쳤으며, 스턱스넷 바이러스는 사건의 일부에 불과하다고 보도했다. 6월 19일 워싱턴 포스트지도 기밀정보전의 핵심인 프레임 바이러스는 스턱스넷의 업그레이드 버전이며, 이미 몇 년 전 다양한 경로로 이란 측 컴퓨터에 침투했다고 증거를 제시했다.

일급기밀이라 생각나지 않습니다

카스퍼스키 랩이 누군가 이란의 국가기밀을 두 차례나 해킹했다는 사실을 밝혀내자, 입장이 난처해진 미국은 부인하기에 바빴다. 일부 인사들은 남몰래 유진 카스퍼스키에게 뇌물을 건내기도 했다.

유진 카스퍼스키는 선천적으로 숫자 이해능력과 연산능력이 뛰어났다. 열여섯 살 때 세간에 공개되지 않은 'KGB* 산하 전신암호전문학교'에 입학했고 졸업 후 군대에 들어갔다. 그가 학교와 군대에서 언제 무슨 일을 했는지는 어떤 기록에서도 언급되지 않았다. 카스퍼스키는 이에 대해 "일급기밀이라 생각나지 않는다"고 말했다. 베일에 싸인 과거가 그를 더 신비롭게 만들었다. 비밀스러운 배경을 가진 이 정보요원이 등장하면 으레 기밀, 컴퓨터, 정보와 같은 수식어가 따르기 마련이었다.

1989년 가을, 카스퍼스키는 난생 처음 컴퓨터 바이러스를 접했다. 컴퓨터 스크린에 탁구공 같은 원이 나타나 이리저리 굴러다니다가 문자와 부딪히면 문자를 '먹어'버렸다. 처음에는 바이러스에 감염된 줄도 모르고 그저 재미있다고 생각했다. 이후 카스퍼스키는 하드디스크 데이터를 새 하드디스크로 백업하고 동일한 소프트웨어를 설치했다. 두 하드디스크에는 이론상 완전히 동일한 파일이 설치된 것이다. 그리고 새 하드디스크의 파일 목록과 파일 길이를 인쇄해서 기존 하드디스크의 데이터와 비교한 다음, 바이러스에 감염된 것으로 추정되는 파일을 삭제했다. 의심되는 파일을 자세히 살펴보고 바이러스의 특성에 맞게 자동검사제거프로그램을 만들었다. 이 프로그램을 사용하면 다시 '나쁜 손길'이 뻗쳐오더라도 일일이 찾을 필요가 없었다.

신종 바이러스가 세계 각지의 컴퓨터를 먹통으로 만들 때면 카스퍼스키는 먹지도 않고 몇 십 시간씩 컴퓨터 앞에 앉아 검사와 치료에 몰두했다. 바이러스가 완전히 제거된 후에는 자신이 만든 소

* 소련 국가보안위원회. 광범위한 정탐 능력과 뛰어난 해결 수완으로 명성을 떨쳤다. 당과 정부, 군부의 각 부문에도 휘둘리지 않는 '최상급 기구'다.

프트웨어에 바이러스 서명*을 추가했다. 바이러스를 치료할 수 있는 이 소프트웨어는 빠른 속도로 퍼져나갔고 카스퍼스키의 이름도 순식간에 유명해졌다. 제법 인지도 있는 컴퓨터 바이러스 퇴치 전문가가 된 것이다.

그 후로도 2년 정도 카스퍼스키는 바이러스 치료에 심취해 살았다. 군복을 벗고 전문적으로 안티바이러스 프로그램을 연구하고 싶었지만 불가능한 일이었다. 비밀에 부쳐진 카스퍼스키의 신분과 카스퍼스키와 관련된 기밀의 특성 때문이었다. 평범한 시민으로 돌아가고 싶었던 카스퍼스키는 정계에서 영향력이 큰 전신암호전문학교의 스승에게 도움을 청했고 마침내 군복을 벗을 수 있었다. 은혜에 보답하고 싶었던 카스퍼스키는 스승이 설립한 회사에서 프로그래머로 일했다. 물론 카스퍼스키의 스승이 어떤 방법으로 그를 전역시켰는지는 역시 기밀이었다.

목표는 세계를 구하는 것

1997년 카스퍼스키는 스승의 회사를 떠나 아내 나탈리아와 함께 바이러스 랩을 설립하고 자신의 이름을 딴 백신 프로그램을 내놓았다. 이 프로그램은 몇 년 만에 사용자 수가 3억 명을 넘길 만큼 시장점유율이 높았다. 더욱 대단한 것은 안티바이러스 업계에서 카스퍼스키의 바이러스 라이브러리를 품질 테스트 표준으로 삼는다는 것이다. 백신 프로그램의 바이러스 치료 효과가 얼마나 뛰어난지를 확인하기 위해 카스퍼스키의 바이러스 라이브러리에 등록된 바이러스 샘플을 이용했다. 컴퓨터에 어마어마한 양의 바이러

* 바이러스의 고유한 비트열이나 이진수의 패턴. 특정 바이러스를 검색 · 식별하기 위해 사용되는 지문과 같은 것이다. 바이러스 백신 프로그램에서 바이러스를 검색하기 위해 사용된다.

스 샘플을 집어넣고 백신 프로그램을 실행한 다음, '치료한 파일 수'를 '바이러스 수'로 나누면 점수가 산출된다. 백신 프로그램의 성능이 몇 점인지 카스퍼스키를 기준으로 평가하는 것이다.

야심이 대단한 카스퍼스키는 소프트웨어 하나로 세계를 구하고 싶다고 말한다. 그 소망이 실현 가능한지는 아직 알 수 없으나, 카스퍼스키가 소프트웨어로 업계 최고의 영예를 얻은 것만은 확실하다. 황금알을 낳는 이 소프트웨어로 카스퍼스키는 억만장자가 되었다. 베일에 싸인 컴퓨터 세계의 거장, 카스퍼스키에 대해 우리가 아는 것은 이것이 전부다.

민초의 영웅 왕장민

카스퍼스키와 비교하면 왕장민은 상당히 서민적이다. 360백신*과 킹소프트 안티바이러스**가 중국 시장을 선점한 후, 카스퍼스키처럼 국제적으로 이름난 백신 프로그램들도 중국에서는 고전을 면치 못했다. 만약 왕장민이 살아있었다면 백신 프로그램 업계의 선두 자리는 누구에게 돌아갔을까.

2010년 4월 4일, 베이징 징시신상(京西信翔) 낚시터에서 왕장민은 심장 발작을 일으켰고 응급처치에도 불구하고 그날 오전 10시에 사망했다. 향년 59세였다. 시신은 바바오산(八寶山) 혁명가 공동묘지 화장터에서 화장되었다. 그날, 중국 내 백신 프로그램 제조사의 홈페이지는 왕장민을 애도하기 위해 회색빛으로 물들였다. 왕장민의 이름은 이미 많은 사람의 기억에서 사라졌지만 누군가는 아직도 그를 전설적인 영웅으로 기억한다.

---

* 2005년 설립된 치후360(奇虎360, Qihoo360)의 안티바이러스 프로그램

** 1988년에 설립된 킹소프트(金山軟件公司, Kingsoft)의 안티바이러스 프로그램

서른여덟 살이 되어서야 처음 컴퓨터를 만져본 왕장민은 베이징(北京) 중관춘(中關村)에서 제일 큰 부자가 되었다. 왕장민은 평생 독학으로 20여 건의 특허를 따냈다. 그는 업계 선도자이자 민영기업가이고 소프트웨어 업계의 기재(奇才)이자 국제적인 바이러스 사냥꾼이다. 장애인연합회에 200만 위안을 기부한 사회 공익사업의 선구자이자 자선가다. 왕장민은 유명한 안티바이러스 전문가이고 뛰어난 선임 엔지니어이며 옌타이시(烟台市)의 정치협상회의 위원이다. 산둥성(山東省) 장애인연합회의 부이사장이며 중국 장애인연합회의 이사다. 베이징공업대학과 리아오닝성(遼寧省) 대외경제무역학부의 교수이자 국가 정보기술보안본부의 특별 초빙 전문가이며, 신장정돌격대원*, 모범독학인재, 전국자강모범 등의 영예로운 칭호로 불리기도 한다.

현실에 굴복하지 않은 장애인 왕장민

소아마비 환자인 이 전설적인 인물은 일생을 장애인으로 살았다. 고등학교도 다니지 않았고 정규 대학교육을 받은 적도 없다. 10대 때 작은 공장에서 일을 시작한 후 20년 동안 한 자리를 지켰다. 세 살 무렵 왕장민은 소아마비로 한쪽 다리를 잃었다.

"혼자서는 계단을 내려갈 수가 없었어요. 발을 내딛기만 하면 계단 아래로 굴러 떨어졌죠. 그렇게 노력했는데 지금껏 한 번도 성공하지 못 했어요."

또래 친구들이 밖에서 줄넘기를 하고 그네를 타며 햇빛을 즐길 때, 왕장민은 창가에 기대어 둥지를 트는 제비를 바라보았다. 막 글

* 사회주의현대화건설을 위해 각계각층에서 공헌한 사람에게 부여하는 명예로운 호칭

자를 배울 무렵에는 "농촌으로 가자, 광활한 농촌으로 가자"라는 구호가 인쇄된 신문지로 종이테이프를 만들어 창밖으로 날리고는 바람을 타고 날아다니는 종이테이프를 하염없이 바라보았다. 하지만 왕장민은 모든 것을 포기하고 있지만은 않았다. 왕장민은 계단을 내려가지도 못하면서 자전거를 타겠다고 기를 썼다. 초등학교 4학년 때 자전거를 배우다가 넘어져 남은 한쪽 다리마저 크게 다쳤다. 하지만 왕장민은 굴복하지 않았다. 넘어져서 얼굴이 엉망이 되어도 멈추지 않았고 마침내 자전거 타는 법을 터득했다. 왕장민은 세상을 다 얻은 것처럼 기뻤다.

자전거를 배우다 다리를 다쳤을 때는 신문지 조각을 창밖으로 날릴 수도 없게 되었다. 그러나 왕장민은 오히려 이를 악물었고, 열여섯 개의 트랜지스터를 연결해 라디오와 무선무전기를 만들었다.

"집안 사정이 좋지 않아서 고등학교를 포기했는데, 도저히 일자리를 찾을 수가 없었습니다. 경력부터 쌓으려고 무급으로 일하겠다고 해도 다들 저를 원치 않았어요. 다리가 불편한 제가 방해되는 게 싫었던 거죠."

왕장민은 다리를 치료하겠다고 혼자 침술까지 공부했지만 십수 년을 끌어온 오랜 병에 침은 아무런 효과가 없었다. 왕장민은 자신이 조립한 라디오를 들고 인근 공장을 일일이 찾아다녔다.

"보세요! 다리는 이래도 손재주는 제법 쓸 만해요."

1971년, 마침내 한 공장에서 왕장민을 받아주었다. 왕장민은 하늘을 날듯이 기뻤다. 최선을 다해 일했고 2년 만에 그 공장의 핵심 인재가 되었다. 1978년에는 중학교만 졸업한 왕장민이 레이저 치료기 특허를 따냈고 전국에 105명뿐인 신장정돌격대원으로 선정되었다.

"장애인이라도 중국에서 105명뿐인 신장정돌격대원이 될 수 있다니, 이보다 더 좋은 상은 없을 겁니다."

직원에서 유명인사로

1987년 왕장민은 광투영만화창(光投影萬花槍)* 특허를 따냈고, 1992년에 볼베어링 자동 조립라인으로 옌타이시(烟台市) 과학기술정보 2등 상을 받았다. 왕장민이 한 연구는 모두 국제적으로 성과를 인정받았고 국가에서 표창을 받았다. 국내 전기기계 업계에서 유명인사가 된 왕장민이 마침내 허리를 곧게 펴게 된 것이다.

1988년, 왕장민은 컴퓨터로 제어하는 광전기 자동화 작업으로 처음 공업 제어시스템을 접하게 되었다. 서른여덟 살에 새로 컴퓨터를 배워야만 했던 왕장민은 석 달 치 월급으로 중화학습기(청소년 교육용 소형 컴퓨터)를 사서 BASIC을 독학했다. 다음 해에는 마이크로소프트의 DOS OS에 인텔 8088 마이크로프로세서가 탑재된 컴퓨터를 샀다.

실용성이 핵심인 프로그래밍을 배우면서 교재의 예제에만 의존하기엔 부족하다 느끼던 찰라, 초등학생이던 아들이 학부모용 숙제를 가지고 왔다. 매일 아이에게 수학문제를 50개씩 만들어주는 것이었다. 이에 왕장민은 문제를 내는 소프트웨어를 만들었고, 나중에는 중학교 교재를 소프트웨어로 만들었다. 이 소프트웨어는 중국 유명 잡지 〈컴퓨터 뉴스〉에서 실시한 조사에서 2등으로 뽑혔다(1등은 킹소프트의 문서 작성 프로그램인 WPS Office였다). 이 잡지

* 권총처럼 생긴 교육용 완구. 광전기기를 이용해 만화경의 아름다운 도안을 스크린에 투영한다. 전구와 휠 박스, 프리즘, 확대경, 기타 부품으로 구성되었다.

사는 소프트웨어가 팔릴 때마다 왕장민에게 25위안을 주었다. 왕장민이 컴퓨터를 이용해 처음으로 번 돈이었다.

바이러스와의 첫 만남

왕장민이 개발을 담당하던 소프트웨어가 사용하기 불편하고 오류가 많다며 사용자가 불만을 터트리는 일이 생겼다. 왕장민은 소프트웨어를 살펴보던 중 누군가 프로그램을 수정한 것을 발견했다. 당시에는 이것이 바이러스인 줄도 몰랐다. 왕장민은 자신이 만든 것과 사용자 컴퓨터의 소프트웨어가 어떻게 다른지 분석해서 바이러스 코드를 하나하나 제거했다.

컴퓨터업계가 바이러스를 주시하기 시작할 무렵, 왕장민은 이미 무수히 많은 바이러스 치료 경험과 기술을 보유하고 있었다. 왕장민은 많은 사람들과 공유하기 위해 바이러스를 치료할 때마다 바이러스 서명을 신문에 게재했다. 덕분에 컴퓨터를 잘 다루는 사용자는 스스로 바이러스를 치료할 수 있게 되었다. 이후 일반 사용자들이 프로그램을 실행하기만 하면 바이러스를 치료할 수 있도록 자신이 알고 있는 바이러스 서명을 하나의 프로그램으로 정리했다. 이 프로그램이 바로 KV6다.

왕장민은 바이러스 서명을 입력하는 고정된 포맷의 텍스트 파일을 메인프로그램과 분리해서 사용자가 직접 바이러스 서명을 입력할 수 있도록 하였다. 사용자의 컴퓨터는 텍스트 파일에 기록된 바이러스 서명을 근거로 바이러스를 검사했다. 이로써 바이러스 라이브러리를 추가하기가 쉬워졌고 치료할 수 있는 바이러스의 수는 무한대로 늘어났다.

1994년 초 왕장민은 KV 소프트웨어를 KV100으로 업그레이드했다. 숫자만으로 소프트웨어의 이름을 지을 수 없다는 국제규정에 따라 '슈퍼경찰 백신 프로그램(Anti-Spyware Toolkit)'이라는 이름을 붙였다. 당시는 아직 인터넷과 CD가 보급되기 전이었다. 왕장민은 〈컴퓨터 뉴스〉와 함께 신문에 '안티바이러스 공고'라는 특별란을 만들어 광범위하게 퍼져있는 최신 바이러스의 서명을 정기적으로 게재했다. 덕분에 〈컴퓨터 뉴스〉는 날개 돋친 듯 팔렸고 KV 소프트웨어의 판매량도 대폭 상승해 서로에게 큰 도움이 되었다.

중국의 실리콘밸리로

1990년대 베이징 중관춘은 중국의 첨단과학기술회사와 선진 전자과학기술회사가 밀집한 지역이었다. 컴퓨터와 관련된 큰 회사는 대부분 이곳에 사무실이나 판매점이 있었다. 왕장민은 제법 유명해진 KV100 소프트웨어를 들고 대리상을 찾아 나섰다. 처음에는 대리 수수료조차 지급하려는 곳이 없었지만 나중에는 수백 수천 위안에 이르는 주문서가 쏟아졌다. 왕장민은 3년간 KV 소프트웨어의 버전을 100에서 300까지 업그레이드했다. 중졸 학력의 소아마비 환자인 왕장민은 석박사가 넘쳐나는 첨단과학기술 업계에서 죽을힘을 다해 버텼고 마침내 KV 소프트웨어를 국제적인 상품으로 만들었다.

중관춘에 입주한 기업만 2만이 넘고, 그중 백신 프로그램을 만드는 회사가 수십 군데다. 판매대에서 주인을 기다리는 백신 프로그램이 백여 개가 넘는다. 그런데도 KV 소프트웨어가 성공할 수 있었던 것은 시장의 수요가 있었고, KV 소프트웨어의 품질이 우수했기 때문이다. KV 소프트웨어의 시장점유율은 몇 년 만에 80%를 넘어섰다. 정품 사용자는 200만 명을 넘어 중국에서 정품 소프트웨어 판매량이 가장 많은 제품이 되었다. KV 소프트웨어는 '명품'이라는 수식어가 붙었고 수차례 우수 소프트웨어상을 받았다. 그리고 왕장민은 베이징공업대학의 겸임교수로 초빙되었다.

"소프트웨어로 받을 수 있는 상은 전부 받았습니다."

위대한 민초 영웅이 중국 대지에 우뚝 선 것이다.

세계 최고의 해커와 보안 기술자의 대결

미국 국방부 홈페이지를 휘젓고 구소련 홈페이지에 접속했다. 세계 금융질서와 정치 판도를 뒤집어엎을 수도 있다. 우리는 진정한 세계의 지배자다.

1968년 어느 여름날, 비가 내리지는 않았지만 옅은 구름이 끼어 빛바랜 햇살이 비추는 나른한 오후였다. 대여섯 살 쯤 된 아이가 엄마 품에 안긴 채, 엄마가 씨름 중인 체스게임 '워터루의 나폴레옹'을 뚫어져라 쳐다봤다. 엄마는 한참 동안 답을 찾지 못하자 체스판을 접어치우고 강아지를 보러 갔다. 아이는 엄마를 지켜보다가 고개를 돌려 체스판을 집어 들었다.

"엄마, 이거 몇 걸음 안에 가야 성공이에요?"

아이는 이미 게임의 본질을 꿰뚫고 있었다.

"최고기록이 78걸음이야."

"별 거 아닌 거 같은데…… 내가 한번 해볼게요."

아이는 꼬박 이틀 동안 어른들도 어려워 하는 놀이에 몰두했다. 다음날 해질 무렵, 아이는 엄마 앞에 체스판을 펼치고 83보를 성공시켰다. 엄마는 자기 눈으로 보고도 믿기지가 않았다.

"대단하구나. 엄마도 좀 가르쳐줄래?"

"나중에요. 지금은 바쁘거든요. 일주일 안에 최고 기록을 깰 거예요."

일주일 후, 아이는 엄마가 보는 앞에서 78보를 성공시켰다. 그리고 체스판과 말을 쓰레기통에 던져버렸다.

"이 게임은 끝났어요. 78걸음보다 더 빠른 방법은 없거든요."

이 아이가 바로 '컴퓨터 하나로 세계를 벌벌 떨게 만든 헤커 제국의 리더'이자 세계 최초의 해커라 불리는 케빈 미트닉이다.

세계 최초의 해커 컴퓨터에 매혹되다

1963년 미국 로스앤젤레스에서 태어난 케빈은 부모의 이혼으로 큰 상처를 받아 어려서부터 말수가 적었다. 유난히 고집이 세서 다소 괴팍한 면도 있었다. 초등학교 때 케빈의 유일한 장난감은 낡은 전화기였다. 그는 전선 한 가닥이 연결된 플라스틱 물건이 먼 곳까지 목소리를 전달한다는 사실이 신기하고 흥미로웠다. 같은 이유로 라디오에 빠져들어 분해와 조립을 반복하더니 몇 달 만에 라디오 전문가가 되기도 했다. 이 과정에서 여러 가지 발명이 탄생했다. 케빈이 발명 특허 신청서를 내려하자 어른들은 난감한 표정을 지었다. 10살짜리 꼬마의 발명이 무슨 가치가 있겠느냐며 신청서를 제대로 읽지도 않고 돌려보냈다. 이 일은 어린 케빈에게 또 한 번 큰 상처를 줬다. 이때부터 케빈에게 권위에 대한 저항의식이 싹트기 시작했다.

처음으로 가정용 컴퓨터가 보급되기 시작했을 때, 케빈은 이 신비로운 마법 상자에 온 마음을 뺏겼다. 그는 곧 '프로그래밍'을 통해 컴퓨터를 컨트롤할 수 있음을 알고 컴퓨터 선생님에게 이렇게 말했다고 한다.

"컴퓨터는 '제3의 손'이에요."

중국어로 '제3의 손'을 뜻하는 '三只手'에는 소매치기라는 또 다른 뜻이 있다. 물론 케빈은 이 사실을 전혀 몰랐겠지만, 몇 년 후 그는 네트워크 세계의 '제3의 손'으로 이름을 떨쳤다.

뛰어난 논리적 사고력을 타고난 케빈은 컴퓨터 언어 공부에 푹 빠졌다. 그리고 곧 컴퓨터 선생님들도 감탄할 만큼 훌륭한 프로그래밍을 완성했다. 당시 케빈은 혼자 학교 컴퓨터실에 남아 밤늦게까지 컴퓨터에 매달렸다. 아들을 말릴 수 없어 학교로 저녁이나 야식을 가져다주던 어머니는 결국 케빈에게 최신 컴퓨터 한 대를 사줬다. 이후로 케빈은 학교에도 잘 나오지 않고 온종일 집안에 틀어박혀 신비로운 네트워크 세계를 탐닉했다.

10대 소년의 전쟁 무기에 대한 호기심

1970년대 중후반, 미국에서 소규모 지역 네트워크가 등장했다. 케빈은 1세대 네트워크 사용자가 되기 위해 기꺼이 비용을 지불했다. 당시 케빈이 가입한 지역 네트워크는 부근 대학과 연결되었고, 이 대학의 네트워크 교환기를 통해 미국 전역으로 이어졌다. 속도는 속이 터질 만큼 느렸지만, 이것은 케빈에게 매우 놀라운 사건이었다.

어느 날 케빈은 우연히 노라드* 홈페이지에 접속했다. 10대 소년은 필연적으로 '무기'에 호기심을 보이게 마련이다. 며칠 동안 홈페이지에 있는 웬만한 정보를 섭렵했지만, 뭔가 부족한 느낌이 들었다. 그때 케빈은 일반인에게 공개된 페이지 외에 암호로 차단된 또 다른 페이지가 있다는 사실을 알게 되었다. 그의 두뇌는 빠르게 돌아가기 시작했다. 당장 백그라운드 페이지로 통하는 길을 찾기 시작했다. 친구와 함께 자동해독 프로그램 개발에 착수했다. 몇 번의 시행착오 끝에 한 달 만에 첫 번째 관문의 암호를 풀어냈다. 다음에는 이 루트를 이용해 노라드 홈페이지 호스트 컴퓨터 접속을 시도했다. 이것도 오래 걸리지는 않았다. 케빈은 그 후 두 달 동안 노라드 홈페이지를 샅샅이 뒤졌고, 더 이상 볼 것이 없자 조용히 문을 닫고 나왔다.

케빈은 이미 노라드 홈페이지에 흥미롭지 않았지만, 다른 사람

* NORAD-North American Air Defense Command, 북미항공우주방위사령부.미국 콜로라도 주 샤이엔 산에 위치함

들은 여전히 호기심의 영역으로 여겨졌다. 그는 자주 어울리는 친구들이 노라드에 대해 물어보면 자기가 본 것들을 자랑스럽게 얘기했다.

"나는 미국이 소련과 그 동맹국을 겨냥하고 있는 핵탄두가 몇 개인지, 어디에 있는지 알고 있지."

이뿐이 아니었다. 그는 전쟁이라고는 시시한 게임밖에 모르는 온라인 친구들에게도 거침없이 자랑을 늘어놨다. 컴퓨터를 통해 케빈의 활약을 확인한 온라인 친구들은 찬사와 함께 그를 숭배하기 시작했다. 그리고 이들은 본인이 보고 들은 케빈의 위대한 거사를 주변 사람에게 이야기했다. 덕분에 케빈은 지역 네트워크에서 유명인사가 됐고, 이 이야기는 돌고 돌아 노라드 직원의 귀에까지 들어갔다.

"이것은 엄청난 사건이다. 15살 소년이 미국의 극비국방문서를 이렇게 쉽게 손에 넣었다니, 매우 심각한 일이다. 만약 이 소년이 호기심을 채우는 데 그치지 않았다면, 그는 수백 만 달러를 받고 러시아에 이 정보를 팔 수도 있었다. 그래서 미국이 기존 방어 시스템을 완전히 새로 구축해야 했다면, 아마도 수 억 달러를 날려야 했을 것이다."

미국 국방부는 이번 일로 슈퍼헤비급 망치를 맞은 셈이었지만, 10년이 넘도록 공식 입장을 회피한 채 침묵했다.

1983년, 할리우드에서 케빈의 이야기를 토대로 영화 '위험한 게임(War Games)'을 제작했다. 주인공 소년이 우연히 노라드 홈페이지에 접속해 '가상 3차 대전'시뮬레이션을 작동시키고, 이 때문에 진짜 3차 대전이 일어날 위기에 처한다는 내용이다. 영화 속 소년은 컴퓨터를 제어하지 못하고 결국 패배를 인정한다. 하지만 현실의 주인공은 겁이 없고 패배도 없었다.

노라드 침입 성공은 케빈에게 짜릿한 흥분과 또래집단에 대한 우월감을 느끼게 했다. 국방부 조사를 무사히 넘긴 후 그의 자신감과 열정은 더욱 뜨겁게 불타올랐다. 그는 노키아, 시티뱅크, CIA 등 주요 공공기관과 대기업 홈페이지를 자유자재로 드나들었다. 고급 군사기밀과 산업기밀이 넘쳐나는 이곳은 케빈의 놀이터나 다름없었다.

통신 회사 수난기

연이은 성공과 쾌감으로 한껏 고무된 케빈은 점점 도전의 난도를 높여갔다. 어려서부터 전화기에 대한 호기심이 유난히 강했던 그는 여전히 전화기의 원리가 궁금했다. 그래서 이번에는 통신회사 퍼시픽벨(Pacific Bell)을 목표로 삼았다. 통신회사 네트워크 관리자 암호는 놀라울 만큼 쉽게 풀렸다. 케빈은 며칠 동안 퍼시픽벨 호스트컴퓨터를 드나들며 대통령과 유명 스타들의 비밀 전화번호를 알아냈고, 공중전화를 이용해 수차례 소란을 일으켰다. 한밤중에 일부 스타와 주요 국가 기관장에게 전화를 걸어 큰일 났다며 잠을 깨웠다. 며칠 동안 밤잠을 설친 고위층 인사들이 강력히 항의하자, 퍼시픽벨은 크게 당황했다. 그제야 누군가 네트워크 시스템 관리자 암호를 뚫고 침입했다는 사실을 파악했다. 퍼시픽벨은 여러 가지 조치를 취하고 여러 번 암호를 변경했지만, 케빈을 막기에는 역부족이었다.

퍼시픽벨에 대한 호기심이 사그라질 즈음, 다음 목표가 케빈의 눈에 들어왔다. 유선전화기보다 더 신기한 무선이동통신 휴대전화였다. 당시 이동통신업계의 선두주자였던 모토로라는 마이크로택(Micro TAC) 시리즈로 돌풍을 일으키고 있었다. 케빈이 마이크로택에 흥미를 느낀 가장 큰 이유는 무선이동통신에 대한 호기심 때문이었지만, 또 다른 이유도 있었다. 마이크로택 외형이 즐겨보는 SF드라마 스타택의 외계인들이 사용하는 통신기계와 흡사했던 것이다. 케빈은 이 통신기기의 작동원리를 꼭 알고 싶었다. 케빈은 일단 몇 차례 탐색전을 벌인 후, 본격적인 모토로라 공격에 들어갔다. 하지만 모토로라 중앙컴퓨터시스템은 케빈의 공격에 꿈쩍도 하지 않았다. 매우 치밀하고 완벽한 프로그램을 이용해 시스템 최고관리자 암호와 백그라운드 프로그램을 철벽 보호하고 있었다. 예상치 못한 난관은 케빈의 승부욕을 더욱 자극했다. 치밀하고 완벽한 시스템일수록 도전하는 재미가 컸고, 어려운 도전일수록 성공 후의 쾌감도 더 큰 법이다.

마침, 케빈의 이웃 중에 모로토라 메인서버실에서 근무하는 여성이 살고 있었다. 그는 이 이웃 여성의 도움으로 시큐(Secur) ID 보안시스템의 암호화 프로그램의 핵심 알고리즘을 파악할 수 있었다. 컴퓨터 언어와 프로그램에 천부적인 재능을 타고난 케빈은 곧 이 보안시스템을 무력화시킬 암호해독 프로그램을 개발했고, 이 프로그램을 모로토라 중앙서버에 성공적으로 심었다. 그 후 케빈이 심어놓은 추적프로그램은 시스템 접근 권한이 높은 고위임원이 접속했을 때 그 사람의 ID와 암호 정보를 몰래 빼냈다. 이 고위임원의 ID와 비밀번호를 이용해 드디어 철옹성 모토로라 시스템에 입성할 수 있었다.

이후 케빈은 만약을 대비해 이 고위임원의 ID와 비밀번호를 바꾸지 않고 그대로 사용했다. 그리고 다시 일종의 회귀분석프로그램을 만들어 ID와 비밀번호를 바인딩했다. 고위임원이 비밀번호를 변경할 경우, 이 프로그램이 자동으로 새 비밀번호를 케빈에게 전달했기 때문에 케빈의 존재가 전혀 드러나지 않았다. 비밀번호를 바꾸지 않았기 때문에 고위임원은 자기 아이디가 도용당하고 있다는 사실을 전혀 몰랐고, 케빈은 오랫동안 마음 놓고 모토로라 시스템을 휘젓고 다녔다.

어느 날 케빈은 이 고위임원의 ID로 시스템에 접속했다 더 높은 사용자권한을 가진 사람의 ID와 비밀번호를 알게 됐다. 이를 통해 그는 모토로라 내부 서버에 접속했고 마이크로택 시리즈 운영프로그램의 소스코드까지 입수했다. 당시 케빈은 단순히 해킹 기술을 연마하고 이동통신 시스템 원리를 알고 싶었을 뿐, 훔쳐낸 소스코드를 팔아 돈을 벌 생각은 전혀 없었다. 얼마 뒤 케빈은 모토로라 홈페이지 모니터링시스템이 자신의 존재를 감지했음을 알고 서둘러 자신의 흔적을 지운 뒤 조용히 빠져나왔다.

FBI의 그림자

무료해진 케빈은 오랜만에 퍼시픽벨 사이트 내부 자료를 뒤적이다가, 우연히 FBI 홈페이지로 옮겨갔다. 이 중 중범죄자와 간첩과 관련된 기밀 자료가 특히 눈길을 끌었다. FBI의 백그라운드 관리자 비밀번호를 풀고 호스트컴퓨터에 들어가는 일은 생각보다 쉬웠다. 그런데 이 안에 매우 놀라운 자료가 있었다. '퍼시픽벨이 의뢰한 조사자 명단'이라는 파일을 열어보니 첫 페이지에 '기초 조사 결과, 나이는 20세 전후로 추정. **부근에 사는 남학생'이라고 적혀 있었다. FBI의 추적은 아직 멀리 있었지만, 언제 어떻게 다가올지 모를 일이다. 얼마 전 공중전화로 장난쳤을 때의 목소리 녹음 파일로 추적을 시작한 모양이었다. 이 순간 케빈은 처음 대면했던 국방부 조사관의 차갑고 섬뜩한 얼굴이 떠올랐다.

케빈은 FBI 수사파일에서 특수요원 여러 명이 자신의 뒤를 쫓고 있다는 사실을 알고 깜짝 놀랐다. 다행히 아직은 20살 전후', '○○ 부근 거주'와 같은 막연하고 불분명한 내용뿐이라 도망칠 필요는 없었다. 대신 즉각 조치를 취했다. 그는 이틀 동안 집중한 끝에 FBI 중앙서버 접속 암호를 알아냈다. FBI 중앙 데이터베이스에 침입한 케빈은 특수요원들의 무능함을 비웃으며 짓궂은 장난을 쳤다. 케빈 사건을 조사하고 있는 특수요원의 개인 파일에서 사진을 찾아내 그들의 얼굴을 악명 높은 범죄자의 사진에 합성해 넣었다. 그동안 연전연승을 거둬온 케빈은 잠시 자신감에 도취되어 역추적당하고 있다는 사실을 까맣게 잊었다. 그가 FBI 홈페이지에서 저지른 모든 행동은 특수요원이 미리 심어놓은 추적프로그램에 낱낱이 기록됐다. 바로 다음 날, 케빈 집에 FBI 특수요원이 들이닥쳤다.

'컴퓨터기술 분야에서 오랫동안 날고 긴 전문가'라고 자신했던 배테랑 수사관들은 FBI 중앙컴퓨터시스템을 제 집 안방처럼 드나들던 해커가 아직 앳된 모습이 가시지 않은 15살짜리 소년이라는 사실에 매우 놀랐다. 형사 처분을 받기에는 아직 너무 어리고, 또 재능이 아까웠다. 더구나 당시는 연방 법률에 컴퓨터범죄에 대한 명확한 처벌 규정이 마련되어 있지 않았다. 청소년보호단체를 비롯한 여러 기관들이 컴퓨터 천재 구명 운동에 적극적으로 나섰다.

케빈은 사회에 큰 논란을 일으키고 기업과 기관에 막대한 손실을 입혔지만, 결국 별 다른 책임을 지지 않은 채 소년원에 보내졌다. 이로써 그는 컴퓨터 범죄로 실형을 선고받은 세계 최초의 해커로 기록됐다.

해킹을 끊지 못하는 해커

두 달 후, 케빈은 자유를 되찾았다. 그러나 컴퓨터 해킹에서 맛볼 수 있는 승리의 쾌감을 잊지 못해 다시 금방 컴퓨터 네트워크에 빠져들었다. 그는 여러 대기업과 비즈니스 관련 사이트에 침입해 중요한 정보와 시스템을 엉망진창으로 만들었다. 상품 주문서와 미지급청구서가 엉뚱한 사람에게 발송되면서 많은 기업이 혼란을 겪었다. 이런 사건이 벌어지자 사람들은 불과 몇 달 전 세상을 떠들썩하게 만들었던 어린 해커를 떠올렸다. 수사기관은 이미 충분한 증거를 확보한 상태에서 케빈을 주시하다가 케빈이 또 다시 해킹을 하는 순간을 포착했다. 케빈은 또 한 번 범죄자로 전락했다.

안타깝지만 이번에는 운이 따라주지 않았다. 검찰은 그가 네트워크를 이용해 140만 달러어치의 소프트웨어를 훔쳤고 여러 기업에 수백만 달러의 손실을 입혔다며 강력한 기소 의지를 밝혔다. 케빈 측이 보석을 신청했지만, 법원은 이마저도 허락하지 않았다. 그동안 케빈은 뛰어난 네트워크 기술을 바탕으로 사회경제적으로 큰 위협을 초래했다. 당국은 컴퓨터를 이용한 범죄의 심각성을 인지하고 케빈을 엄벌에 처하기로 했다. 결국 그는 1년 형에 거액의 벌금을 선고받았다.

1년 후, 케빈은 다시 사회로 돌아왔지만, 그를 받아줄 학교나 회사는 없었다. 아직 갚지 못한 벌금 때문에라도 하루 빨리 일자리를 구해야 했지만, 아무도 그를 받아주지 않았다. 결국 그는 다시 해커로 돌아갔다. 해킹으로 빼낸 비밀정보를 팔아 벌금을 내고 빌린 돈을 갚았다. 1983년 해킹 사건이 증가하면서 FBI가 다시 케빈을 주목하기 시작했다. 하지만 케빈도 더 이상 호락호락 당하지 않았다. 그는 해킹 목적을 달성한 후, 한층 발전된 기술을 이용해 자신의 흔적을 깨끗이 지웠다. FBI가 온갖 수단과 방법을 동원했지만, 도저히 증거를 잡을 수 없었다. 케빈의 두뇌 회전을 도저히 따라갈 수 없었던 FBI는 얕은꾀를 하나 냈다. 적당한 해커를 물색해 케빈에게 접근시킨 후, 보안이 뛰어나기로 유명한 홈페이지를 해킹하도록 유도했다.

한편 케빈은 제안 받은 해킹을 마다할 이유가 없었다. 해킹의 쾌감과 경제적 보상을 얻을 수 있는 일이었기에 깊이 생각할 것도 없이 승낙했다. 하지만 케빈은 형을 살고 나온 후 더욱 치밀해져 있었고 틈틈이 FBI의 동향을 살피고 있었다. FBI가 고용한 해커와 첫 번째 테스트 침입에 실패한 그 날도 FBI 사이트에 접속해 동향을 살폈다. 그러던 중 같이 해킹을 했던 해커가 FBI에 그 날 상황을 보고한 사실을 알았고 서둘러 몸을 피했다. FBI는 고용한 해커에게 받은 증거를 토대로 법원에 케빈의 정식 수배령을 신청했다.

케빈은 FBI의 추적을 피하는 도중에도 꾸준히 집으로 돈을 보냈다. 물론 해킹으로 번 돈이었다. 1994년 연말, 케빈이 샌디에이고 슈퍼컴퓨터 센터에 침입해 고급정보를 빼낸 일은 해킹 역사상 최고의 사건으로 기록됐다. 그러나 이 기록적인 해킹은 또 다른 컴퓨터 전문가 시모무라(Shimomura)의 코털을 건드리고 말았다. 이로 인해 한 바탕 치열한 해킹 전쟁의 서막이 올랐다.

창과 방패의 대결이 시작됐다

시모무라는 일본인 컴퓨터 전문가로 캘리포니아대학 샌디에이고 캠퍼스 슈퍼컴퓨터센터의 수석 특별연구원이다. 그는 특히 컴퓨터 네트워크 보안 부분에서 탁월한 성과를 올리며 '세계 최고의 보안 전문가'라 불렸다. 세계 최고 컴퓨터 보안 전문가와 세계 최고 네트워크 침입 전문가의 대결은 해킹 역사에 길이 남을 '창과 방패의 대결'이었다.

시모무라는 샌디에이고캠퍼스 슈퍼컴퓨터센터에서 중앙서버 네트워크보안을 담당하고 있었다. 그러나 어린 나이에 이미 당대 최고의 해커라 불리던 케빈에게 속수무책으로 당하고 말았다.

"미국 최고의 보안전문가가 20대 애송이에게 당하다니, 이 일은 매우 치욕적인 사건이다."

부끄러움과 분노를 동시에 느끼며 시모무라는 명예회복을 위해 FBI의 케빈 체포 작전에 자원했다. 시모무라의 합류로 큰 힘을 얻은 FBI는 즉시 케빈에 대해 인터폴 수배령을 내리고 보다 적극적인 수사에 착수했다. 그러나 자신감으로 똘똘 뭉친 케빈은 인터폴 수배령 따위는 전혀 무섭지 않았다. 그는 네트워크를 통해 경찰의 동향을 살피는 한편, 시모무라에게 안부메일을 보내며 대결을 즐겼다. 이메일에서 케빈은 미국 최고의 보안전문가를 철저히 무시하고 조롱했다.

"사실 선생의 명성은 오래 전에 들은 적이 있습니다. 하지만 그 동안 내 기술이 너무 강력했지요? 하늘이 이제야 우리가 대결할 기회를 줬군요. 지금 나는 많은 경험을 통해 나날이 기술을 발전시키고 있습니다. 그런데 당신이 만든 컴퓨터보안기술은 아주 문제가 많더군요. 내가 보기에는 당신이 만든 시스템은 그냥 종이 한 장으로 덮어놓은 정도더군요. 설마 그 종이 한 장으로 나를 막을 수 있다고 생각했나요? 자, 이제 다시 시작해봅시다. 세계가 지켜보고 있어요. 서로에게 부끄럽지 않은 상대가 되자고요. 이기지 못하더라도 절대 도망치지 않을 겁니다. 뭐 어차피 당신이나 그 옆에 있는 멍청한 FBI나 나에 대해 아무 것도 알아내지 못할 테니까. 나는 앞으로도 계속 재미있는 일을 찾아 세계를 돌아다닐 겁니다."

자신감으로 가득 찼던 케빈은 자신 외에는 아무것도 보이지 않았다. 순간의 방심으로 메일에 작은 흔적을 남겼고 예리한 시모무라는 이를 놓치지 않았다. 케빈은 메일을 발송할 때 IP주소를 포함한 자신의 정보를 우회 방법으로 변경했으나, 치밀하고 빈틈없는 해킹 방어 전문가 시모무라는 결국 빈틈을 찾아냈다. 시모무라는 한 달 동안 다른 일을 다 제쳐두고 오직 케빈을 쫓는 데 전력투구했다. 그는 그간의 경험과 최신 기술을 총동원해 케빈의 발자국을 따라갔다. 점차 추적의 범위가 줄어들고 케빈의 은신처에 가까워졌다.

한편 케빈도 시모무라의 추적을 방해하기 위해 밤낮없이 컴퓨터에 매달려 여러 가지 함정을 만들었다. 특히 자신의 발자취를 지우기 위해 끊임없이 IP주소를 우회했다. 한 번은 시모무라의 추적 프로그램이 케빈의 위치를 플로리다로 지목했는데, 당시 케빈은 알래스카의 오두막 난로 앞에서 마유주를 마시고 있었다. 케빈은 자신이 겁쟁이가 아니며 명실상부한 최고의 해커라는 것을 증명하기 위해 지속적으로 시모무라에게 이메일을 발송했다. 그리고 시모무라를 골탕 먹이기 위해 일부러 애매모호한 흔적을 흘리기도 했다. 또한 케빈은 미국 곳곳에 살고 있는 해커 친구들에게 자신의 이메일 주소를 이용해 자신의 말투를 흉내 낸 이메일을 시모무라에게 보내라고 부탁하기도 했다. 이 과정에서 그는 기술이 한참 부족한 해커 친구들에게 진짜 같은 가짜 IP주소를 만들어 진짜 IP주소를 숨기는 방법을 가르쳤다.

케빈은 거만하기 짝이 없는 이메일을 보내면서 매번 치밀하게 계획된 빈틈을 자연스럽게 노출시켜 끊임없이 시모무라를 괴롭혔다. 동시에 시모무라의 컴퓨터시스템을 공격하는 일도 멈추지 않았다. 특히 시모무라가 만든 추적시스템을 교란시키고 시스템 정보를 알아내는 데 주력했다. 그는 추적프로그램의 소스코드를 빼내 만천하에 공개함으로써 세계 최고 해커의 명예를 더욱 공고히 할 생각이었다.

라이벌과의 대결은 발전의 기회

해킹방어 분야에서 뛰어난 실력을 발휘하며 많은 경험을 쌓아온 시모무라는 이미 케빈의 의도를 간파하고 있었다. 그는 케빈이 일부러 만들어놓은 거짓 정보들을 제거하고 실타래를 감듯 진짜 정보를 줄줄이 거둬들였다. 한편 시모무라의 추적시스템은 케빈과 수차례 공격과 방어를 반복하는 동안 지속적으로 업그레이드됐다. 시모무라는 시간이 흐를수록 자신의 상대가 비범한 인물임을 인정하지 않을 수 없었다. 그리 많지 않은 나이에 이렇게 뛰어난 기술, 침착하고 냉정한 성격, 치밀한 분석력까지 갖췄다니. 하지만 케빈이 강해질수록 시모무라의 투지도 뜨겁게 불타올랐다.

시모무라는 케빈과 교전을 반복할수록 꾸준히 해킹방어 기술을 발전시켰다. 케빈을 만나기 전에는 사실 제대로 실력을 검증할 기회가 없었기 때문이다. 그는 스스로 완벽한 시스템을 만들었다는 자부심에 빠져 있었다. 그러나 케빈의 등장과 함께 새로운 해킹기술이 꼬리에 꼬리를 물고 나타났고, 시모무라는 진정한 세계 최고의 해킹기술이 무엇인지를 경험했다. 우물 안에서 넓은 세상 밖으로 나온 시모무라는 최선을 다해 또 다른 세상을 배워나갔다.

"케빈, 나는 당신이 한 모든 행동에 감사한다. 덕분에 나의 네트워크 보안시스템이 탁상공론에서 벗어나 실제적인 시스템으로 거듭날 수 있었다. 승부에 상관없이 당신은 나를 발전하게 해준 일등공신이다. 이 대결이 어떻게 끝나든 언젠가 당신과 마주 앉아 술 한 잔 기울일 날이 오길 바란다."

시모무라는 케빈에게 이렇게 솔직한 감정을 드러냈다. 그러나 거만한 케빈은 더욱 거침없이 오만함을 쏟아냈다.

"당신은 여전히 세계 최고이지요. 당신은 권총이 아니라 컴퓨터 기술만으로 나를 잡아야 해요. 그런데 어떻게 여태 코빼기도 보이지 않는 거요? 세계 최고 컴퓨터보안전문가라더니, 그냥 말 뿐인가 보네. 내 앞에서는 영 힘을 못 쓰네."

케빈은 시모무라에게 너무 많은 기회를 주지 않도록 자신이 직접 개조한 모뎀을 사용해 공중전화교환센터에 접속했다. 이런 방법으로 다른 해커 동료들과 연락을 주고받았다. 또한 복잡한 비밀번호로만 접속할 수 있는 안전한 BBS게시판을 만들었다. 그런데 여기에서 결국 꼬리를 밟히고 말았다. 절호의 찬스를 맞이한 시모무라는 치밀한 분석 끝에 케빈의 은신처를 정확히 짚어내 FBI에 알렸다. 시모무라는 노스캐롤라이나 공중전화시스템 데이터를 입수해 동일한 장소에서 IP주소가 수시로 종잡을 수 없이 바뀌는 곳을 찾아냈다. 보통 인터넷사용자의 IP주소대역은 동일 장소일 경우 그 변동폭이 크지 않으므로 이 장소의 접속 소스는 다른 특별한 목적이 있는 것이 분명했다. IP주소가 자동 변환되는 통신발신지는 바로 케빈이 특별 제작한 모뎀이었다.

삭막한 밸런타인데이

1995년 밸런타인데이를 앞두고 흰 눈이 온 세상을 뒤덮었다. 추운 날씨 덕분에 연인들의 사랑은 더욱 뜨겁게 느껴졌다. 꽃집마다 꽃과 손님이 넘쳐났고, 거리는 온통 핑크빛 꽃향기로 물들었다.

시모무라는 사복차림의 FBI요원과 함께 노스캐롤라이나 롤리시의 좁은 골목 앞에 차를 세우고 내렸다. 이들은 거리를 가득 메운 연인들 틈을 뚫고 지나가 어느 낡은 아파트 앞에 멈춰 섰다.

"최적의 은신처로군."

시모무라는 한 손으로 어깨에 쌓인 눈을 털어내며 케빈의 안목에 진심으로 감탄했다. 그러나 FBI요원들에게 어떤 감정은 사치일 뿐이었다. 케빈을 체포하고 임무를 완수하기 전까지는 시모무라처럼 감상에 빠질 여유가 없었다.

요원들은 이틀 간 주변을 탐색해 드디어 케빈의 정확한 주소지를 알아냈다. 그리고 현지 경찰에 연락해 빈틈없는 포위망을 구축했다. 시모무라는 증거인멸에 뛰어나고 용의주도한 케빈을 어설프게 상대해서는 안 된다고 생각했다. 먼저 그의 활동패턴을 파악한 후 치밀한 계획 하에 접근하기로 했다.

며칠 후 이른 아침, 케빈이 두꺼운 외투를 입고 외출하자 시모무라와 요원들이 집 안으로 들어갔다. 누추한 집 안은 어둡고 눅눅했다. 이렇게 열악한 상황에서 백만 달러를 호가하는 기밀문서를 빼내고 여러 해커들을 모아 대대적인 해킹을 도모했다니. 시모무라의 시선이 케빈의 노트북에 멈췄다. 노트북 전원을 켠 시모무라는 놀라운 사실을 발견했다. 세계 최고 해커라 자부하는 케빈이 정작 자기 컴퓨터에는 어떤 암호도 설정해놓지 않았다. 어쩌면 케빈은 이 세상의 어느 누구도 자신의 은신처를 찾아내지 못하리라 생각했던 것일까? 그동안 케빈은 "이 천재 해커 케빈을 찾아낸 사람은 없다"라고 수없이 말하지 않았던가? 케빈의 실수는 노트북 암호 미설정만이 아니었다. 실수인지, 시간이 없었던 것인지, 그는 컴퓨터 사용기록을 삭제하는 것도 잊었다. 덕분에 시모무라는 노트북 사용기록을 통해 손쉽게 범죄 증거를 확보했다. 시모무라는 케빈을 기소하는 데 결정적인 역할을 할 중요한 자료를 서둘러 복사했다.

잠시 후 케빈이 식사를 마치고 집에 돌아오자 문 앞에서 기다리던 FBI요원이 좌우에서 그를 제압했다.

"이봐, 자네와 함께 보낸 이번 크리스마스와 밸런타인데이는 아주 최악이었어. 알아?"

케빈은 일단 여유 있게 미소를 지었다. 다음 순간 직감적으로 시모무라를 알아봤다. 훗날 케빈은 당시를 이렇게 회상했다.

"총명하고 다부진 눈빛에서 완강함과 약간의 분노가 느껴졌어요. 직감적으로 그가 오랜 기간 대결해온 시모무라라는 사실을 알 수 있었죠. 하지만 전 이렇게 말했죠. 집을 나가기 직전 2분간 중요한 기록을 삭제했다. 당신들이 알아낼 수 있는 건 별로 없다. 이렇게 된 이상 어떻든 나는 졌다. 시모무라, 당신이 이겼다. 하지만 나는 세계 최고 해커의 품격을 지킬 것이다. 기술에 관한 한 나의 패배를 인정한다."

또 다시 체포된 해커

체포된 케빈은 성실히, 그리고 당당하게 조사에 응했다. 그는 신나게 자신의 활약상을 늘어놓았다. 그 중 특급 국가기밀이 저장된 컴퓨터의 보안시스템을 가리켜 '단번에 와르르 무너질 만큼'부실했다고 말했다. 후에 법정에서 증인으로 출석한 시모무라를 만난 케빈은 최대한 예의를 갖춰 존경과 찬사를 표현했다.

"당신은 정말 최고예요. 정말 훌륭한 기술이에요. 당신은 진정한 세계 최고 컴퓨터보안전문가예요."

미국 법원은 케빈의 범죄가 매우 위험하고 위협적이라는 판단하에 가석방과 보석 신청을 모두 기각했다. 또한 "지금 케빈이 다시 신체의 자유를 얻는다면 세상의 모든 정보가 위기에 처할 것이며 온 세상이 혼란에 빠질 수 있다"라고 말했다. 케빈에게 농락당했던 기업들은 연합성명을 통해 세계에서 가장 위험한 해커에게 중벌을 내려야 한다고 주장했다.

"우리는 법원이 그의 신체적 자유를 제한하든 말든 상관없다. 영원히 그를 컴퓨터와 인터넷으로부터 떼어놓는다면, 우리는 더 이상 바랄 것이 없다."

한편 특급 기밀을 지켜야 하는 주요 정보관리 담당자들은 "이

번 사건은 소위 세계에서 가장 뛰어난 보안시스템이 케빈 앞에서는 무용지물임을 보여줬다. 앞으로 어떻게 정보를 지켜야할지 정말 난감하고 두렵다"라며 난색을 표명했다.

케빈에게 두 번의 행운은 없었다. 그는 감옥에서 오랜 시간을 보내야 했다. 지난 몇 년 떠돌이 도망자 생활을 하느라 심신이 지친 케빈은 언제부터인가 단순하고 조용한 삶을 원했다. 독방에 수감된 그는 매일 방안을 깨끗이 청소하고 열심히 운동을 하면서 나름 만족스러운 시간을 보냈다. 가끔 아이디어가 떠오르면 벽을 키보드처럼 두드리며 프로그램을 짜기도 했다. 어쩌면 간수들은 케빈이 제정신이 아니라고 생각했을지도 모른다.

하지만 시간이 지날수록 케빈은 점점 초조하고 불안해졌다. 상상 속의 '벽'키보드는 컴퓨터 작업에 대한 열망을 충족시킬 수 없었다. 고난도 보안시스템에 침입하는 짜릿한 쾌감을 느낄 수 없자 점차 깊은 무력감에 빠졌다. 그는 10여 년 간 세계 최고의 해커로 살아오면서 수많은 이들의 맹목적인 숭배를 받았고 그의 이름 뒤에는 늘 온갖 찬사가 뒤따랐다. 하지만 이 모든 후광이 사라지자 케빈은 입을 닫고 생기를 잃었다. 가끔 면회를 온 해커 동료들은 케빈의 변화에 크게 놀라고 실망했다.

천재를 석방하라

1997년, 세계 최고 포털사이트 야후가 정체불명의 해커에게 공격당했다. 이 해커는 미국 정부에 케빈을 석방하라고 요구했다.

"미국, 아니 세계는 최고의 컴퓨터 천재를 잃었다. 이에 대한 불만으로 우리는 이미 이곳에 논리폭탄을 심어 놓았다. 만약 미국 정부가 우리의 요구를 이행하지 않는다면 최근 1개월 이내 야후 검색기를 이용한 사용자는 모두 큰 피해를 입게 될 것이다. 우리의 요구 조건 기한은 1998년 크리스마스다. 만약 미국 정부가 이때까지 우리의 요구에 응하지 않는다면, 논리폭탄은 예정된 시간에 정확히 폭발할 것이다. 케빈은 미국 정부의 고집과 어리석은 판단으로 억울한 범죄자가 됐다. 우리는 미국 정부가 케빈을 석방하는 즉시 야후에 해독프로그램을 심어 논리폭탄을 중지시킬 것이다."

사실 이전에도 미국 정부가 컴퓨터 프로그램 발전에 큰 공을 세운 세계 최고 프로그램 전문가를 석방하지 않으면 그들의 네트워크에 심어놓은 컴퓨터 바이러스를 작동시킬 것이며, 세상이 케빈의 삶을 망가뜨렸듯 세상을 망가뜨릴 것이라고 위협을 가한 해커그룹이 여럿 있었다.

미국 정부는 이제 갓 서른을 넘긴 한낱 해커가 세계적으로 이렇게 큰 영향력을 지녔다는 사실에 당황하지 않을 수 없었다. 케빈은 그들의 관심과 응원이 한없이 고마웠다.

2000년 1월, 마침내 자유를 되찾은 케빈은 인터뷰에서 앞으로의 계획을 묻는 질문에 이렇게 대답했다.

"내 컴퓨터 기술은 대부분 내가 스스로 연구하고 발전시킨 것이다. 만약 가능하다면 나는 대학에서 보다 체계적으로 컴퓨터에 대해 연구하고 싶다."

많은 것이 변했지만 케빈의 컴퓨터에 대한 열정은 그대로였다. 하지만 그의 바람은 이상일 뿐이었다. 케빈이 컴퓨터 앞에 앉는 순간 세상의 모든 컴퓨터 시스템은 고스란히 알몸을 드러내고 세상의 모든 비밀은 숨을 곳을 잃게 된다. 이에 미국 정부와 법원은 이

제 막 자유를 되찾은 케빈에게 서약서를 강요했다. 당국의 허가 없이 독단적으로 전화, 컴퓨터, 모뎀 등 정보통신 관련 전자기기를 사용할 수 없다는 내용이었다. 당연히 인터넷도 사용할 수 없었기 때문에 친구들과 연락하려면 손으로 편지를 쓸 수밖에 없었다.

"석방됐지만 석방된 게 아니었다. 이런 자유는 내게 아무런 의미도 없다."

현재 케빈은 더 이상 문제적 해커가 아니지만 여전히 명성을 이어가고 있다. 컴퓨터를 업으로 삼은 사람 중에 케빈의 이름을 모르는 사람은 많지 않다. 나이가 들고 살이 붙은 아저씨 케빈은 정부의 엄격한 감독 하에 컴퓨터 네트워크 보안회사를 운영하며 여전히 뛰어난 실력을 발휘하고 있다. 케빈의 컴퓨터보안회사는 중요한 기밀을 보관한 기업 홈페이지와 국가안보기관의 의뢰를 받아 그들의 시스템에 침입한다. 다른 누군가가 나쁜 짓을 벌이기 전에 취약점을 발견해 보완하는 것이 그의 임무다.

칼을 마구 휘두르면 남뿐 아니라 자신도 다칠 수 있다. 케빈은 컴퓨터 역사상 가장 뛰어난 해커로 수많은 논란을 일으켰다. 그러나 잘못을 뉘우친 후에는 그 뛰어난 기술을 바탕으로 진정한 컴퓨터 발전에 공헌하고 있다.

시모무라 쓰토무

1964년 출생. 일본계 미국인 컴퓨터 보안 전문가, 컴퓨터물리학자. 화학자이자 해양생물학자로 2008년 노벨상을 받은 시모무라 오사무의 아들이다. 그는 최강 해커 케빈 미트닉과의대결에 승리함으로써 세계 최고 컴퓨터보안전문가로 인정받으며 아버지의 명예를 이어갔다.
시모무라 쓰토무는 일본에서 태어나 미국 뉴저지주 프린스턴에서 자랐다. 고등학교 졸업 전에 이미 캘리포니아 공과대학교 입학 허가를 받았다. 대학 졸업 후 로스 앨러모스 국립연구소를 거쳐 현재 캘리포니아대학 샌디에이고캠퍼스 슈퍼컴퓨터센터 수석 특별연구원으로 일하고 있다.

케빈 미트닉의 충고

1) 데이터 백업을 생활화하라. 당신의 시스템이 영원히 아무 문제없으리라 생각하지 마라. 당신의 데이터가 손실되는 불행이 언제 닥칠지 아무도 모른다.

2) 예측 불가능한 암호를 설정하라. 생각하기 싫다는 이유로 자신과 관련된 숫자들을 비밀번호로 정하지 마라. 그리고 가능한 한 일정 기간마다 비밀번호를 바꿔라.

3) 컴퓨터 백신소프트웨어를 설치하고 매일 업데이트하라.

4) 컴퓨터 OS를 주기적으로 업데이트하고 소프트웨어 제조사에서 발표하는 패치정보를 제때 파악하라.

5) 인터넷 익스플로러를 비롯한 웹브라우저를 통해 이상 메시지가 전달되는 등 의심 상황이 발생하면, 함부로 클릭하지 말고 즉시 이메일 클라이언트의 자동스크립트 기능을 꺼라.

6) 중요한 이메일을 발송할 때는 가능한 암호화 소프트웨어를 사용하라. 이것이 당신의 하드웨어에 저장된 데이터를 지켜줄 것이다.

7) 가능한 방첩 프로그램을 여러 개 설치하고 자주 실행시켜라.

8) 당신의 컴퓨터가 출처가 명확하지 않은 외부 컴퓨터, 네트워크, 웹사이트와 연결되지 않도록 개인방화벽을 정확히 설치해 사용하라. 네트워크 자동연결 프로그램을 지정해둬라.

9) 사용하지 않는 시스템 기능은 모두 꺼둬라. 특히 리모트 데스크탑(Remote desktop), 리얼 VNC(Real VNC), 넷 바이오스(NetBIOS)와 같은 외부 원격 제어 기능은 반드시 꺼둬라.

10) 무선액세스 보안에 주의하라. 가정에서 와이파이를 사용할 때, 무선 보호 접속 프로그램인 WPA를 사용하고 가능한 20자리 이상의 암호를 설정하라. 노트북에 이 암호를 정확히 입력해 다른 네트워크에 접속하지 않도록 하라.

갈수록 악의가 판치는 인터넷 세상에서 자신을 보호하는 일은 쉽지 않다. 지구 반대편 어딘가에 사는 후안무치한 인간이 언제든 당신의 컴퓨터를 노릴 수 있다는 사실을 잊지 마라. 당신의 가장 중요한 사생활 정보가 그들의 손에 들어가는 순간, 당신은 희생양이 될 수밖에 없다.

소스코드로 된 백지수표

해킹범죄사건은 가장 안전하다고 믿었던 곳이
가장 위험한 곳이라고 일깨워준다.

ATM에서 잭팟이 터졌다

해커라는 직업은 처음 생겨날 때부터 숙명적으로 돈과 연결되어 있었다. 해킹뿐 아니라 모든 직업에서 돈이 행동의 원동력이라 할 수 있다. 돈은 사람의 견해와 생각, 행동을 직접적으로 변하게 한다. 그로 인해 돈은 모든 범죄의 근원이 되기도 한다.

유명한 영화배우 아놀드 슈왈제네거가 주연을 맡은 영화 〈터미네이터(Terminator)〉에서 존 코너는 망가진 마그네틱 카드를 ATM에 넣고 노트북의 자판을 몇 개 두드린다. 그러자 ATM이 백 달러 지폐 세 장을 토해낸다. 해커라면 한 번쯤 꿈꿔 보았을 장면이다.

2010년 블랙햇 컨퍼런스(Black Hat computer security conference)*에서 IO액티브(IOActive, Inc.)의 보안책임자 버나비 잭(Barnaby Jack)은 회의 참여자들에게 잊지 못할 장면을 시연했다. 현장에서 ATM을 해킹한 것이다. 세계 어디를 가나 만날 수 있는 이 기계는 마그네틱 카드 한 장과 숫자 비밀번호만 있으면 돈다발을 토해낸다. ATM은 신속하고 편리하지만 나쁜 의도를 가지고 있는 사람에게는 탐욕의 희생양이 될 수 있다. 물론 지금까지 ATM에서 현금을 훔치는 데 성공한 사람은 없었다. 하지만 버나비 잭의 시연은 기기의 안정성을 과신하는 은행에 경종을 울리기에 충분했다.

캘리포니아의 산호세에 거주하는 뉴질랜드 국적의 네트워크 보안전문가 버나비 잭은 블랙햇 컨퍼런스에서 이렇게 이야기했다. "이 기기는 겉보기에 어떤 결함도 없어 보입니다. 저는 오늘 이 기기에 대한 여러분의 생각을 바꾸려 합니다." 버나비 잭은 ATM을

* 세계의 해커와 정보보안전문가가 집결하는 글로벌 해킹 컨퍼런스

무대로 옮겨왔다. 버튼을 몇 개 누르자 ATM은 이성을 잃은 듯 지폐를 마구 토해냈다. "결코 방법이 없어서 못 하는 것이 아니라, 시도하는 사람이 많지 않기 때문이라는 사실을 알리고 싶었습니다. 이런 사례는 우리 주변에 상당히 많습니다. 케빈 미트닉이 NASA를 해킹하기 전까지 모두가 NASA를 가장 안전하고 건실하다 믿었던 것처럼 말이죠. 난공불락인 줄 알았던 NASA가 무너지자, 판도라의 상자가 열린듯 세계는 변해버렸습니다."

버나비 잭은 시중에서 사용되는 것과 동일한 ATM으로 시연했다. ATM 제조사로는 트라낵스 테크놀로지(Tranax Technologies, Inc.)와 트라이톤 시스템스(Triton Systems, Inc.)가 있는데, 버나비 잭은 지난 몇 달간 연구한 끝에 이 두 회사의 ATM에서 보안 결함을 발견할 수 있었다. 이 결함을 이용해 ATM에 전화기를 연결할 수 있었고, 비밀번호를 알아내지 않고도 현금 인출 명령을 내릴 수 있다. 똑똑한 줄 알았던 이 기계는 카드번호와 비밀번호가 일치한다고 오인하고 잔액을 모두 인출했다.

"제가 시험한 ATM은 모두 보안에 결함이 있어서 간단하게 현금을 인출할 수 있었습니다. 네 대를 시험했는데, 결과는 모두 같았습니다."

두 ATM 제조사는 블랙햇 컨퍼런스가 채 끝나기도 전에 버나비 잭과 접촉했고 소프트웨어를 업그레이드해 결함을 없앴다.

안전하지 않은 ATM

돈이 있는 곳에는 범죄가 있다는 옛말은 틀리지 않았다. 시대의 변화에 맞춰 이 말을 이렇게 바꿔도 좋을 것이다. "돈이 있는 곳에 해커가 있다." 지금까지 ATM을 겨냥한 절도는 모두 소소한 장난에 불과했다. ATM의 지폐인식기기를 우회하는 프로그램을 만들어 20달러를 1달러로 잘못 인식하게 하거나, ATM의 식별 프로그램을 교란하는 악성 프로그램을 만들어 사용하는 정도였다. ATM만 공격하는 악성 프로그램 TSPY_SKIMER 시리즈는 ATM의 메인보드에 있는 칩에 직접 프로그램을 설치해야 했다. 영상 모니터와 시스템 경보기로 ATM의 변화를 감지할 수 있기 때문에, 현금을 인출하기 전 모든 모듈이 안정적으로 작동하는지 검사 후 하나라도 이상이 있으면 즉시 인출을 멈췄다.

윈도우 CE* OS와 ARM** 프로세서를 기반으로 하는 통용 ATM은 하나의 시리얼 포트(serial port)로 현금통의 입출금 동작을 제어했다. 버나비 잭은 표준적인 디버깅(debugging)*** 기술을 이용하여 시작프로그램의 작동을 중단했다. 트라낵스의 ATM은 원격 입출금 기능에 결함이 있어 비밀번호 없이도 ATM에 침입할 수 있었다.

트라이톤의 ATM은 원격 입출금 기능에는 결함이 없었지만 현금을 인출하는 호스트 컴퓨터의 칩 비밀번호가 상당히 표준적이었다. 이 칩은 인터넷에서 10달러에 거래되었으며 비밀번호 보호 칩을 복제하기만 하면 원격으로 ATM에 프로그램을 강제 설치할 수 있었다. 시스템 메인보드에 합법적인 프로그램으로 등록할 수 있었던 것이다. 프로그램을 설치한 다음에는 언제든 비밀번호를 이용해 ATM이 현금을 인출하도록 명령할 수 있었다.

---

* 마이크로소프트가 PDA, 스마트폰, PMP 등 소형장치에 적용하기 위해 개발한 운영체계

** Advanced RISC Machines. 1980년대 중반 영국의 에이컨 컴퓨터 그룹(Acorn Computer Group)이 설립한 마이크로프로세서 제조업체

*** 오류 수정. 컴퓨터 프로그램의 잘못을 찾아내고 고치는 작업

밀고자는 퇴출

버나비 잭은 세계 최대의 해킹 보안 컨퍼런스인 데프콘(DEFCON Hacking Conference)에서도 비슷한 내용의 시연을 할 계획이었다. 하지만 블랙햇 컨퍼런스의 시연을 본 은행들은 공개된 장소에서 이와 같은 시연을 하는 것에 반대했다. 은행 측은 해킹 시연은 범죄를 교사하는 것으로, 실제 범행으로 연결되어 더 큰 혼란을 야기할 뿐이라고 주장했다. 결국 IO액티브 사는 버나비 잭의 시연을 금지했다.

버나비 잭은 처음 ATM 해킹 시연을 할 때부터 ATM을 크래킹하는 데 사용한 프로그램과 구체적인 크래킹 방법을 대중에 알리지 않겠다고 밝혔다. 하지만 이 일로 인해 해커들이 ATM도 해킹할 수 있다고 인식하게 된 것은 사실이다. 은행 업계 공공의 적이 되어버린 버나비 잭은 블랙햇 컨퍼런스가 끝나기도 전에 짐을 챙겨 사무실로 돌아올 수밖에 없었다. 이후 버나비 잭의 현금카드는 특별 관리 대상이 되어 입출금 때마다 수차례 인증을 받아야 했다.

"은행이 저를 두려워한다는 것 자체가 은행의 신용을 떨어뜨리는 것입니다. 제가 사회를 어지럽힌다고 생각하나 본데, 착각입니다. 저는 경종을 울렸을 뿐입니다. 어느 날 누가 버려진 신용카드로 ATM에서 돈을 훔친다면 체면을 구기는 쪽은 제가 아닙니다. 이번 일로 저는 정말 은행을 못 믿게 되었습니다. 20달러짜리 지폐 한 장 찾는데 도장을 열다섯 번은 받아야 한다니, 돈을 벽장에 보관하는 편이 더 안전하고 편리할 것 같군요."

최초로 은행을 해킹한 레닌

1990년대 러시아 경제는 누구라도 내일 당장 실업자가 될 수 있을 만큼 불안정했다. 실업률은 해마다 40%를 넘어섰다. 안정적인 생활을 누리던 사람이 하루아침에 빵 한 조각도 살 수 없는 처지가 되곤 했다. 사람들은 모두 불안에 떨었다.

비공식 통계에 따르면 러시아의 경제침체가 10년이나 지속되면서, 컴퓨터 업계 종사자의 30%가 상업으로 업종을 전환하거나 군사 방면의 해커가 되었다고 한다. 뛰어난 컴퓨터 기술을 바탕으로 상업 이중간첩이 되는 사람도 있었다. A 회사의 자료를 B 회사에 팔고, B 회사의 자료를 다시 A 회사에 되팔면 손쉽게 벼락부자가 될 수 있었다.

러시아인은 천성적으로 깊이 탐구하고 새로운 것을 추구하는 기질이 강해서, 컴퓨터를 비롯한 고도 신기술 분야에 인재가 많다. 컴퓨터가 상용화되기 시작할 무렵부터 러시아인들은 경쟁적으로 컴퓨터 분야에 뛰어들었다. 몇십 년이 지난 후에는 러시아의 소프트웨어와 하드웨어가 세계 일류 수준이 되었다. 우주 항공과 전자, 중공업, 군사 영역에서 활약하는 인재가 모두 컴퓨터 업계를 바탕으로 양성되었다. 하지만 이런 분야는 임금이 적고 노후와 의료 등의 복지혜택이 그리 좋지 않았다.

미국 군대가 코소보(Kosovo)에 주둔하자 러시아는 급진파를 중심으로 미국의 패권 행위를 규탄하는 사회 분위기가 형성되었고, 적지 않은 열혈 해커들이 대열의 선두에 섰다. 불경기로 실업자가 된 레빈은 미국 은행을 공격하기로 결심했다. 해커 게시판에서 얻은 컴퓨터와 네트워크 지식이 든든한 버팀목이 되어 주었다.

아무도 몰랐던 씨티은행 강도

1994년 상트페테르부르크 국립대학교(Saint Petersburg State University)를 졸업하고 취직한 지 세 달 만에 실업자가 된 레빈은 하루 종일 해커 게시판을 돌아다녔다. 미국 씨티은행(City Bank)의 인터넷 지급 시스템에서 종종 시스템 붕괴현상이 나타난다는 글을 본 레빈은 은행의 인터넷 시스템에 결함이 있다는 것을 직감적으로 알아챘다. 시스템 결함이 있다는 것은 해커에게 침투할 기회가 있다는 이야기였다. 레빈은 해커 게시판에서 실력을 갈고닦은 친구들과 함께 구체적인 계획을 세우기 시작했다. 우선 시스템이 구체적으로 어떤 패턴으로 붕괴하는지 알아보기 시작했다. 일단 인터넷 지급 시스템의 백그라운드 관리 페이지로 침투하기만 하면 예금자의 개인 정보와 비밀번호를 얻는 것은 시간 문제였다.

그들이 찾아낸 오류의 패턴은 이러했다. 결제를 하려 확인 버튼을 누르면 시스템 반응이 느려지고 페이지 새로고침이 안 되었다. 오류가 발생한 페이지가 강제 종료된 후에는 카드 결제를 완료하지 않았는데도 거래가 완료된 것으로 인식되는 경우가 생겨났다. 이것은 거래 내역이 시스템의 데이터베이스에 즉시 반영되지 못했을 때 나타나는 현상으로, 사용자가 확인 버튼을 눌렀을 때 시스템이 정상적으로 반응하지 못 했거나 데이터베이스가 열린 후 바로 닫히지 않았다는 의미였다. 데이터베이스가 열려 있는 찰나에 침투할 수 있다면 데이터베이스의 위치와 비밀번호가 없어도 사용자 정보를 얻을 수 있었다.

이 빈틈을 파고들기 위해 레빈과 친구들은 밤낮없이 연구했다. 프로그램을 만들었고, 프로그램과 시스템을 연결해 데이터베이스가 열리는 그 순간을 노려 시스템에 침투하려 시도했다. 일주일 후 레빈과 친구들은 마침내 씨티은행 시스템의 데이터베이스에 침입에 성공했다. 그 후의 작업은 간단했다. 은행 사용자의 개인 정보만 복사하면 되는 것이었다. 레빈은 거액의 예금이 있는 계좌 중 석 달 동안 거래내역이 없는 계좌를 열 개 정도 골라냈다. 선별 기준은 간단했다. 레빈과 친구들이 마음껏 쓸 수 있을 만큼 큰돈이 있고, 빠른 시일 내에 범죄 행각이 발각되지 않을 계좌였다. 오랫동안 은행 거래가 없다는 것은 예금주가 급하게 돈 쓸 일이 없다는 의미였다. 계좌의 돈을 옮긴 후 도망칠 시간을 확보하려면 이는 매우 중요한 사안이었다.

레빈과 친구들은 기쁨을 감추지 못했다. 머지않은 미래에 억만장자가 되어 센 강 해변의 풍광을 즐기는 자신의 모습이 눈앞에 보이는 듯했다. "골라낸 계좌에서 예금을 모두 빼낸다면 어림잡아도 수억 달러는 될 거예요. 상상만으로 심장이 벌렁거렸죠. 러시아는 대학교수 월급도 150달러가 안 되거든요."

하지만 레빈은 열 개 계좌의 예금을 전부 인출하겠다는 생각은 버렸다. 아무리 헤프게 써도 이생에서 다 쓰지 못할 만큼 큰돈이었다. 쓰지도 못 할 돈은 가치가 없다. 그리고 만약 붙잡히면 목숨을 내놓아야 할지도 몰랐다. 십여 개의 계좌 중 예금액이 1천3백만 달러인 계좌의 예금을 인출하기로 최종 결정했다. 거래내역으로 보아 예금주는 지난 일 년 동안 씨티은행에 넣어둔 이 돈에 전혀 관심이 없었다.

친구들은 핀란드와 네덜란드, 독일, 미국, 이스라엘에 은행계좌를 개설한 뒤 각자 담당 국가로 이동했다. 본거지에 남은 레빈은 친구들이 각자 위치에 도착하기를 기다렸다. 약속한 시각이 되자 레빈은 미리 개설해 둔 각국의 계좌로 씨티은행 계좌의 돈을 송금했다. 친구들은 이 돈을 바로 인출했다. 그런데 이게 무슨 운명의 장난인지. 출금을 하려던 이스라엘의 은행에서 시스템 오류로 입출금 업무가 중단되는 일이 벌어진 것이다. 이 사건만 아니었다면 레빈은 돈과 함께 흔적도 없이 사라졌을 것이다.

레빈은 친구에게 즉시 그 돈을 포기하고 중립국인 스위스로 떠나라고 했다. 하지만 미련이 남은 친구는 이스라엘에 남아 다음날 다시 돈을 인출하려 했다. 공교롭게도 그날 저녁 거액의 예금이 분할 인출된 것을 발견한 씨티은행이 관례에 따라 예금주에게 이 사실을 알렸다. 예금주는 경찰에 신고했고 해당 은행에 인출된 돈의 행방을 추적하고 계좌를 동결하라 요구했다. 아직 돈이 인출되지 않은 것을 발견한 이스라엘의 은행은 새로 개설된 은행계좌를 중심으로 감시의 강도를 높였다. 다음날, 레빈의 친구는 다시 은행을 찾았고 잠복해 있던 경찰에게 현장에서 체포되었다. 이스라엘에 있는 친구가 제때에 스위스에 도착하지 않자 레빈은 즉시 비행기를 바꿔 타고 로마로 도주했다.

평범한 프로그래머였던 레빈은 최초로 인터넷을 이용해 은행의 돈을 훔친 사람으로 역사에 남았다. 그러나 이 역사적인 도둑의 도망자 생활은 허무하게 막을 내렸다. 레빈은 런던 공항 환승 대기실의 엘리베이터를 타던 도중 넘어지는 바람에 복사뼈가 부러졌고 병원으로 옮겨지며 법의 심판을 받아야 했다.

레빈의 범죄를 모방한 마피아

이탈리아는 축구만큼이나 마피아가 유명하다. 마피아가 사람을 때리고 죽이는 거칠기만 한 집단이라고 생각한다면 큰 오산이다. 2000년 가을, 이탈리아의 마피아는 인터넷을 이용해 은행의 돈을 훔친 레빈의 방식을 모방한 범죄를 계획했다. 그들의 목표는 시칠리아 주 정부가 시칠리아 은행에 예치한 1만 억 리라(Lira)였다. 마피아는 선글라스와 흉기가 아닌 배짱을 가진 해커를 몇 명 고용하고 컴퓨터 한 대를 준비했다.

마피아의 두목 안토니오는 은퇴 전에 '역사에 남을만한 위대한 일'을 하고 싶었다. 그는 거금을 들여 시칠리아 은행의 고위급 간부 두 명을 매수했다. 100만 리라라는 수고비는 해커들이 침을 흘리기에 충분했다. 두 간부는 은행의 암호 소프트웨어의 일부를 담당하고 있었다. 두 사람의 소프트웨어를 합치면 이중으로 보안한 입출금 암호를 풀 수 있었다. 은행의 시스템은 정해진 시간이 되기 전에는 어떤 개인이나 단체도 이 돈을 인출할 수가 없도록 설정되어 있었다. 그러나 미리 복사해둔 가짜 시스템을 은행의 시스템이 닫힐 때 진짜와 바꾸면 시간 제약 없이 시스템을 이용할 수 있었다. 힘들게 모셔온 두 간부를 입출금 암호를 알아내는 데만 쓰기엔 아까웠던 안토니오는 은행 네트워크를 닫을 수 있는 두 간부를 십분 활용할 계획이었다. 하지만 안토니오의 꿈은 실현되지 않았다. 두 간부 중 한 명이 경찰의 스파이였던 것이다. 1만 억 리라의 아름다운 꿈을 꾸던 그때, 법망이 그들의 목을 조여오고 있었다.

공과금 0원의 진실

유명한 해커 조직 '속임수의 달인'의 창립자 중 한 명인 중국계 미국인 존 리는 열두 살 때부터 해커 활동을 시작했다. 열여섯 살 때 '비행기를 공짜로 탔고 집 임대료와 공과금을 0'으로 만들었다. 존 리는 타인의 계좌 잔액을 마음대로 바꾸었다. 키보드만 잠깐 두드리면 쉽게 돈을 훔칠 수 있었다. 미국 국립은행에서 훔친 360만 달러를 2년 동안 흥청망청 쓰고 체포된 그는 법정에서 이렇게 진술했다.

"감옥에 갇히는 건 정말 짜증나지만, 다시 돈을 훔칠 기회가 온다면 그 흥분과 유혹을 뿌리칠 수는 없을 겁니다."

이것은 네트워크 범죄자의 보편적인 심리다. 컴퓨터 기술을 이용하여 일하지 않고 얻은 '성공'에 누군가는 광적으로 빠져든다. 컴퓨터 네트워크를 효과적으로 응용하기 시작하면서 컴퓨터는 경제 분야 깊숙이 파고들었고, 이를 둘러싼 경제 범죄 역시 시대와 함께 날로 새로워졌다. 첨단 기술을 보유한 컴퓨터 인재는 매혹적인 유혹 앞에서 쉽게 양심을 저버리곤 했다. 우리는 신속하고 편리한 첨단과학기술을 누리는 동시에 자금의 안전을 위협받는다. 첨단과학기술 시대가 피할 수 없는 모순이다.

신용카드사를 협박한 십대 소년들

금융계는 해커들이 늘 호시탐탐 노리는 곳이자 각종 네트워크 범죄의 집중 피해 지역이다. 1998년 10월, 십 대 소년 세 명이 미국의 전자제품 판매점의 메인 서버에 침입해 8천여 건의 신용카드 주문서를 훔쳤다. 2000년 미국의 한 신용카드 회사는 수만 명의 신용카드 사용자 정보가 담긴 데이터베이스를 통째로 해킹당했다. 그 신용카드 회사는 모든 고객에게 새로 암호화된 신용카드를 다시 발급해야만 했다.

2000년 2월, 영국의 더 타임즈(The Times)지는 지난 일 년간 최소 열두 곳의 다국적 기업이 컴퓨터 시스템 공격으로 정보를 도둑맞았고, 그중 한 곳인 VISA카드는 1천만 파운드를 강탈당했다고 보도했다. 해커는 VISA 카드의 시스템에서 신용카드 칩 데이터를 만드는 소프트웨어를 훔쳤고, 협조하지 않으면 모든 시스템을 마비시키겠다고 협박했다. 10억 명이 넘는 카드 사용자를 보유한 이 회사의 시스템이 마비되면 그 손실은 하루에 수천만 파운드에 달할 것이었다.

은행 카드를 겨냥한 범죄가 나날이 발전하면서 신용카드와 은행 시스템의 핵심 코드 및 보안 장치도 하루가 다르게 진화했다. 하지만 아무리 뛰어난 기술력을 갖춘다 해도 신용카드가 컴퓨터 프로그램으로 제작되는 이상, 복제는 피할 수 없다. 절대 파괴되지 않는 안전한 시스템, 결함 없는 완벽한 시스템이란 근본적으로 존재하지 않는다.

중국 최초의 인터넷 절도

서방 국가처럼 빈번히 발생하지는 않지만, 중국에서도 경제 분야에서의 네트워크 범죄 빈도가 갈수록 높아지는 추세다. 1998년 하오징롱(郝景龍), 하오징원(郝景文)형제의 사건은 중국 전역을 떠들썩하게 만들었다. 하오징롱은 중국공상은행(中國工商銀行)의 직원으로, 입출금 시스템이 안정적으로 운용되도록 관리하는 업무를 맡고 있었다.

업무에 정통했던 하오징롱은 은행의 백그라운드 시스템과 연결하는 소프트웨어만 있으면 비밀번호 없이도 입출금 시스템에 접속할 수 있다는 사실을 발견했다. 입출금 시스템 관리자인 그는 은행의 통합 시스템관리자와 친분을 이용해 자유롭게 각종 설비와 관리 프로그램에 접근할 수 있었다. 치밀하게 사전 계획을 세운 하오징롱은 쌍둥이 형제인 하오징원과 함께 공상은행 소속의 예금소에 가명으로 계좌 16개를 만들었다. 하오징원은 컴퓨터를 사고 전화와 모뎀을 설치했다. 이미 테스트까지 마친 프로그램은 은행 시스템에 순조롭게 연결되었다. 하오징원은 집에서 원격으로 소프트웨어를 조작하여 공상은행의 관리시스템에 침투해 준비해둔 16개의 계좌로 72만 위안을 송금했다. 그리고 두 사람은 양저우(揚州)의 공상은행 예금소를 돌며 현금 26만 위안을 인출했다. 그러나 한 예금소 직원이 신분증을 요구하였고 당황한 형제는 곧 체포되었다. 1999년 11월 22일 두 사람에게는 각각 사형과 무기징역이 선고되었다. 이 사건은 중국 역사상 컴퓨터 네트워크 범죄로 극형에 처한 첫 번째 사건이다.

주식에서 돈을 잃은 건 해커 때문?

주식 산업이 평범한 사람들에게까지 퍼질 때쯤, 주식 거래는 이미 전자상거래가 널리 이용되고 있었다. 그와 더불어 중국의 주식시장은 개장된 이래로 해킹 사건이 끊이지 않았다.

2007년의 한 여름날 저장성(浙江省) 진화시(金華市)에 사는 장모 씨는 3천만 위안을 투자해 산 주식이 본인도 모르게 헐값에 팔리고 940위안만 남았다고 공안을 찾아왔다. 장 씨는 주식을 구매하는 데 사용하는 은행 카드를 항상 몸에 지니고 다녔고 다른 누구에게도 비밀번호를 알려준 적이 없었다. 하물며 주식이 팔린 시각에 멀리 출장 중이었던 장 씨는 주식을 거래할 수 있는 상황이 아니었다. 보름 동안 사건을 조사한 결과 누군가 거래카드를 위탁받아 어떤 주식이 가장 비쌀 때 2천만 위안어치를 구매했다가 가격이 하락할 때 팔아서 장 씨의 2천만 위안을 모두 날려버린 것을 밝혀냈다. 주식거래소와 공안은 주식 거래 과정에 위법 행위가 없는 것으로 보아 장 씨의 주식에 대해 잘 아는 사람이 범행을 저지른 것 같다고 전했다. 대규모 사기업의 사장인 장 씨에게 원한을 품을 만한 업계 사람들이나 경쟁사가 용의 선상에 올랐다.

조사 과정에서 유력한 용의자로 주식거래소에서 실습생으로 일하는 대학생 경모 씨가 지목되었다. 이에 조사담당자는 검증을 위해 장 씨에게 투자금을 늘리려보라고 제안했다. 물론 장 씨가 손해를 보지 않도록 장 씨의 자금이 흘러나가는 즉시 계좌를 동결시킬 준비를 해두었다. 장 씨는 7백만 위안을 더 투자했고 또 다시 범행을 저지르려던 경 씨는 덜미가 잡히고 말았다. 체포 당시 경 씨가 사용하던 주식거래소의 컴퓨터에는 피해자 장 씨의 거래 페이지가 열려 있었다.

모범생의 추락

경 씨는 본래 품행이 단정하고 학업 성적이 뛰어난 모범생이었다. 그러나 어려서부터 집이 가난했고 부모님 모두 장애가 있어 어린 시절 생활이 순탄치만은 않았다. 경 씨의 부모님은 작은 가게를 운영하며 새벽부터 밤까지 고생해 번 돈으로 아들을 뒷바라지했다. 아들이 무사히 학업을 마치고 출세하는 것이 부모님의 가장 큰 소망이었다. 심성이 고운 경 씨는 양친의 소망대로 우수한 성적으로 대학을 졸업했고 대학원에 입학할 수 있도록 추천도 받았다. 하지만 빨리 돈을 벌어 부모님께 보답하고 싶었던 경 씨는 대학원을 포기하고 주식거래소에 실습생으로 취직했다.

갓 사회생활을 시작한 가난한 학생에게 주식거래소의 풍경은 큰 충격으로 다가왔다. 손가락보다 굵은 금목걸이를 한 사람들이 저마다 고함을 질러댔고, 매일 엄청난 양의 지폐가 자신의 손을 거쳐 갔다. 실습생으로 일한 지 나흘째 되던 날, 선임자와 함께 VIP 보안 시스템에 접속한 경 씨는 부잣집 투자자 대부분이 컴퓨터를 사용하지 못한다는 사실을 알았다. 일억 위안이 넘는 돈을 움직이는 부호가 엔터키가 어디에 있는지조차 몰랐다. 순간, 어떤 생각이 경 씨의 머리에 스쳤다. 프로그래밍에 뛰어난 경 씨는 비밀번호 탐지 프로그램을 만들어 설치했다. 엔터키의 위치도 모르는 투자자들이 이 프로그램의 존재를 알 방법은 없었다. 경 씨는 그렇게 검은돈에 빠져들었다. 경 씨는 이틀 만에 용량이 아주 작은 비밀번호 탐지 프로그램을 만들었다. 투자자가 사용자 이름과 비밀번호를 입력하면 내용이 텍스트 파일에 기록되어 웹 페이지로 실시간 전송되었다.

경 씨는 처음에는 직접 투자자의 현금을 빼낼 생각이었다. 하지만 너무 위험한 방법이라는 생각에 투자자의 자금을 이용하는 쪽으로 방향을 바꾸었다. 비쌀 때 사고 쌀 때 파는 방법으로 특정 주식의 가격을 조작해 이익을 취했다. 경 씨는 6만 위안을 어렵사리

모아 자신의 주식계정을 만들고 저렴한 비인기 종목 주식을 산 후, 투자자의 비밀번호를 이용해 위탁받은 거래카드를 이용해 자신이 산 주식을 대량으로 사들였다. 곧 해당 주식의 가격이 오르면 본인이 산 주식을 비싼 값에 되팔았다. 이 같은 방법으로 여러 주식의 가격을 조작했고, 경 씨의 투자금 6만 위안은 몇 달 만에 24만 위안으로 불어났다.

경 씨는 범행의 대가로 징역 7년을 선고받았다. 전도유망하던 대학생이 뜬구름을 좇은 대가를 치른 셈이다.

호크의 사사오입 사건

해커는 아니지만 명석하고 손재주가 남달랐던 호크의 이야기를 소개하고자 한다. 호크의 '사사오입' 사건은 해커 세계에서 시간이 지날수록 명성이 더해져 이제는 하나의 전설이 되었다. 1987년 대학을 졸업한 호크는 캐나다의 한 은행에 소프트웨어 엔지니어로 취직했다. 은행 시스템의 소프트웨어 개발 및 유지보안이 그의 주 업무였다.

어느 날 호크는 은행의 재무 시스템에서 흥미로운 현상을 발견했다. 은행이 채무자가 될 때는 끝자리 숫자를 무조건 버리다가 은행이 채권자가 될 때는 끝자리를 반올림했다. 빚을 지는 주체가 누구인지에 따라 동일한 항목을 달리 계산하니 자연히 차액이 생겼다. 아주 적은 금액이었지만 매일 많은 양의 거래를 하다 보니 푼돈은 제법 큰 돈이 되었다. 호크는 궁리 끝에 이 계산 공식을 은행의 이자 계산 프로그램에 반영했다. 그리고 프로그램의 코드 끝에 은행이 얻는 차액을 모두 자신의 계좌로 보내라는 명령을 넣었다. 매월 입금되는 몇천 달러는 담이 작은 호크에게는 만족스러운 정도가 되었다.

그러나 은행의 업무가 늘어나면서 호크와 함께 소프트웨어의 유지보안을 관리할 신입사원이 입사했고, 호크의 소소한 수입은 이 신입사원에게 발각되었다.

시간차를 이용한 코니

사람들은 무의식적으로 "컴퓨터는 절대 틀리지 않는다"는 생각한다. 이런 안일한 인식을 이용하여 해커는 부당한 이득을 취한다. 각양각색의 네트워크 금융범죄 중 코니의 범행 방식은 단연 독보적이다.

코니는 대학을 졸업하고 한 작은 자기 띠* 생산 공장에서 일했다. 컴퓨터를 전공하지는 않았지만 일을 하면서 자기 띠 암호화 공정을 늘 접하다 보니 그 원리를 누구보다 잘 이해하게 되었다. 자기 띠는 은행카드나 근무기록카드, 식당의 식권 카드 등에 광범위하게 활용된다. 일한 지 일 년이 지나자 하루하루가 따분해진 코니는 한참을 궁리한 끝에 기가 막힌 아이디어를 생각해냈다.

코니는 뉴욕의 한 은행에 계좌를 만들어 수백 달러를 입금하고 개인 수표를 발행한 뒤, 수표의 자기 띠를 자신이 직접 만든 것으로 바꾸었다. 새로 부착된 자기 띠에는 샌프란시스코의 은행 코드가 인쇄되어 있었다. 코니는 위조한 백 달러 수표를 코네티컷의 은행에서 현금으로 바꿨다. 수표가 뉴욕에서 발행된 것으로 인식한

* 종이나 플라스틱 카드 위에 테이프 모양으로 자성체를 입혀 정보를 기록하는 데 이용할 수 있도록 한 것

은행의 시스템은 이를 처리할 수 있는 다른 은행으로 수표를 보냈다. 다른 은행의 시스템은 수표 발행지를 샌프란시스코로 인식하고 수표를 샌프란시스코로 보냈다. 자기 띠의 정보에 따르면 발행지가 샌프란시스코가 맞지만 연결된 계좌 정보를 찾지 못한 샌프란시스코의 은행은 수표 기록을 삭제해 버렸다.

미국의 은행은 시스템이 수표를 잘못 삭제할 경우를 대비해 사람이 삭제된 수표를 한 번 더 확인하는 관례가 있다. 담당 직원은 수표에 적힌 은행 주소를 보고 수표를 발행지인 뉴욕으로 보냈고, 뉴욕의 은행은 지금까지의 과정을 처음부터 다시 반복했다. 코네티컷의 은행은 코니가 체포될 때까지 계속 코니의 수표를 현금으로 바꿔주었다. 은행의 시스템은 아직 수표 발행처를 확인하고 있어서 수표가 위조된 것을 인식하지 못했다. 코니의 수표가 발행처를 확인하느라 유랑하는 동안, 코니는 여분의 수표로 20만 달러를 인출했다.

해커가 있기에
세상이 발전한다

아무리 뛰어난 프로그래머라도 자기가 만든 프로그램이
해커들의 공격을 받지 않을 것이라고 장담할 수 없다.
우리는 끊임없이 문제점을 개선하고 있지만, 그들은
언제나 우리보다 먼저 문제점을 찾아내고 있다.

포르쉐를 받은 행운의 청취자

1990년의 여름은 유난히 더웠다. 숨쉬기도 버거운 정도의 날씨에 조금이나마 숨통이 트이는 다이내믹한 사건이 일어났다. LA 라디오방송국 KIIS FM에서 마련한 이벤트 방송이 폭발적인 청취율을 기록했다. 방송 진행자는 쉴 새 없이 고함을 지르고 이내 목이 쉬어버리기까지 했다. 하지만 청취자에게 진행자의 목소리 따위는 전혀 중요하지 않았다. 이들의 관심사는 오로지 하나, 누가 102번째 전화 연결 주인공이 될 것인가였다.

"들리십니까? 지금 방송국 전화기가 난리 났습니다. 청취자 여러분의 열정이 마치 한여름 밤 축제를 밝히는 화려한 불빛 같습니다. 끊임없이 반짝이며 이 도시를 화려하게 장식하는 불빛 말입니다. 지금 여러분의 전화는 우리 모두의 멋진 꿈을 더욱 멋지게 장식하고 있습니다. 지금, 아! 잠깐만요. 숫자를 확인해보죠. 89네요. 89번째 전화 연결된 분과 얘기해보지요. 안녕하세요, 오늘 밤 기분을 말씀해주세요."

물론 89번째 주인공이 누구인지는 전혀 중요하지 않았다. 다들 수화기를 꼭 쥐고 쉴 새 없이 방송국 이벤트 직통 전화번호를 누르느라 정신이 없었다. 하지만 이 번호는 계속 통화중이었다.

한편 방송국 부근 길가에는 픽업트럭 한 대가 서 있었다. 차 안에는 한 젊은이가 이어폰을 꽂고 라디오 소리에 귀를 기울이고 있었다. 진행자는 청취자 연결 전화 통화 숫자를 세면서 간간이 그들의 기분을 묻고 있었다. 방송국 스튜디오는 요란한 전화벨 소리와 정신없는 진행자 목소리와 흥분한 청취자 목소리가 뒤섞여 마치 전쟁터를 방불케 했다. 젊은이는 쉴 새 없이 손가락을 움직이며 뭐라고 중얼거렸다. 조수석에는 수많은 전선이 연결되어 있고 나이프스위치가 달린 철통상자가 놓여 있었다. 젊은이는 이 이상한 상자에 연결된 전화기를 이용해 이벤트 직통 전화번호로 전화를 걸었다. 더위와 긴장 탓에 땀이 비 오듯 흘렀다.

"99, 100번째, 전화 연결해보죠. ……"

젊은이는 깊이 심호흡을 한 후 서둘러 철통상자 나이프스위치를 내렸다. 그리고 자리에 앉아 조용히 이어폰에 귀를 기울였다. 너무 긴장한 나머지 숨까지 멎었다. 곧이어 진행자의 극도로 흥분한 목소리가 들려왔다.

"자, 이제 곧, 아! 잠깐만요. 틀림없네요. 드디어 102번째 연결 전화입니다. 우리가 그토록 기다렸던 행운의 중인공은 과연 누구일까요? 주인공의 전화번호 끝 4자리를 확인해보겠습니다. ……"

진행자는 일부러 시간을 끌며 청취자의 마음을 졸였다

"전화번호 끝 4자리는 바로 4439입니다. 자, 모두들 어떤 경품이 걸렸는지 기억하시죠? 빨간 색 포르쉐가 지금 방송국 주차장에서 당신을 기다리고 있습니다. 아, 방금 PD님께서 말씀하시길, 이 행운의 주인공이 10분 안에 방송국에 도착한다고 합니다. 자, 우리 모두 행운의 주인공을 기다려 봅시다."

픽업트럭의 젊은이는 두 손을 번쩍 들며 만세를 불렀다. 그는 이어폰을 빼 던지고 전화수화기를 귀에 갖다 댔다. 흥분한 젊은이는 목소리가 덜덜 떨렸다.

"나예요? 정말 나인 거죠? 포르쉐! 꿈에 그리던 마이카예요! 하! 미치겠네, 죽을 거 같아! 잠깐만요, 혹시 산소호흡기 없어요?"

젊은이는 철통상자를 열고 그 안에서 전자부품을 용접해 만든 회로기판을 꺼내 입술을 맞췄다.

"오, 내 보물, 그거 아니? 넌 포르쉐 그 이상이야. 오늘 정말 멋졌어! 최고였어!"

이 행운의 청취자 케빈 폴슨(Kevin Paulsen)에게 감청이나 전화선 조작은 누워서 떡먹기나 다름없었다. 네트워크에 침투해 감청과 동시에 다른 전화선을 차단하고 필요한 선을 연결시켜 포르쉐를 손에 넣었다. 이 천재 해커는 그날 밤 오랫동안 흥분을 가라앉힐 수 없었다.

도청 천재의 등장

1982년, 고교생 폴슨은 방과 후에 작은 컴퓨터회사에서 아르바이트를 했다. 뛰어난 컴퓨터 실력 덕분에 3개월 만에 직급이 오르기도 했다. 어느 날 사장과 폴슨은 전화 네트워크에 대해 이야기를 나누다가 서로 잘 맞는다는 것을 발견했다. 이들은 의기투합하여 전쟁영화 주인공처럼 화려한 해킹 기술을 뽐냈다. 처음에는 걸음마 하듯 책을 보고 기술을 익혔지만, 하루가 다르게 실력이 발전했다.

1983년, 폴슨은 처음으로 해킹에 대한 대가를 치렀다. 그는 반년에 걸쳐 미국 국방부 네트워크에 불법 침입해 최소 16개 이상의 방위사업 및 관련 군사기밀을 탈취한 혐의로 기소됐다. 다행히 형사 처분을 받을 나이가 되지 않아 컴퓨터를 몰수당하고 그의 부모가 대신 각서를 쓰는 것으로 마무리됐다. 폴슨의 부모는 컴퓨터 앞에만 앉으면 문제를 일으키는 아들이 또 다른 문제를 일으키지 않도록 보호하고 감시해야 했다. 그러나 해커가 될 수밖에 없는 운명을 타고난 이 컴퓨터 천재에게 컴퓨터 없는 삶이란 상상도 할 수 없었다.

당시만 해도 해커에 대한 일반적인 인식은 크게 부족했다. 무지는 해커에 대한 막연한 두려움을 양산했다. 한 번은 폴슨이 슈퍼마켓에 갔는데, 그를 알아본 계산직원이 계산대로부터 1m 이상 떨어지라며 소리를 지르는 일이 벌어지기도 했다. 또한 그는 기소 사건 이후 학교에서도 쫓겨났다. 하지만 폴슨은 한 순간도 최고의 해커가 되겠다는 꿈을 버리지 않았다.

"모두들 나를 울타리 밖으로 내쫓으려 하지만 아무도, 아무것도 나를 막을 수 없다. 나는 나만의 방식으로 세상 꼭대기에 올라설 것이다."

1985년 폴슨은 친구와 함께 뉴저지주에 위치한 어느 국제비즈니스연맹의 전화시스템에 접속했다. 그리고 중요한 비즈니스기밀이 담긴 통화녹음파일을 빼내 한 브라질회사에 43만 달러를 받고 팔아넘겼다. 그 이후로도 계속해서 폴슨은 도청 및 전화선 연결과 관련된 프로그램을 만들어 온라인을 통해 판매했다. 당시 폴슨이 만든 프로그램은 간단하고 치밀하면서도 안정적인 작동으로 10년 이상 전화 해킹계의 영웅으로 군림했다. 그는 이 프로그램 안에 당당히 자기 이름을 남기며 전 세계 전화 해커의 우상으로 떠올랐다.

도청을 막는 방법을 도청하다

1987년 9월, 폴슨과 친구와 같이 술을 마시던 중 '한 달 안에 퍼시픽벨의 언어암호화 시스템 핵심기술'을 해킹하는 대결을 벌이기도 했다. 두 사람은 공정한 판결을 위해 해커계의 유명 인사를 심사위원으로 초대했다. 보름이 지났을 즈음 두 사람은 컴퓨터 언어암호를 해독할 프로그램을 완성했고, 각각 퍼시픽벨 중앙컴퓨터시스템에 침투해 성공적으로 프로그램을 심었다.

당시 퍼시픽벨은 획기적인 언어 암호화시스템을 개발해 승승장구하고 있었다. 이 시스템은 특정 대상번호의 전화 통화 내용을 실시간으로 암호화했기 때문에 누군가 도청에 성공하더라도 의미 없는 이상한 음절만 들을 수 있을 뿐이었다. 그러나 폴슨의 프로그램은 암호화시스템을 교묘히 피해 운영 권한이 더 높은 시스템을 노렸다. 통화 내용이 암호화시스템으로 들어가기 전에 음성신호를 잡아 도청한 것이다. 이 프로그램에는 본격적인 작업을 시작하기에 앞서 폴슨이 수신 설비를 연결했는지 확인하는 똑똑한 기능이 숨어 있었다. 폴슨의 도청수신녹음설비가 꺼져 있으면 해당 통화의 신호를 그냥 흘려보내고, 녹음설비가 켜져 있으면 신호를 잡았다.

약속한 한 달이 지나기 전 어느 날, 폴슨은 그림과 빌이 장장 400분 동안 통화한 내용을 도청했다. 그림과 빌은 퍼시픽벨 언어 암호화시스템을 총괄하고 있었다. 이 통화 내용에는 퍼시픽벨 언어 암호화시스템의 핵심기술과 취약부분이 고스란히 드러났다. 두 사람은 퇴근한 후에도 '세상에서 가장 안전한 언어 암호화시스템'을 만들기 위해 시스템 개선 방법을 고민하는, 직업정신이 투철한 훌륭한 직원이었다. 그러나 폴슨은 그들이 '세상에서 가장 안전한 언어 암호화시스템'이라고 말했을 때 웃음을 참을 수 없었다.

"암호화시스템을 만드느라 고생이 많다만, 다 소용 없는 짓이야. 암호화되기 전의 소스를 가로챌 수 있다는 건 전혀 모르는군."

이번 해킹은 대결을 위한 것인 만큼 녹음 내용을 외부에 공개하지는 않았다. 대신 심판을 맡아준 해커 선배들에게 녹음 내용과 전반적인 해킹 과정을 공유했다. 해커 선배들은 이들의 대결을 지켜보며 "두 사람의 기술은 더할 나위 없이 완벽했다. 침입 기술에 관한 한 이 두 사람을 따를 자가 없다"며 감탄했다.

도청, 또 도청

이후 몇 년 동안 폴슨은 끊임없이 새로운 전화 도청 기술을 개발하는 한편 짓궂은 장난을 이어갔다. 그는 자기 집 전화선을 전혀 다른 곳으로 돌려놓고 아무 데나 전화를 해서 "사모님, 주문하신 케이크가 완성됐습니다. 10분 후에 배달원이 벨을 누를 겁니다"라고 말하거나, 한창 다정하게 사랑을 속삭이는 연인들의 통화에 불쑥 끼어들어 할아버지 목소리로 호통을 치며 산통을 깨기도 했다.

폴슨의 장난은 일반인에게 국한되지 않았다. 이른 아침에 국방부 핫라인을 통해 대통령집무실로 전화를 걸어 '대통령님, 굿모닝' 하고 장난을 쳤다. 이 일로 FBI가 발칵 뒤집히고 전화도청 전문 해커들에 대한 대대적인 조사가 진행됐었다. 그러나 이 모든 상황은 그의 도청 장치를 통해 고스란히 폴슨에게 전달됐다.

폴슨은 이런 장난에 빠져 있다가도 도청 이어폰을 끼는 순간 프로 해커로 돌변했다. 비즈니스 혹은 군사기밀과 관련된 통화를 추적해 '제3자가 관심을 가질 만한 정보'를 빼내 적당히 이익을 챙겼다. 그러던 폴슨이 10년 넘게 가지고 놀던 전화기를 집어던지고 인터넷 세상에 입문했다.

폴슨에게 도청, 암호해독, 패스워드 분할 따위는 일도 아니었다.

누구든 어디든 그의 목표가 되는 순간 일련의 충격을 피할 수 없었다. FBI가 눈엣가시 같았던 폴슨은 FBI 이메일을 해킹해 인터넷상에 공개했다. 이 사건으로 전 세계 네티즌은 당시 FBI가 사력을 다해 '키 6피트 3인치의 미국인'을 쫓고 있음을 알게 됐다. 이 일로 폴슨은 세계적인 유명인사가 됐다. 그가 유명해질수록 FBI는 체면을 구겼다.

FBI 이메일 해킹 후, 국방부가 관리하는 Masn NET 컴퓨터네트워크시스템에 침투해 중요문서를 탈취하기도 했다. 이후에도 FBI를 자극하기 위한 폴슨의 도박적인 해킹은 계속됐다. 전화국에서 FBI에 할당한 전화번호 전체와 NSA비밀전화를 감청해 자신을 추적하는 기관의 움직임을 감시했다.

이외에 미국 공군사령부가 FBI와 다른 기관으로 보내는 극비문건을 담은 이메일을 차단시키기도 했다. 이에 당국은 폴슨에게 '국가 안전을 위협하고, 국가 법률의 존엄성을 짓밟는 동시에 비즈니스, 군사, 보안과 관련된 기밀을 탈취해 불법 판매해 부당 이득을 취한 혐의' 등을 적용해 긴급 수배령을 내렸다. 얼마 뒤 폴슨은 한 통신사 영업점의 무선전파방해기를 사용하던 중 꼬리를 밟혀 체포됐다. 미국 법원은 그에게 실형 5년을 선고하고 8년 간 컴퓨터, 전화기, 기타 유무선 통신설비 접근 금지령을 내렸다. 폴슨은 감옥에서 나온 후 부모와 함께 살았지만, 전화기와 컴퓨터 등은 모두 몰수당했다. 디지털 온도조절 기능이 있다는 이유로 온수기마저 강제로 철거당했다. 어쩔 수 없이 전열식 온수기를 사용하다보니 걸핏하면 집 전체 전원이 다운되곤 했다.

전화기와 컴퓨터가 없는 해커

전과가 있는 폴슨을 고용해주는 회사는 어디에도 없었다. 컴퓨터와 인터넷이 빠르게 발전하면서 세상의 모든 일이 컴퓨터로 처리되고 있다. 그러나 해킹 천재 폴슨이 컴퓨터를 만지는 순간 얼마나 큰 사고가 일어날지 아무도 예측할 수 없기에, 그가 할 수 있는 일은 아무것도 없었다. 무료한 폴슨은 종일 집안에 틀어박혀 있다가 가끔 책을 빌리러 도서관에 갔다. 하지만 도서관에서 책을 검색하는 것조차 허용되지 않아 사서에게 책이름을 적어주고 검색을 부탁해야 했다. 폴슨의 컴퓨터 기술은 도서관 사서보다 적어도 만 배 이상 뛰어날 테지만, 그는 아무것도 할 수 없었다.

1980~1990년대 해킹 역사를 아는 사람이라면 폴슨의 이름을 보고 숙연해지지 않을 수 없다. 폴슨과 동시대를 살면서 전화와 통신업계에서 일했던 사람이라면 그를 두려워하지 않을 수 없었을 것이다. 특히 전문가일수록 그의 존재가 더 무겁게 느껴졌을 것이다. 혹자는 "폴슨과 같은 전화전문 해커가 계속 존재한다면 유선통신업계는 몇 년 안에 완전히 사라질지도 모른다"라고 말하기도 했다. 일찍이 폴슨은 "내가, 우리가 존재함으로 인해 세상이 발전한다"라고 말했다. 상당히 거만하고 과장된 표현이긴 하지만, 폴슨을 아는 사람이라면 절로 고개가 끄덕여질 것이다.

질투는 해커의 힘

평범한 사람을 무시하면 안 된다. 대인은 도량이 넓지만 평범한 사람은 그렇지 못하다. 그래서 그들은 앙갚음을 크게 한다.

불우한 환경

매일 저녁 7시가 되면 수잔은 LA의 홍등가에 나타났다. 짙은 화장, 야한 차림의 그녀는 언제든 웃을 준비가 되어 있다. 그녀는 거리의 여자로 상당한 미인이다. 금발 머리에 키가 190cm인 그녀는 사람들의 이목을 끌기에 충분했다. 늘 손님이 많았지만 매달 고액의 전화 요금을 내야 하는 그녀는 주머니 사정이 여의치 않았다.

일리노이 주 알토나에 사는 수잔의 어머니는 아침마다 우유를 들고 창가에 앉아 딸의 전화를 기다렸다. 61세인 수잔의 어머니는 시각장애인이다. 수잔이 여덟 살 때 인사불성으로 취한 아버지가 어머니의 따귀를 때린 후 어머니는 한쪽 귀가 들리지 않게 되었다. 수잔은 어머니와 통화할 때마다 싸우듯 목소리를 높여야 했다.

열일곱 살이 되던 해 LA로 온 수잔이 가진 것이라곤 예쁘장한 얼굴뿐이었다. 길거리에 노점을 차릴 돈도 없었다. 작은 식당에서 계산원으로 일하던 그녀는 손님의 부적절한 시선과 이유 없는 욕설, 사장의 호통으로 고통스러웠다. 음탕하게 손길을 뻗는 살찐 대머리에게 스테이크를 뒤엎은 다음에야 길거리에서 남자들에게 손짓할 용기가 생겼다. 연로한 어머니는 그녀가 돈을 보내주길 기다렸다. 수잔에게는 두 가지 바람이 있었다. 하나는 돈을 더 많이 버는 것이고 다른 하나는 전화를 무료로 사용하는 것이었다.

해커와의 운명적 만남

1980년대 미국에서는 전자게시판(BBS)*이 큰 인기를 끌었다. 사람들은 게시판에서 각종 모임을 만들어 친구를 사귀고 관심사를 공

* 단체 대화형 교류 방식

유했다. 거리에 상관없이 소통할 수 있는 게시판으로 이용자들이 모이기 시작했다. 자발적으로 안정적인 모임을 만든 해커들은 게시판에서 해킹 기술을 교류했다. 당시에는 전화 해킹이 한창 유행이었다. 해커들은 무료 통화라는 현실적인 목표를 위해 해킹 기술을 연구하느라 여념이 없었다. 이들처럼 무료 통화가 절실했던 수잔은 친구의 컴퓨터를 빌려 더듬더듬 친구를 찾는 글을 올렸다.

'신규 회원입니다. 컴퓨터나 해킹에 대해 전혀 모르지만 배우고 싶어서 가입했습니다. 지루한 주말을 함께 보낼 수 있고 서로 도움이 될 친구를 찾아요. 컴퓨터에 대해 많이 아는 친구라면 더 좋습니다. 참, 저는 키 190cm에 몸무게 63kg, 금발 머리 여자입니다. 산책을 좋아해요. 좋은 곳이 있으면 망설이지 말고 연락해주세요. 말동무나 무료 가이드가 되어 드릴게요!'

사실 '키 190cm'와 '금발'이라는 단어면 충분했다. 글을 올린 지 몇 분 만에 누군가 댓글을 달았다. 로스코라고 자신을 소개한 그는 전화 해킹 실력이 뛰어나고 항공권, 아침 식사까지 무료로 만들 수 있다고 자부하는 수다스러운 청년이었다.

무에서 유를 창조하는 마법사 해커

확실히 재주가 남달랐던 로스코는 LA의 해커들 사이에서 제법 지명도가 높았다. 1980년 미국에는 하드웨어에 의지하지 않고 소프트웨어만 사용해 해킹할 수 있는 해커가 상당히 드물었는데, 로스코가 바로 그중 한 명이었다. 대부분 사람이 '스머프'라는 하드웨어 장비를 이용해 전화국 시스템으로 들어가 전화 요금을 조작했다. 하지만 이 방법은 추적당하기 쉬웠다. 로스코는 이 장비를 쓰는 이들을 머리는 쓸 줄 모르고 도구만 이용하는 바보라고 생각했다. 진정한 고수라면 마법사처럼 무에서 유를 창조해야 하고, 자신이 바로 그런 위대한 인물이라고 생각했다.

반년쯤 전, 로스코를 하루아침에 유명인사로 만든 사건이 있었다. 그는 전화국에서 돈을 받아낼 수 있는지 친구와 내기했다. 로스코는 LA의 전화국 시스템에 침투해 자신의 이번 달 사용 금액이 500달러이고 이미 요금을 낸 것으로 기록을 조작했다. 그리고 은행에 가서 출금내역을 인쇄했다. 다음날, 다시 시스템에 들어간 로스코는 전화 요금을 아주 적은 금액으로 다시 바꾼 다음 인쇄한 출금내역을 들고 전화국을 찾아갔다. 한바탕 소란을 피운 로스코는 전화국 사장에게 거듭 사과를 받으며 의기양양하게 400달러를 받아 나왔다. 이 사실이 어떻게 새어나갔는지 모르지만 당국은 순식간에 로스코를 잡아들였다. 하지만 당시에는 로스코의 범행이 법에 저촉된다는 조항이 없었던 터라 로스코를 처벌할 수가 없었다. 이 일로 그는 LA에서 유명인사가 되었다.

얼마 후 로스코를 취재하고 싶어 하던 한 기자가 해커 친구를 통해 로스코의 의견을 물었다. 다음날 기자의 집으로 전화가 한 통 걸려왔다. 수화기 너머로 누군가 기자의 이름과 주소, 은행 정보와 예금액, 학교 성적까지 줄줄이 읊어대더니, 우쭐거리며 자신이 로스코라고 신원을 밝혔다.

이처럼 기술이 뛰어나고 마음대로 전화국 시스템을 드나들 수 있는 해커야말로 수잔이 찾던 사람이었다. 수잔과 로스코는 금세 가까워졌다. 190cm의 금발 미녀와 함께 있다는 것만으로도 즐거웠던 로스코는 수잔에게 기꺼이 전화 요금 조작방법을 알려 주었다.

불우한 환경에서 벗어나다

사람은 언제나 각자 필요한 바를 얻기 위해 모이기 마련이다. 수잔은 여전히 짙은 화장을 하고 거리로 나갔다. 일이 끝난 후에는 좁은 로스코의 집에서 밤새 컴퓨터를 배웠다. 전화국 시스템에 침입하는 것은 남자를 유혹하는 것보다 쉬웠다. 수잔은 곧 혼자서 전화국 시스템에 침입할 수 있게 되었고 마음대로 전화번호를 바꿀 수도 있게 되었다. 미국에서 통화 중인 회선을 어디인지도 모르는 오스트레일리아의 산골짜기로 돌려버렸고 전화가 있지도 않은 집에 고액의 전화요금 청구서를 보내기도 했다.

장난기가 발동한 이들은 다른 사람의 통화에 끼어들어 "미안하지만 좀 귀찮게 할게요! 회선이 변경되어서 당신의 전화번호는 837에 1/2로 바뀌었습니다. 1/2도 누를 수 있나요?"라고 말하고 전화를 끊기도 했다. 수잔은 로스코와 낄낄대며 당황한 상대방의 반응을 흉내 냈다. 무엇보다 어머니와 오전 내내 통화할 수 있다는 것이 중요했다. 이제 벽시계를 보며 시간과 요금을 계산할 필요가 없었다.

이즈음 로스코는 이미 전화 요금 조작에는 관심이 없었다. 어린 아이들 장난 같은 전화국 해킹은 도전에 대한 욕망과 승리 욕구를 채워주지 못했다. 뛰어난 인재들이 서로를 아끼기 마련이듯, 또 다른 천재 케빈 미트닉(Kevin Mitnick)은 로스코와 친구가 되었다. 해킹에 심취한 두 사람은 CIA나 NASA처럼 민감한 기밀을 다루고 보안이 철저한 시스템에 손을 뻗기로 했다. 수잔은 밤거리를 헤매는 일에서 벗어나 작은 전신회사의 전화교환원으로 취직했다. 종종 로스코의 집도 계속 드나들었는데 그러면서 점점 로스코를 좋아하게 되었다. 수잔은 키 크고 잘생긴, 해커 세계에서 추앙받는 로스코에게 깊이 매료되었다.

수잔은 이제 돈에 얽매이지 않았다. 전화교환원 일은 힘들지만 비교적 안정적이었고 수입도 만족할 만했다. 어머니와 통화하는 비용이 사라지면서 경제적인 부담도 줄었다. 그녀는 로스코와 결혼해서 어머니를 모시고 안락하게 살고 싶었다.

수잔은 짬이 날 때마다 로스코를 밖으로 끌고 나갔다. 함께 음악을 듣거나 석양을 바라보며 산책을 즐겼다. 하지만 다른 곳에 정신이 팔린 로스코는 주문처럼 해커 전문 용어를 중얼거리며 비밀번호 해독 순서를 계산하느라 분위기를 망쳤고 수시로 허리둘레가 바지 길이보다 긴 케빈 미트닉을 불러냈다. 수잔이 한창 데이트 기분을 즐길 때, 두 사람은 구석에 쭈그리고 앉아 앞으로 해킹할 웹사이트의 해킹 난이도에 점수를 매기느라 골몰했다.

로스코는 졸업이 코앞이라 논문을 써야 한다며 점차 얼굴을 보이지 않았다. 술에 취해 새벽녘에 돌아오는 날도 많았고 옷깃에 립스틱을 묻혀오기도 했다.

“여자라면 사족을 못 쓰는 술고래랑 이대로 결혼해야 하는 거야?”

로스코는 세상 물정 모르는 애송이를 보듯 수잔을 바라보며, 이런 질문을 하는 수잔을 비웃을 뿐이었다. 수잔은 세상의 마지막 날이 다가오는 듯 두려워지기 시작했다. 그것은 고귀한 사랑이 곧 시들 것임을 직감했기 때문이었다.

가난한 여자에게 사랑 또한 사치였다

해커와 어울리면서 수잔에게 몇몇 해커 친구가 생겼다. 소복소복 눈이 내리던 날 저녁, 해커인 친구 로즈와 통화를 하던 수잔은 자신의 직감이 현실이 되었음을 알았다. 로스코는 '190cm의 금발 미녀'에게 미련이 없었다. 도청을 하던 로즈는 우연히 로스코의 전화 통화를 엿듣게 되었다. 로스코는 어떤 여자와 통화를 하던 중이었다. 로스코는 그 여자에게 프러포즈했고, 아버지의 회사에 자신을 입사시켜달라고 말했다. 여자는 싫은 기색 없이 답했다.

"꽃은? 전에 얘기했잖아, 프러포즈 받을 땐 에피프렘넘(Epipremnum) 잎사귀랑 빨간 장미로 만든 꽃다발을 받고 싶다고."

부자인 데다 우수한 귀족 혈통 집안에서 훌륭한 교육을 받고 자란 그녀는 로스코에게 상류사회로 진입하는 최상의 통로였다. 수잔은 아름다운 외모 외에 아무것도 없었다.

"이건 아예 체급이 달라. 수잔, 그냥 포기해버려. 젊음을 낭비할 순 없잖아. 다른 건 다 훔칠 수 있고 공짜로 만들 수 있지만, 젊음은 아니야."

스무 살도 안 된 어린 로즈는 진심으로 걱정하며 조언했다.

"그래. 난 좋은 교육을 받지도 못했고 집안도 별로야. 그게 내 잘못은 아니잖아? 난 계속 발전하고 있어. 긍정적이고 또 강인해. 좋은 엄마도 있어. 나를 많이 사랑해주는 잘난 남자친구도 있어. 지친 말이 짐을 덜어내듯이 나도 하나를 버려야 하나 봐. 근데 무엇을 버릴지 내가 선택할 수 없다니, 이건 진짜 웃기는 일이지. 절대 웃을 수 없지만."

수잔의 하루하루는 침울했다. 게시판에서 친구들이 깔깔대며 수

다를 떨 때도 수잔은 무료하게 키보드만 두드렸다. 수잔은 로스코가 매일 지나는 길에서 그를 기다렸다. LA의 겨울은 제법 추웠고 공포를 느낄 만큼 폭설이 내릴 때도 있었다. 그 길에서 마주친 로스코와 수잔은 한참 동안 말없이 서로를 바라보았다. 턱밑까지 쌓인 눈이 녹아내릴 때까지 누구도 입을 떼지 않았다.

"우리, 결혼하자."

수잔은 잔잔한 호수처럼 평온하게, 아무렇게나 꺼낸 것처럼 무심하게 이 말을 던졌다. 하지만 로스코는 우물쭈물 말을 돌렸다. 이런 상황이 반복되자 로스코는 짜증을 내며 가버렸고 그 후로 다시는 모습을 보이지 않았다.

천진한 수잔이 포기란 것을 알았다면 수잔의 삶은 평범하게 흘러갔을 것이다. 하지만 수잔은 로스코에 대한 사랑을 아주 소중하게 여겼다. 어린 소녀에게 첫사랑이란 인생을 바칠 만한 가치가 있는 것이었다. 수잔은 로스코가 돌아오지 않으면 그가 정부의 시스템을 해킹한 사실을 FBI에 알리겠다고 협박 이메일을 보냈다. 그림자도 없이 왔다가 흔적도 없이 사라지는 뛰어난 해커였던 로스코는 코웃음을 쳤다. 신출귀몰이 트레이드마크인 그를 FBI라고 감당할 수 있을까. 로스코는 짤막하게 회신을 보냈다.

"어디 하고 싶은 대로 해 봐."

케빈 미트닉을 도발하다

1980년 크리스마스, 사람들이 크리스마스 선물을 사느라 정신없을 무렵, LA에서 가장 큰 상점인 CES의 판매 시스템에 오류가 생겼다. 치약 하나가 20달러에 팔렸고 일본산 컬러 TV가 15달러로 찍혔다.

시스템 관리자는 즉시 시스템 중개상에 이 사실을 알렸다. 담당자는 LA에 있는 CES의 시스템이 모두 고장 났다며 사용자의 시스템 등록명과 비밀번호를 알려달라고 했다. 전에도 이런 일이 종종 있었기에 관리자는 전혀 이상하게 생각하지 않았다. 담당자의 실력이 좋아서 보통 다음날이면 시스템이 정상적으로 회복되곤 했다.

그런데 다음날 아침, 상황은 더 나빠졌다. 인쇄기가 밤새 작동했는지 가게 안은 종이로 가득했다. 종이에는 "나를 쫓아낼 수 없을걸. 빈틈없다더니, 겨우 이거야?"라는 글귀와 함께 로스코와 케빈 미트닉의 이름이 쓰여 있었다.

"너를 위해 근사한 일을 좀 했어."

수잔의 짧은 이메일을 받고도 로스코는 동요하지 않았다.

"어디 더 해보라지. 이 몸이 너보다 몇 수는 위에 있는데, 뭘 어쩌겠다고."

수잔과 로스코의 싸움은 절정으로 치달았다. 한을 품은 여인의 복수란 한없이 잔악했다. 수잔은 여러 슈퍼마켓 가맹점의 판매 시스템을 파괴했고 로스코의 해킹 수법을 모방해 전신국의 전화교환원을 난처하게 만들었다.

한편 그때 당시 케빈 미트닉은 시모무라 쓰토무(Shimomura Tsutomu)의 공세에 번번이 패배하고 있었다. 어떻게든 불리한 상황을 뒤집고 싶었던 미트닉은 전화 해킹 실력이 뛰어난 로스코에게 도움을 청했다. 시모무라 쓰토무의 전화 기록을 훔치면 그의 다음 공격 방향을 예측할 수 있었다. 로스코도 이 막상막하의 싸움을 승리로 이끌어 해킹의 제왕이라는 자신의 위치를 공고히 다지고 싶었다. 로스코는 매일 책상에 앉아 헤드폰을 쓰고 키보드를 두드렸다. 로스코는 수잔의 도발을 상대할 겨를이 없었다. 로스코가 반응이 없자 수잔은 우쭐해졌다. 로스코가 어디에 있는지 알아내지는 못했지만, 혼란을 틈타 로스코에게 타격을 줄 수는 있었다. 수잔은 자신의 사랑을 저버린 대가로 로스코의 명성을 땅에 떨어뜨릴 작정이었다.

수잔은 자신의 전화 회선을 로스코의 전용선과 연결했다. 미트닉과 로스코가 연락할 때마다 통화 내용을 녹음했고, 그 내용을 분석한 후 해커 게시판에 공개했다. 작성자 이름은 로스코와 열애 중인 부잣집 공주님의 것으로 하였다.

수잔이 공개한 로스코와 미트닉의 대화 기록에서 두 사람은 종종 서로 욕설을 퍼부었다. 미트닉은 자신이 시모무라 쓰토무에게 쫓겨 허둥댄 것을 로스코 탓으로 돌리며 머저리라 욕했다. 글을 본 로스코는 자신의 여자친구에게 전화를 걸었고, 애교부리는 일 외에 할 줄 아는 것이 없는 그녀가 해킹에 대해 알 리는 전무했다. 하지만 미트닉은 로스코가 자신의 여자친구 이름을 이용해 자신을 광고한다고 생각했다.

연이은 패배로 의기소침한 미트닉은 인내심도 흥미도 사라져 더는 로스코를 믿지 않았고, 게시판에서 로스코와 협력하지 않겠다고 선언했다. 미트닉은 전화 해킹의 시조라 불리는 로스코와 결별을 선언하고 네트워크 속으로 사라졌다. 시모무라 쓰토무와 대결에서도 스스로 약자의 위치에 섰다. 계속 로스코를 감시해 온 수잔은 기쁨을 감추지 못했다. 첫걸음이 성공했으니, 이제 직접 축복이 가득한 로스코의 사랑을 망가뜨릴 차례였다.

정보를 가진 미스터리한 여인

로스코는 마침내 명품 양복과 서류 가방으로 한껏 멋을 내고 고층 빌딩에 출근하는 화이트칼라가 되었다. 여자친구의 아버지는 이 잘생긴 청년을 경영 보좌로 임명하고 회사의 중간계급 인사관리를 맡겼다. 중간층 관리의 인사 변동은 모두 이 천재 해커의 승인을 거쳐야 했기에 로스코는 많은 이들에게 질시의 대상이 되었다.

매일 저녁, 수잔은 회사 맞은편 커피숍에 숨어 차가운 커피잔을 움켜쥐고 눈도 깜박이지 않은 채 로스코를 지켜봤다. 서류가방을 진회색 쉐보레에 던져 넣고 차에 시동을 건 로스코가 고개를 돌려 회사 문 앞까지 후진하면 여자친구가 때맞춰 문 앞에 나타났다. 그녀는 다정하게 로스코를 안아 키스를 하고 차에 탔다. 멀리 석양이 비쳐와 세상을 금빛으로 물들였다. 쉐보레는 차량의 행렬 속으로 들어갔다. 근처 건물의 옥상에서 고양이 한 마리가 넋 놓고 거리의 행인을 바라보았다. 수잔도 그 고양이처럼 넋이 나갔다. 로스코를 안고 키스하는 사람은 자신이어야 했다. 꿀처럼 달콤하고 따뜻했던 날, 모니터 앞에서 함께 보낸 감동적인 밤, 한없이 샘솟던 사랑의 감정. 기억의 문이 열리자 아름다운 추억이 상처로 얼룩진 수잔의 마음을 촉촉하게 적셨다.

수잔은 로스코에게 배운 전화 해킹 실력을 발휘해 자신의 전화와 로스코의 사무실 전화를 연결했다. 로스코의 전화로 마음껏 장거리 전화를 걸었고 그의 업무 통화 내용을 녹음했다. 사소한 일부터 중요 인사 결정까지 하나도 빠짐없이 기록한 수잔은 중간 간부들에게 접근해 인사 결정 내용을 누설했다. 술집이나 분위기 좋은 곳에서 중간 간부와 '우연히 만나는 일'은 숙련된 거리의 여자이자 늘씬한 금발 미녀인 수잔에게 아주 쉬운 일이었다. 수잔은 중간 간부들이 이직하기 전에 이들의 능력을 최대한 활용해야 했다.

자신의 승진을 확신하던 간부는 수잔의 말을 믿지 않았다. 하지만 상황이 수잔의 말대로 흘러가기 시작했다. 차츰 중요한 회의에 참석하지 않게 되었고 중대 사안을 결정할 때 제외되었다. 그는 며칠 후 로스코의 사무실로 불려갔고 머지않아 회사에서 사라졌다.

이런 일이 몇 차례 반복되자 중간 간부들은 수잔의 말을 믿게 되었고, 수시로 수잔을 불러내 정보를 얻으려 했다. 수잔은 언제나 그들을 실망하게 하지 않았다. 풍전등화처럼 위태로운 간부들은 수잔을 숭배했다. 로스코는 이런 상황을 전혀 몰랐다. 중간 간부들은 정보력이 뛰어난 신비의 여인이 전화를 사용하지 않는다는 점을 전혀 이상하게 생각하지 않았다. 전화기를 사용하기만 하면 전화 해킹의 시조라 불리는 로스코에게 자신의 행적이 추적당하리라는 것을 수잔은 알고 있었다.

깊었던 사랑, 그만큼의 분노

몇 달 전, 수잔의 전화를 도청한 로스코와 미트닉은 통화 내용을 녹음했고, 녹음 파일을 해커 게시판에 공개해 수잔을 웃음거리로 만들었다. 로스코는 부끄러움을 모르는 창녀라며 수잔을 비웃었다.

"이 여자 엄청나게 싸. 1시간에 20달러야. 근데 서비스는 진짜 죽여. 수잔의 첫 번째 남자친구이자 잘나가는 해커인 내가 하는 말인데, 안 믿을 수 있겠어?"

어머니의 생계를 위해 거리로 나갔다고 말했을 때, 로스코는 착한 아이라며 수잔의 머리를 쓰다듬어줬다. 그랬던 그가 그녀의 상처를 조롱거리로 삼은 것이다. 그때를 떠올리기만 하면 수잔은 화가 치밀어 온몸이 떨려왔다. 분노는 컸지만 수잔이 할 수 있는 일이라곤 로스코가 당국의 스파이라고 게시판에 글을 올리는 것밖에는 없었다.

'해커들 옆에 붙어있는 것도 그래서야. 해커들의 최신 동향이나 정보를 상부에 보고해야 하거든. 로스코가 미트닉이 시모무라 쓰토무를 피해 숨도록 도와준 것 같지만 아니야. 사실 로스코가 시모무라 쓰토무에게 미트닉의 호텔 방 번호를 알려줬어. 사이가 그렇게 좋던 둘이 서로 죽이지 못해 안달 난 것도 이것 때문이지.'

회사 기밀은 명예 퇴직 자금줄

로스코는 현대화된 회사에서 관리자로서 일을 제법 잘해냈다. 다른 집단에 비해 민감하고 심리적 압박이 심한 해커 사회에서 오랜 시간 버틴 로스코는 사회 발전 방향이나 회사 운영 방향을 예측하는 능력이 상당히 뛰어났다. 복잡한 전화 시스템의 빈틈을 잘 찾아내는 것처럼 민감한 인사 관리에도 남다른 재능을 보였다. 그는 누가 이 회사의 경영 철학에 부합하는지, 충성심이 깊은지 순식간에 정확하게 판단했고 과감하게 임명과 해임을 결정했다. 로스코는 반년 만에 회사의 중간 간부를 대거 축출하고 유능한 젊은 인재를 등용했다. 겨우 남은 몇몇 원로들은 어느 날 자신의 자리가 사라질까 불안해했다.

수잔은 중간 간부들에게 폴란드의 한 다국적 기업이 어떤 상품에 상당히 관심을 보인다고 정보를 흘렸다. 이 상품은 바로 그들 회사의 주력 상품이었다. 불안에 떨던 중간 간부들에게 이 소식은 상당히 매력적이었다. 어리석게도 수잔의 말을 한 치도 의심하지 않은 이들은 폴란드 측과 접촉하고 싶다는 의사를 내비쳤고, 그들과 연락하는 일은 모두 수잔에게 일임했다. 수잔이 중간 간부들에게 마지막 날이 임박했다고 암시하자, 이들은 기를 쓰고 제품의 제조법을 빼냈다. 그리고 수잔을 통해 폴란드의 기업에 이 제조법을 팔았다. 평생 먹고 살 만큼의 돈을 받은 이들은 앞다투어 명예롭게 회사를 떠났다.

덫에 걸린 천재 해커

어느 날 오후, 수잔은 익히 써온 방법으로 로스코의 여자친구 전화 회선에 침입했다. 로스코의 여자친구가 비서에게 수영복을 준비하라고 할 때, 수잔은 택배 회사 유니폼을 입고 회사 앞으로 갔다. 경비가 수잔을 가로막았지만, 수잔은 미인계로 몇 분 만에 경비와 친해졌다. 경쾌하게 대리석을 밟는 로스코의 여자친구의 하이힐 소리가 가까워질 무렵, 수잔은 경비에게 달콤한 미소를 지으며 회사 안으로 들어갔고 로스코의 여자친구는 앞을 막아섰다.

"안녕하세요. 저는 CTTI 택배 회사의 직원입니다. 루이스 드 페인 씨에게 온 우편물이 있는데요, 회사에 안 계시다고 들었습니다. 아시다시피 특급 우편은 수신인의 사인을 받아야 해요. 당신께서 루이스 드 페인 씨를 대신해 우편물을 받아주실 수 있다고 경비원에게 들었습니다. 사람이 좋아서 그런 거니까, 쓸데없는 말을 했다고 경비원을 혼내지는 말아주세요. 요즘 택배 일이 너무 많아서 다시 오려면 정말 힘들거든요. 여기, 사인해주실 수 있을까요?"

의아해하는 로스코의 여자친구를 보며 수잔은 가까스로 미소를 유지했다. 저절로 손가락에 힘이 들어가 주먹이 쥐어졌다. 얼굴에 주먹을 날리고 싶어 미칠 지경이었지만 어려서부터 연기에 재능이 있었던 수잔은 우아한 숙녀의 미소를 지어 보였다. 그녀가 사인한 서류를 들고 길모퉁이를 돌아섰을 때, 수잔은 웃고 싶고 울고 싶고 또 괴성을 지르고 싶은 마음을 주체할 수 없었다.

로스코의 우편물을 들고 한참을 망설이던 그녀는 결국 봉투를 열었다. 발신인 주소는 폴란드였다. 폴란드에 친구가 있다는 말은 들어본 적이 없었다. 안에는 축하카드 한 장이 들어있었다. 카드 앞장에는 암적색 배경에 크리스마스 선물을 가득 실은 산타클로스와 뿔 달린 사슴이 어설프게 그려져 있었다.

'존경하는 로스코 님. 힘을 보태주셔서 감사합니다. 제조법은 안전하게 전달받았습니다. 대금은 첫 제품이 시장에 출시된 후, 한 달 안에 귀하의 스위스 은행 계좌로 전액 입금하겠습니다. 폴란드는 풍광이 그림처럼 아름답습니다. 편하실 때 한 번 오세요. 저희는 언제든 환영합니다. 크리스마스 미리 축하합니다.'

제조법? 최근 수억 달러에 이르는 제조 기밀이 정체 모를 곳으로 유출되어 회사 전체가 이 단어에 민감하게 반응했다. 폴란드? 폴란드로 유출되었나? 그녀는 즉시 전화기를 집었다.

"FBI, 연방수사국 연결해."

이후 한 달 동안 회사는 지나칠 만큼 고요했다. 로스코는 평소처럼 쉐보레를 타고 그의 여자친구를 에스코트했고, 회사 고위 간부와 각종 중요 연회에 참석했다. 평소처럼 수많은 임명과 해임 안건을 처리했다. 크리스마스가 지난 지 보름이 안 되었을 때, FBI는 폴란드에서 회사의 주력 상품과 동일한 제조 방식으로 생산된 제품을 찾아냈다. 그날 아침, 로스코 여자친구의 아버지는 암울한 얼굴로 로스코에게 전화를 걸었다.

"자네를 사위라고 불러야 하나, 로스코라고 불러야 하나? 뭐라 불러야 할지 모르겠군. 아침부터 귀찮게 해서 미안하네. 궁금한 게 있어서 그래. 언제 스위스에 계좌를 만들어뒀나?"

수잔은 마침내 웃었다. 로스코는 절도와 기업 기밀 유출 죄로 체포되었다. 수잔이 기를 쓰고 모은 수천 건의 불법 전화 해킹 증거 자료와 그로 인한 거액의 경제적 손실이 더해져, 로스코는 최소 15년은 감옥에서 보내게 되었다. 수잔은 어머니를 모셔와 의식주만 간신히 해결하며 살았다.

상투적인 애정극인 두 사람의 이야기에는 왕자나 유리 구두 대신 범죄와 복수, 추악한 본성, 질긴 생명력만이 남아 있었다. 여리지만 강인했던 수잔은 가치 있는 것과 미련 없이 버릴 것의 진정한 의미를 몸소 보여주었다. 수잔은 해커 역사에 길이 남을 전설이 되었다.

중국 최초의 전화 해킹 사건

어느 날 양식기술유한공사 직원인 차이(蔡) 씨는 이상한 전화를 한 통 받았다. 그는 업무를 방해하는 전화 공격을 받게 된다면 자신을 찾으라며 휴대전화 번호를 남겼다. 차이 씨는 의아했지만 대수롭지 않게 넘겼다. 그런데 30분 후 회사 응접실의 전화 네 대가 일제히 울려대기 시작했다. 수화기 너머에는 통화 중 신호만 들려왔고, 발신자 표시 화면에는 '0'만 열 개 찍혀 있었다. 정신 없는 상황에서 차이 씨는 조금 전에 걸려온 이상한 전화가 떠올랐다. 그 사람은 3천 위안이면 문제를 해결할 수 있다며 은행 계좌번호를 알려줬다.
달리 방법이 없던 회사는 경찰에 신고했다. 현장에 도착한 인민 경찰은 계속 걸려오는 전화의 수신을 차단해달라고 현지 전화국 전신 부문에 요청했다. 하지만 전신국의 수리기사는 전화번호를 바꾸는 것 외에 딱히 해결방법이 없다고 말했다. 수리기사도 상대방이 어떤 방법으로 전화선을 교란시키는지 찾지 못했던 것이다. 휴대전화 번호를 추적했지만 가입자 인식 모듈 카드(SIM card)가 등록되지 않은 전화기여서 발신지가 광저우(廣州)라는 것밖에 알 수 없었다.

경찰은 회사 직원으로 가장해 그 휴대전화 번호로 전화를 걸었다. 정말 문제를 해결할 능력이 있는지 의문을 제기하자, 그는 십 분 안에 전화기를 잠재우겠다고 장담했다. 이후 십 분 동안 사무실의 전화기는 모두 조용해졌다. 곧 다시 전화가 걸려왔고, “지금부터 방어조치를 해제하겠습니다”라는 상대방의 말이 끝나기도 전에 네 대의 전화는 경쟁하듯 울려댔다. 경찰이 전화선을 교란하는 사람이 당신이 아니냐고 묻자, 그는 부인하며 네트워크 보안 회사 직원이라고 자신을 소개했다. 모든 회사는 경쟁사가 있기 마련인데, 이 경쟁사가 전화선을 교란하는 방식으로 업무를 방해할 가능성이 크다고 설명했다. 또한 언론매체에 전화번호를 공개한 기업을 대상으로 자신들의 존재를 알리고 누군가 전화선을 교란했을 때 즉각 해결해 주는 것이 자신들의 영업방식이라고 밝혔다. 이 회사는 며칠 전에 신문에 광고를 기재한 적이 있었다. 이 사람의 말은 그럴 듯 했지만 도저히 믿음이 가지 않았다. 경찰이 의심을 거두지 않자 그는 전화를 끊었고 사무실의 전화는 계속해서 울어댔다. 결국 이 회사는 전화번호를 바꾸기로 했고 이 사건은 이렇게 흐지부지 종결되었다.

역사상 가장 강력한 바이러스 CIH

박수를 치는 것은 승자가 아니라 관중이다.

재앙의 징조

1998년 7월 26일 캘리포니아. 한 남자가 평소와 마찬가지로 따사로운 아침 햇볕을 쬐며 컴퓨터를 켜고 인터넷에 접속했다. 일의 특성상 고객과 이메일로 정보를 주고받기 때문에 그는 항상 이메일부터 확인했다. 엑셀 파일에 새 고객의 주문서를 정리하려 할 때 갑자기 컴퓨터가 이상해졌다. 하드디스크 표시등이 켜진 채 꺼지지 않았고 시스템 운행 속도가 느려졌다. 마우스 포인터와 키보드의 반응속도도 느려졌다. 하드디스크 표시등이 켜져 있다는 것은 컴퓨터가 데이터를 읽고 있다는 뜻이고, 마우스 포인터와 키보드의 반응이 느려졌다는 것은 시스템이 뭔가 복잡한 계산을 하고 있음을 나타낸다. 하지만 엑셀 파일이 열려있을 뿐, 시스템 작동을 복잡하게 할 만한 작업은 작동시키지 않았다.

"여보, 빨리 와 봐! 컴퓨터가 고장 났나 봐."

그 남자는 큰 소리로 주방에서 아침을 준비하는 아내를 불렀다. 사무원인 이 남자의 아내는 컴퓨터를 훨씬 능숙하게 다뤘다. 하드디스크 표시등은 여전히 깜빡였고, 정신없이 회전하던 하드디스크는 힘이 빠진 채 날카로운 소리를 냈다. 하드디스크가 회전하면서 뭔가 부서진 것 같았다. 아내는 하드디스크에 중요한 자료가 없는지 확인하고 컴퓨터 전원을 강제 종료했다.

"버그*가 말썽을 피웠나 봐. 리셋하면 괜찮을 거야."

그녀는 아무 일 없다는 듯이 주방으로 돌아가 채소 샐러드를 만드는 데 집중했다. 하지만 잠시 후, 컴퓨터 앞에 앉은 남편이 기운 빠진 목소리로 다시 아내를 불렀다.

* 시스템의 오류나 프로그램 운행 시 발생하는 고장, 혹은 원래부터 있던 결함을 나타내는 말

"여보, 다시 와 볼래? 상황이 심각한 것 같아."

컴퓨터에서는 자동검사 프로그램이 실행되고 있었다. 검은 바탕에 쓰인 흰 글자는 미동도 없었고, 마지막 알파벳 뒤에서 커서만 적막하게 깜빡였다. '하드웨어 오류일 거야' 애써 스스로를 안심시키며 '리셋' 버튼으로 손을 뻗었다.

컴퓨터가 정상적으로 작동할 때 나는 '띠-' 하는 짧은 기계음이 들리지 않았다. 자동검사 화면의 알파벳과 커서도 보이지 않았고 송풍기 외에 컴퓨터의 어느 부분도 반응하지 않았다. 컴퓨터가 정상적으로 작동할 때 황색에서 녹색으로 바뀌는 모니터의 전원 표시등은 컴퓨터의 신호를 받지 못하고 계속 황색 불이 들어와 있었다. 컴퓨터의 반응으로 보아 하드웨어가 고장 난 것 같았다. 컴퓨터 본체를 열고 메모리와 그래픽카드, 하드디스크 등의 선을 뺐다 꽂으며 접촉 불량은 아닌지 확인하고 다시 전원을 연결했다. 하지만 컴퓨터는 좀처럼 작동할 기미가 보이지 않았다. 하드웨어의 무엇이 고장 난 것일까? 결국 서비스센터에 전화를 걸었다. 놀랍게도, 서비스센터는 오늘 아침 하드웨어가 고장 났다는 전화를 수십 통이나 받았다고 했다.

"무슨 큰일이 생기려나?"

역사상 가장 강력한 바이러스

이 불길한 예감은 맞아 떨어졌다. 그날부터 전례 없는 재앙이 시작된 것이다. 재앙의 원흉은 조그마한 프로그램 코드였다. 숫자와 알파벳으로 조합된 코드는 인터넷을 통해 기하급수적인 속도로 번졌고, 역병이 퍼지듯 순식간에 전 세계를 뒤덮어 추산할 수도 없을 만큼 어마어마한 손실을 초래했다. 이 바이러스는 당시 유행하던 컴퓨터 게임의 데모(Demo)* CD에서 시작되었다. 수십만 장이 넘게 발행된 이 CD에 들어 있던 바이러스는 미국 전역으로 퍼져나갔다. 바이러스에 감염된 컴퓨터는 하루하루 늘어갔다.

하드웨어 고장이 의심되는 컴퓨터는 두 가지 공통 증상을 보였다. 하나는 특정 모델의 메인보드 BIOS**가 악의적으로 수정되거나 파괴되었다는 것이다. 시스템의 기반인 하드웨어 매개변수(Parameter)와 구동기(Drive)를 저장하는 컴퓨터의 '기본 입출력 시스템'인 BIOS가 파괴되면 컴퓨터는 모든 작동을 멈춘다. 유일한 회복 방법은 컴퓨터를 제조사로 보내 BIOS 프로그램을 다시 설치하는 것이다. 또 다른 증상은 하드디스크의 첫 번째 섹터부터 마지막 파티션과 섹터까지 모두 쓰레기 데이터로 채워졌다는 것이다. 하드디스크에 저장되었던 데이터는 모두 쓰레기 데이터로 뒤덮여 형체를 알아볼 수 없었다. 수많은 은행은 물론 CIA 등 중요 부문의 컴퓨터도 재앙을 피해가지 못했다. 바이러스에 감염된 컴퓨터는 말 그대로 죽어 버렸다.

미국 국립 컴퓨터 보안센터(National Computer Security Center)는 컴퓨터의 무엇이 잘못되었기에 세상이 발칵 뒤집혔는지 분석에 나섰다. 엉망이 된 하드디스크를 조사해서 그나마 읽어낼 수 있는 데이터를 가려냈는데, 그 데이터는 모두 CIH라는 표식이 붙어 있었다. 이 파일이 BIOS와 하드디스크 데이터를 파괴하여 수많은 컴퓨터를 마비시킨 것으로 추측되었다.

심층 분석을 한 결과 추측은 사실로 확인되었다. CIH 표식이 있

* 시험용 체험판. 컴퓨터 소프트웨어 업계의 전문 용어.

** Basic Input Output System

는 파일은 신종 바이러스로, 조금씩 변형된 여러 개의 버전이 있었다. 컴퓨터의 BIOS를 파괴하거나, 하드디스크에 필요 없는 데이터를 마구 집어넣어 사용자의 데이터가 완전히 사라지게 했다. 사라진 데이터는 기술적인 방법으로 절대 회복할 수가 없었다. 이 바이러스의 가장 두려운 점은 하드웨어를 공격한다는 것이다. 지금까지의 컴퓨터 바이러스는 소프트웨어의 데이터만 파괴했기 때문에 중요 데이터를 백업하고 OS를 재설치하면 컴퓨터의 기능을 회복할 수 있었다. 하지만 CIH 바이러스는 컴퓨터의 가장 근본적인 영역인 하드웨어를 파괴함으로써 컴퓨터를 마비시키는 엄청난 위력을 발휘했다.

재앙은 확산되고

한 달 뒤, 이 망령 같은 바이러스가 중국에까지 상륙했다. 1998년 8월 마지막 날, 공안부는 CIH 바이러스를 방비하고자 긴급 통지를 발표했다. 은행과 공안 등 국가 기밀 및 중요 정보에 접근 권한이 있는 기관의 컴퓨터는 반드시 데이터를 백업하고, 출처가 불분명한 CD와 플로피 디스켓, 인터넷에서 다운받은 프로그램을 사용하지 말라고 지시했다. 신화통신과 중앙텔레비전방송국의 뉴스 프로그램은 이 공고의 전문을 수차례 방송하며 컴퓨터 사용자에게 주의시켰다. 그렇지만 이 신종 바이러스는 여러 컴퓨터에 속속 등장했다. 한 늙은 군인이 몇 년 동안 심혈을 기울여 쓴 30만 자의 회고록이 자취를 감췄고, 수많은 회사의 고객 정보가 흔적도 없이 사라졌다. 컴퓨터 수리업체와 메인보드 생산 공장은 BIOS를 복원하느라 눈코 뜰 새 없이 바빴다.

사자마자 아무 반응도 없는 고물이 되어버릴까 두려워 아무도 컴퓨터를 사지 않았고, 컴퓨터 제조사는 오랫동안 매출을 올리지 못했다. 데이터가 날개를 달고 날아갈까 노심초사한 사람들은 중요한 데이터가 저장된 컴퓨터를 차마 다시 켜지 못했다. 바이러스 치료 방법이 나오기 전까지는 데이터를 전원이 꺼진 하드디스크에 보관하는 편이 더 안전했다.

신문과 뉴스 등의 매체들은 분분하게 CIH의 습격을 헤드라인으로 보도했고 전 세계의 컴퓨터 사용자들은 두려움에 떨었다. CIH는 그 후에도 몇 년 동안 컴퓨터 세계를 혼란에 빠트렸다.

비공식 데이터에 따르면 1999년 3월, 구매한 지 얼마 안되는 IBM의 컴퓨터 압티바(Aptiva)가 CIH 바이러스에 감염되어 컴퓨터를 켜자마자 블랙스크린이 나타나는 일도 벌어졌다. 1999년 4월 26일에는 업그레이드된 CIH 바이러스가 전 세계를 뒤덮었다. 6천만 대를 넘는 컴퓨터가 파괴되었고, 손실액이 20억 달러를 넘었다. 2001년 4월 26일에는 CIH의 대규모 3차 감염이 시작되었다. 하루 동안 베이징에서만 6천 대가 넘는 컴퓨터의 데이터가 파괴되었고 4백 건이 넘는 하드웨어 수리 신청이 접수되었다. 바이러스 제작자는 꾸준히 바이러스 프로그램을 보완하며 파괴력을 향상했다. 잠복기 때 별다른 특징이 없다가도 일단 활동하면 치명적인 공격력을 보이는 이 바이러스는 소스코드가 발견될 확률이 매우 낮아서 바이러스를 제거하기가 상당히 어려웠다.

CIH 바이러스가 등장한 지 몇 달이 지났지만 누구도 바이러스를 치료하지 못했다. 대부분의 백신 프로그램이 CIH의 원리나 특징에 대해 파악하지 못하고 있었다. 규칙이 있다면, 이 바이러스는 매년 4월 26일에 전면적으로 활동에 나서고 매월 26일에 몇몇 변이 바이러스가 등장한다는 것이었다. 매일 컴퓨터를 사용해야만 하는 사람들은 매달 25일이 되면 26일을 피하도록 시스템 시간을 변경했다. 바보 같아 보이지만 이 방법은 일반 사용자에게 상당히 효과적이었다. 바이러스에 감염되었더라도 26일만 아니라면 바이러스는 활동하지 않고 계속 잠복해 있었다. 하지만 은행 등 날짜에 민감한 곳에서는 이 방법을 사용할 수 없었다. 바이러스 치료 능력이 뛰어나다고 광고하며 거액의 보안 프로그램을 팔아온 업체도 골머리를 앓았다. 사용자들은 보안 프로그램 제작사의 무능력함에 분노했다.

미국 국립 컴퓨터 보안센터와 각 정부기관은 전세를 역전시킬 대응책과 백신 프로그램을 내놓으라고 보안 프로그램 제작사를 강력하게 압박했다. 다급해진 보안 프로그램 제작사들은 서로 정보를 교환하고 대책을 상의했다. 경쟁사에 핵심기술이 유출될까 서로 견제만 하던 제작사들이 강력한 CIH 바이러스에맞서 힘을 모은 것이다.

재앙의 끝이 보인다

베이징 CA진천소프트웨어유한공사(北京冠群金辰軟件有限公司)*의 안티바이러스 전문가 왕톄젠(王鐵肩)은 CIH 바이러스가 해외에서 유입된 것을 알아냈다. CIH 바이러스는 최초 버전과 업그레이드 버전을 합해 모두 다섯 가지 종류가 있다. 최초 버전은 감염된 파일의 길이만 늘이고 파괴력은 없는 반면, 업그레이드 버전은 감염

* 미국의 CA 테크놀로지와 중국의 진천안전기술실업공사(金辰安全技術實業公司)가 공동 출자한 첫 번째 중외 합작 소프트웨어 회사

파일의 길이는 그대로 두고 하드웨어 파괴력이 더해졌다. 제각기 4월 26일과 6월 26일, 매월 26일에 공격을 개시한 이 바이러스는 VXD*를 활용했기 때문에 윈도우95와 98에서만 위력을 발휘할 수 있었다.

1998년 말, 드디어 CIH 바이러스를 제거할 수 있는 프로그램이 속속 등장했다. 긴박하게 출시한 탓에 바이러스를 완벽히 제압하지는 못했으나, 이미 등장했던 버전의 바이러스를 예방하고 파괴력을 감소시킬 수는 있었다. CA진천소프트웨어유한공사는 이 일로 세간의 주목을 받게 되었다. 이 회사에서 내놓은 KILL98 인증버전 백신 프로그램은 중국에서 처음으로 CIH를 제압한 소프트웨어다. KILL98은 날개 돋친 듯 팔려나갔다. 판매점 앞에는 새벽부터 줄을 선 사람들로 북적였다. 이어 중국 내 굴지의 백신 프로그램 제작사인 장민신과학기술유한공사와 라이징 안티바이러스(Rising Anti-virus, 北京瑞星信息技術有限公司) 등에서도 CIH 백신 프로그램을 내놓았다. 엄청난 파괴력을 자랑하던 CIH는 마침내 제거되었고, 바이러스와 안티바이러스의 격전은 점차 마무리되었다.

한편 연구진은 바이러스 제작자가 남긴 소스코드와 각종 정보를 끊임없이 심화 분석하고 추적해 나갔다. 바이러스 활동 날짜가 체르노빌 원자력 발전소 폭발 사고가 발생한 4월 26일과 같은 날짜이기 때문에 원자력 에너지 개발에 분개한 민간 평화주의자가 벌인 일은 아닐까 하는 추측도 있었다. 하지만 이 추측은 틀린 것으로 드러났다. 각종 정보를 종합하여 분석한 결과, 이 바이러스가 가장 먼저 발견된 곳은 타이완(臺灣)으로 드러났다. 고속 경제 성장

* 16bit 버전의 마이크로소프트 윈도우에서 쓰이는 장치 드라이버 모델.

으로 아시아의 네 마리 작은 용 중 하나로 꼽히는 섬, 타이완에 모든 전력이 집중되었다.

첸잉하오와 CIH

1999년 드디어 CIH 바이러스 제작자 첸잉하오가 체포되었다. 첸잉하오는 막 대학을 졸업하고 병역 복무 중이었다. 그는 백신 프로그램의 성능을 과대 포장하는 소프트웨어 제작사를 웃음거리로 만들고 싶어 CIH 바이러스를 만들었다고 했다. 티셔츠와 청바지, 마른 몸, 하얀 얼굴에 안경을 쓴 첸잉하오가 슈퍼 바이러스의 제작자라니, 믿기지 않았다. 선비처럼 고상하고 소박한 외양의 대학생이 몇 줄짜리 간단한 프로그램으로 컴퓨터 세계 전체를 치명적인 위험에 빠트렸다.

첸잉하오는 중학교 때부터 컴퓨터에 관심이 많았고 이해력이 남달랐다. 가정환경이 여유롭지 못했던 그는 학교 수업을 빼먹고 친구 집에서 컴퓨터를 하며 놀았다. 고등학교 때는 교과서 대신 컴퓨터 프로그래밍 책을 책가방에 넣고 다녔다. 컴퓨터를 잘 다룬다고 우쭐거리는 친구가 있으면 코를 납작하게 해주어야 직성이 풀리곤 했다. 고등학생 첸잉하오는 친구들 사이에서 제법 유명했다. 과묵한 대학생 첸잉하오는 수업시간마다 교수님의 강의는 제쳐두고 벽돌처럼 두꺼운 컴퓨터 서적에 머리를 파묻었고, 수업이 끝나면 곧장 학교 컴퓨터실로 달려갔다. 친구를 사귄다거나 여자친구를 만드는 데에는 전혀 관심이 없었다.

첸잉하오의 친구들은 종종 프로그래밍 실력을 겨뤘다. 같은 문제를 두고 간결하고 기능이 복잡한 프로그램을 만드는 쪽이 이기는 게임이었다. 첸잉하오에게는 시시한 일이었지만, 잘난 체하는 백면서생이라는 자극을 주면 월등한 프로그램을 뚝딱 만들어내곤 했다. 컴퓨터를 전공하는 친구도 혀를 내두를 정도였다. 첸잉하오가 CIH 바이러스 때문에 조사를 받을 때도 그의 친구들은 조금도 놀라지 않았다. 오히려 "식은 죽 먹기죠. 충분히 하고도 남아요. 새로울 것도 없어요"라고 말했다.

오만한 백신 프로그램의 코를 납작하게 만들다

첸잉하오는 컴퓨터가 종종 바이러스에 감염되자 돈을 아끼고 아껴서 정품 백신 프로그램을 샀다. 그런데 '완벽 제거, 도망갈 구멍은 없다'고 광고하던 백신 프로그램의 성능은 가히 실망스러웠다. 비싸기만 하고 전혀 쓸모가 없었다. 첸잉하오는 판매점에 배상을 요구했으나 절대 불가능하다는 답이 돌아왔다. 첸잉하오는 속았다고 생각했다. 바이러스 서명(virus signature)에만 의존해 검사하는 백신 프로그램은, 치료법이 공개된 바이러스라도 프로그램 코드만 살짝 변경하면 검사를 피할 수 있었다. 하물며 세상에 나오지 않은 미지의 바이러스는 말할 필요도 없었다.

"어떻게든 보상받을 거야. 오만한 백신 프로그램 제작사에 치료할 수 없는 바이러스가 무엇인지 제대로 보여주겠어. 아무것도 모르는 사람들에게 지금껏 미지의 바이러스 방어 기술이니 인공지능이니 하는 번지르르한 말에 속았다는 걸 알려줄 거야."

간결한 프로그램으로 명성이 자자한 첸잉하오는 학교 컴퓨터를 이용해 눈 깜짝할 사이에 다섯 개의 CIH 바이러스를 만들었다. CIH는 첸잉하오의 이름의 머리글자고, 바이러스가 26일에 활동하는 것은 그가 고등학교 때 26번이었기 때문이다. 첫 번째와 두 번째 버전은 파괴력이 부족해서 폐기하고, 세 번째 버전부터 코드를 추가해 파괴력을 향상했다. 시험 삼아 학교 컴퓨터를 감염시켰다가 컴퓨터 몇 대를 고물로 만들었다. 학교 측은 이에 대한 처벌로 첸잉하오의 과오를 학적부에 기록했다. 하지만 첸잉하오는 학교의 처분으로 자신이 만든 바이러스의 위력이 증명되었고 자신의 '업적'이 인정받았다고 생각했다.

첸잉하오는 사태가 심각해지지 않도록 바이러스 코드에 '바이러스에 감염되었으니 다시 컴퓨터를 켜지 마세요, 전문가에게 수리받으세요'라는 경고 문구를 넣었다. 첸잉하오는 바이러스를 전파하거나 무고한 사람들에게 피해를 줄 생각이 없었던 것이다. 그러기에 상당히 조심하며 프로그램을 시험하고 보완했는데, 그의 의도와 달리 바이러스는 인터넷을 타고 전파되기 시작했다. "제가 예상하지 못 했던 일입니다. 제가 이 일을 후회하는 이유 중 하나죠."

체포된 첸잉하오는 2세대 CIH 바이러스의 핵심 코드를 개발했다고 진술했다. 2세대 바이러스는 개인의 컴퓨터를 파괴하는 것은 물론, 인터넷을 타고 메인 서버에 침투해 데이터를 복제하고 네트워크 서버의 호스트 컴퓨터를 마비시킬 수 있다고 밝혀 당국을 혼란에 빠트렸다. 게다가 제작한 당사자조차 치료법을 몰랐다.

"제가 2세대 바이러스의 메커니즘을 만들긴 했지만, 이 바이러스가 활동을 시작하면 복구할 방법이 없습니다. 적어도 제 능력으로는 하드디스크의 데이터를 보존하면서 컴퓨터를 복원할 수 없습니다."

쳰잉하오 본인이 만든 바이러스를 자신도 치료할 수 없는 상황에서 2세대 바이러스가 유포되면 세계의 모든 컴퓨터가 치명적인 타격을 입게 된다. 조사 담당자가 다그쳐 묻자 쳰잉하오는 미완성인 2세대 바이러스는 일부 코드를 수정해야 하고, 자신의 컴퓨터에만 저장된 바이러스가 유포될 가능성은 전혀 없다고 자백했다. 만일의 사태를 대비해 당국은 쳰잉하오의 컴퓨터 하드디스크의 모든 데이터를 폐기하고, 바이러스의 소스코드와 세부 내용, 감염 특징 등 중요 정보를 전문 기술자에게 넘겼다. 얼마 후 바이러스를 제거하는 프로그램이 개발되었고 안티바이러스 제작사에 2세대 CIH 바이러스를 치료할 수 있는 코드가 배포되었다. 2세대 바이러스를 깊게 연구한 기술자는 바이러스의 프로그래밍 방향이 기발하고 프로그램 코드가 간결하기 그지없어 쳰잉하오의 천재성에 탄복하지 않을 수 없었다고 밝혔다.

천재 해커의 이면

이 위대한 천재는 심각한 우울증을 앓고 있었다. 자신의 프로그램을 친구들에게 보여주고 백신 프로그램 제작사에 도전한다고 CIH 바이러스를 만든 것은 모두 해소하지 못한 우울증의 표현이었다. 쳰잉하오는 타이완 형사국의 조사가 끝난 후 극도로 불안해했다. 그가 복무하는 부대의 군의관은 쳰잉하오가 정신과 검진을 받고 심리치료사와 상담했으며, 쳰잉하오의 어머니와 확인 결과 가족 모두 정신병 병력이 있다고 전했다. 건강이 좋지 않아 형사처분이 미뤄진 쳰잉하오는 앞으로 받게 될 처벌을 피하고자 자신의 컴퓨터 실력을 담보로 군부의 보호를 받으려 했다. 그는 적군의 컴퓨터 시스템을 마비시키는 프로그램을 당장에라도 만들 수 있다며 협상에 나섰다. 첸잉하오의 솔깃한 제안에 군부는 수차례 회의와 표결을 거쳐 몇 줄의 코드로 세상을 마비시킨 젊은이를 정보 전쟁의 전문가로 영입할 준비를 했다. 하지만 가족에게 정신병 병력이 있고 첸잉하오의 자제력에 문제가 있다는 사실이 드러나자, 적군을 공격하기 전에 아군의 컴퓨터 시스템을 파괴할 수도 있다는 생각에 첸잉하오를 바로 전역시켰다.

컴퓨터 자폐증

세계 의료 부문은 컴퓨터 분야에 나타난 새로운 병리 현상에 '컴퓨터 자폐증'이라는 이름을 붙였다. 이 증상을 겪고 있는 사람은 대부분 컴퓨터 업계 최고의 고수다. 성격이 다소 과격한 이 사람들은 인간관계를 어려워한다. 평소에는 어리숙한 모습으로 무리에서 겉돌다가 컴퓨터 앞에만 앉으면 감정이 폭발하고 민첩하게 반응한다. 가상공간에서 자행하는 악의적인 파괴 행위로 사회에 대한 불만을 표출하고, 가상공간을 정복했음에 심리적 만족을 느낀다. 이런 성격적 결함은 종종 이 사람들을 초조하게 하고 주체할 수 없는 불안과 흥분 상태로 내몬다. 스스로 불안과 흥분을 제어하지 못해 타인에게 영향을 미치고, 사람들에게 주목을 받은 다음에야 진정된다.

CIH 바이러스의 조사를 맡았던 리샹첸(李相臣)은 첸잉하오가 비범한 인재지만 나쁜 환경에서 자라 심각한 조울증을 앓고 있고, 컴퓨터 기술이 뛰어나다는 것 외에 사회생활이나 기타 방면에서 비정상적으로 뒤떨어져 전역 후에 직장을 구하기가 상당히 어려울 것으로 예상했다. 리샹첸은 첸잉하오에게 전역 후 직장을 구하지 못하면 자신을 찾아오라고, 꼭 좋은 직장을 소개해 주겠다고 약속했다. 다행히 리샹첸의 도움을 받은 첸잉하오는 CIH와 무관한, 자신이 좋아하는 일에 집중하며 성실히 살게 되었다. 첸잉하오가 리샹첸의 도움을 거절했다면 컴퓨터 세계는 더없이 난감했을 것이다. 안티바이러스 제작사는 '최고의 기술력, 완벽한 치료'라는 타이틀을 바꿔야 했을 것이고, 언제 또 다시 제2의 CIH가 나타날지도 모른다는 생각에 가시방석에 앉은 듯 불안했을 것이다.

2000년 미국 코벤티브테크놀로지(Coventive Technologies Ltd.)에 하드웨어 엔지니어로 스카우트된 첸잉하오는 조기경보 시스템을 갖춘 차세대 메인보드 및 하드웨어를 연구하고 개발했다. 2001년 한 인터뷰에서 세계인을 경악하게 만든 CIH 바이러스 이야기를 꺼내자 첸잉하오는 그토록 심각한 결과를 낳을 줄 자신도 예상치 못했다고 이야기했다.

"밤낮없이 일하고 있습니다. 우선 동료들에게 신뢰를 얻고 싶습니다. 지난날 저지른 잘못은 잊어주시면 고맙겠습니다. 그리고 한때 열중했던 컴퓨터 바이러스는 평생 다시는 쳐다보지도 않을 것입니다."

컴퓨터 바이러스 사건

1982년, 엘크 클로너(Elk Cloner) 바이러스가 나타났다. 당시 컴퓨터는 하드디스크가 없었기 때문에 이 바이러스는 게임 디스크를 통해 퍼졌다. 게임은 49번째까지는 정상적으로 작동하다가 50번째가 되면 작동을 멈추고 텅 빈 컴퓨터 화면에 시 한 편을 띄웠다. 공식적으로 인정되는 첫 번째 바이러스로, 파괴력보다 사람들을 웃게 만든다는 점에서 더 깊은 인상을 남겼다.

1986년에는 DOS OS를 공격한 첫 번째 바이러스인 브레인(Brain) 바이러스가 등장했다. 쓸모없는 데이터로 디스크를 빽빽이 채워 둬 필요한 데이터를 저장할 공간을 빼앗아 갔다.

1999년 나타난 멜리사(Melissa) 웜 바이러스는 이메일을 통해 전달된 최초의 바이러스다. 이메일에 첨부된 파일을 열면 사용자와 메일을 주고받은 사람 50명에게 바이러스가 담긴 메일을 자동으로 전달했다. 첫 번째 바이러스가 활동을 개시한 후 몇 시간 만에 전 세계를 뒤덮은 이 바이러스는 가장 빨리 전파되고 파급 범위도 넓었다.

2000년, 악명 높은 러브 버그(Love bug)가 세계를 휩쓸었다. 사랑받고 싶은 사람들의 갈망을 이용해 연애편지로 위장한 러브 버그는 몇 시간 만에 전 세계에 퍼졌다. 전파 속도와 파급 범위는 멜리사 웜 바이러스와 비견된다.

2003년에는 블래스터(Blaster) 웜 바이러스가 마이크로소프트 OS를 사용하는 컴퓨터를 공격했다. 바이러스의 침투력과 해킹 공격 능력을 결합한 블래스터는 마이크로소프트 OS의 결함을 이용하여 시스템의 인터넷 포트를 거침없이 공격했고, 순식간에 시스템 리소스를 고갈시키며 시스템을 붕괴했다.

2007년에는 중국에서 '향 피우는 판다' 바이러스가 중국 전역을 휩쓸었다. 사용자의 컴퓨터가 감염되면 블루 스크린이 나타났고 재부팅되거나 데이터가 유실되었다. 수많은 유명 백신 프로그램의 작동을 중단시켰고 확장명이 .gho인 파일을 스스로 찾아내 제거했다. 시스템에 보관된 .exe 실행파일은 모두 세 개의 향을 피우는 판다로 바뀌었다. 바이러스를 만든 리준(李俊)은 우한(武漢) 출신의 25세 청년이었다. 그는 인터넷을 통해 120여 명에게 바이러스를 팔았고 10만여 위안의 불법 이익을 취했다. 놀라운 것은 이 바이러스가 며칠 만에 만들어졌으며, 제작자는 중등전문학교*만 졸업했고 컴퓨터 전공자도 아니었다는 것이다.

2009년, 생성기를 갖춘 첫 번째 트로이목마 바이러스가 등장했다. '트로이목마 다운로더'라는 이름이 붙은 이 바이러스는 3일 만에 백신 프로그램 제작사의 바이러스 파괴력 순위 1위를 차지했다. 일일이 코드를 짜던 기존 방식에서 벗어나 생성 프로그램을 이용해 자동으로 바이러스를 만들었다. 그리고 스스로 형태를 바꾸며 바이러스 검사 망을 벗어났다. 감염된 컴퓨터에는 1~2천 개의 바이러스 프로그램이 자동으로 생겼고, 중요 자료와 이메일 비밀번호 등의 데이터가 유출되었다.

---

* 우리나라의 직업고등학교와 유사하다.

벌레보다 끔찍한 웜 바이러스

나는 그저 재미있고 멋진 일을 했을 뿐, 보이지도 않는
벌레 한 마리로 사람들을 괴롭게 하려던 건 아니었다.

획기적인 정보교환방식 이메일

"오늘날 인류가 은하계의 크기를 알지 못하듯 인터넷 세계가 얼마나 넓은지 알지 못합니다. 우리가 만들었음에도 불구하고 말이죠. 동시간대에 인터넷에 접속한 컴퓨터 수가 얼마나 되는지, 그 안에 오가는 정보가 얼마나 많은지도 모릅니다."

강단 위의 강사가 열변을 토해내는 동안 코넬대학 대학원생 로버트 모리스의 머릿속에 커다란 의문이 들었다.

'인류가 인터넷을 발명했지만, 그 크기를 가늠할 수도 없고 확실하게 컨트롤할 수도 없다고? 과연 그럴까?'

컴퓨터가 보급되고 인터넷이 발전하면서 세계는 진정한 지구촌 시대에 접어들었다. 우리는 책상 앞에 편안히 앉아 다양한 방법으로 수천 킬로미터 밖에 있는 친구와 연락을 주고받는다. 영상통화나 화상채팅은 지구촌 곳곳의 친구들과 실시간으로 얼굴을 마주보며 소통할 수 있게 해주는 가장 발전한 커뮤니케이션 기술에 속한다. 그리고 또 하나, 인터넷 시대의 가장 대표적인 정보교환방식인 이메일을 빼놓을 수 없다.

이메일은 전자정보통신 산업이 만들어낸 가장 획기적인 정보교환방식으로, 인터넷 시대 이후 가장 오랫동안 가장 많이 애용되었다. 이메일은 편리하고 빠르고 정확하고 경제적이다. 1969년, 최초의 이메일 기술이 탄생한 이후 지금까지 전 세계 정보교환업무의 40%를 담당하고 있다. 오늘날 인터넷 사용하는 사람이라면 누구나 적게는 한 개, 많게는 수십 개의 이메일함을 가지고 있을 것이다. 그러나 개인이 이메일을 직접 이용할 수 없어서, 메일을 수신하고 저장할 수 있는 메일함을 만들려면 반드시 메일서비스업체에 신청해야 한다.

이메일이 사용자에게 전달되는 과정은 이러하다. 일단 업체의 메일서버에 이메일이 수신된다. 그러면 서버가 이메일주소로 최종 수신인 위치를 판단한다. 사용자 이메일함으로 메일을 전달하고 동시에 사용자에게 새로운 메일이 도착했음을 통보한다. 발송 절차는 반대로 생각하면 된다. 사용자가 메일을 쓴 후 '보내기' 버튼을 누르면 이 메일은 일단 업체의 서버에 접수됐다가 수신인 주소에 맞는 위치로 전달된다.

이 과정에서 메일 서비스업체는 우체국과 같은 역할을 한다. 접수받은 수많은 이메일을 종류별로 정리해 최종 목적지로 발송한다. 인터넷을 통해 전송되는 이메일은 하루에도 수억 건이 넘는다. 따라서 메일 서비스업체는 안정적인 대용량 메일서버와 신속한 처리기술을 갖춰 이메일 전송에 따른 정보 정체 현상을 피하도록 노력하고 있다.

디지털 벌레의 요람 - 이메일

해커와 바이러스 제작자들이 이 시대의 보편적인 정보교환 도구인 이메일 시스템에 눈독을 들이기 시작했다. 이들은 먼저 대량의 스팸메일을 발송해 메일서버가 과부하에 걸리게 만들었다. 대량의 스팸메일로 서버에 정체 현상이 발생하여 정상적인 이메일이 제때 처리되지 않았다.

스팸메일에 사용자 정보를 빼내는 프로그램코드가 포함된 경우 더 큰 문제를 야기한다. 이런 프로그램이 들어있는 스팸메일을 열면 악성코드가 사용자 컴퓨터에 침투해 사용자의 조작내용을 기록하고 각종 암호 정보를 수집한다. 그리고 다시 이메일을 통해 외부로 전달한다. 사용자의 중요한 정보가 고스란히 유출되는 셈이다. 메일서버를 이용한 해킹은 네트워크를 파괴하고 데이터 갈취하는 것은 물론 해킹프로그램과 컴퓨터바이러스 코드까지 포함하고 있어 기생충 벌레라는 의미의 웜이라 불린다.

컴퓨터는 차가운 금속덩어리 기계에 불과하지만, 생명력을 내포하는 이름의 용어가 많이 사용된다. 예를 들어 프로그램 코딩 과정에서 일어난 오류를 버그, 외부 사용자에게 조작 이용당하는 컴퓨터를 좀비, 컴퓨터의 정상 작동을 방해하는 프로그램 코드를 바이러스라 부르는 것들이다. 바이러스는 원래 생물체의 병리현상을 가리키는 용어이다. 같은 맥락에서 사람들은 이메일 시스템을 이용해 인터넷 세상을 활보하며 정보의 고속도로에 정체 현상을 일으키는 악성코드를 웜이라 부른다.

웜이라 불리는 프로그램이 처음 등장한 것은 인터넷 등장 시기와 비슷하다. 당시 무형의 네트워크를 관리하는 한 프로그래머가 네트워크 상태를 빠르고 편리하게 검측하기 위해 네트워크 간 이동이 수월하도록 간단한 프로그램을 만들었다. 한쪽 프로그램에서 신호를 보낸 시간과 다른 쪽 프로그램이 신호를 받은 시간을 측정해, 두 프로그램 사이의 위치를 토대로 네트워크 간 소통 상태를 파악했다. 하루 종일 차가운 금속덩어리 기계만 바라보며 무료함을 느끼던 프로그래머들에게 '웜'이라는 표현은 생동감이 느껴질 뿐 아니라 재롱떠는 귀여운 애완동물을 연상시켜 대체로 긍정적인 반응을 얻었다.

웜 원리를 이용해 컴퓨터 시스템에 문제를 일으킨 최초의 사례는 단순한 장난에서 비롯됐다. 이 바이러스가 작동하면 컴퓨터 화면에 못생긴 벌레 한 마리가 나타나 사방을 기어 다니며 화면상의 문자를 지워버리기 때문에 정상적으로 컴퓨터를 작동시킬 수 없게 된다. 1988년에는 이메일을 이용해 정보파괴 및 암호탈취를 일삼는 웜바이러스가 탄생했다. 이 웜바이러스는 등장과 동시에 세계 컴퓨터를 점령할 만큼 강력한 파괴력과 전파력으로 세상을 발칵 뒤집어놓았다.

불가능한 미션에 도전하다

웜의 아버지 로버트 모리스는 대학 입학과 동시에 타고난 컴퓨터 재능을 유감없이 발휘했다. 교수들은 놀라움을 감추지 못하며 그가 만든 프로그램에 극찬을 아끼지 않았다. 다른 학생들이 천 줄에 가까운 방대한 분량의 프로그램으로 겨우 미션을 완성할 때, 모리스는 그 절반도 안 되는 분량으로 간단하게 문제를 해결했다. 그러던 어느 날 모리스는 "우리는 동시간대에 인터넷에 접속한 컴퓨터 수가 얼마나 되는지 알 수 없다"는 강사의 말을 듣고 강한 충동과 호기심을 느꼈다.

1988년 10월, 모리스는 줄곧 이 미션을 해결할 방법을 고민했다. 일단 이 문제는 일반적인 코딩 방법으로는 불가능했다. 같은 시간에 켜져 있는 컴퓨터라 해도 그 상황은 다르다. 집에서, 회사에서, 혹은 컴퓨터만 켜놓고 인터넷에는 접속하지 않은 경우도 있다. 더구나 세계 각지에서 같은 시간에 인터넷에 접속한 컴퓨터 사용자 수는 시시각각 변한다. 만약 보통의 코딩방법으로 수치를 구하려면, 프로그램이 인터넷에서 매우 빠르게 동작해야 한다. 출석을 부르듯 숫자만 카운트하고 재빨리 접속 중인 사용자 컴퓨터를 통과해야 한다. 아주 빠르게. 하지만 이렇게 한다 해도 그 결과는 정확한 수치가 아니라 근사치일 뿐이다.

다른 방법을 생각해야 했다. 만약 인터넷에 접속 중인 모든 컴퓨터 사용자가 미리 정해 놓은 데이터센터로 동시에 본인의 접속 상태를 보고한다면 어떨까? 매우 이상적이지만 현실적으로 절대 불가능한 방법이다. 기본적으로는 물리적인 시차가 문제가 되고, 사용자의 컴퓨터 조작 숙련도, 컴퓨터 옵션과 사양에 따른 시차까지 생각하면 데이터의 정확도가 크게 떨어진다. 결국 남은 방법은 최대한 은밀하게 어떤 흔적도 남기지 않고 인터넷에 접속 중인 사용자 컴퓨터를 스쳐 지나가는 것이다.

기본 방향을 정한 모리스는 구체적인 프로그래밍 아이디어를 정리하며 코딩을 시작했다. 밤낮을 가리지 않고 테스트와 수정 작업을 반복했다. 당시 모리스가 베이스로 선택한 방법은 네트워크 운행상태 검측 초기에 사용했던 웜프로그램*이었다. 이 프로그램 코드는 인터넷 곳곳을 돌아다니며 컴퓨터를 한 대를 통과할 때마다 수치가 올라가도록 설계됐다. 특히 이동 속도를 높이기 위해 컴퓨터 한 대를 통과할 때마다 스스로 복제 프로그램을 만들어 다른 컴퓨터에 침투하도록 만들었다. 프로그램이 기하급수로 복제되어 카운트 속도가 빨라지고, 통계 시간이 짧아질수록 데이터의 정확도는 올라간다. 마지막으로 프로그램이 침투할 수 있는 OS 취약부분을 찾아야 했는데, 모리스가 찾은 취약부분은 바로 메일서버에서 이메일을 전송할 때 이용하는 클라이언트 프로그램이었다.

* 실행코드 자체로 번식하는 유형

계산 착오가 탄생시킨 웜바이러스

1988년 11월 2일, 프로그램은 거의 완성되어 가고 있었지만, 모리스는 며칠 간 무리한 탓에 매우 피곤했다. 그는 미완성 프로그램을 테스트 겸 교내 네트워크에서 실행해보기로 했다. 테스트가 진행되는 동안 밥을 먹고 오면 될 것 같았다. 그러나 프로그램이 교내 네트워크에 진입하는 순간, 크나 큰 재앙이 시작됐다. 두 가지 작은 실수는 불과 반나절 만에 평범한 대학생 모리스를 세계적인 유명 인사로 만들었다. 첫 번째는 교내 네트워크가 외부에 개방되어 인터넷으로 연결됐다는 사실을 인지하지 못했다는 것이다. 두 번째는 이 미완성의 프로그램 코드에 계산 착오가 있었다는 점이다. 이 프로그램의 자가 복제 능력은 상상을 초월할 만큼 강력했다.

이 프로그램은 일단 인터넷으로 흘러들어가 온라인 사용자를 찾아갔다. 사용자 암호를 해독하고 이메일 시스템의 취약점을 이용해 사용자 컴퓨터에 침입한 후 자가 복제를 진행해 또 다른 검측 프로그램을 만들어 인터넷으로 흘려보냈다. 모리스의 계산 착오는 결과적으로 웜프로그램의 자가 복제 능력을 지나치게 키우고 말았다. 그는 애초에 컴퓨터 사용자에게 어떤 피해도 줄 생각이 없었다. 그렇지만 모리스의 작은 실수는 이 웜프로그램이 시스템 자원을 잠시 빌리는 것이 아니라 모든 시스템 자원을 소모하게 만들었다.

이 프로그램은 인터넷으로 흘러들어간 순간, 완전히 다른 얼굴로 변신했다. 드넓은 인터넷 세상을 번개처럼 질주하며 끊임없이 자가 복제와 세포분열을 반복했다. 상상을 초월하는 속도로 빠르게 인터넷 세상을 잠식해갔다.

모리스가 아무 것도 모른 채 점심 식사를 하는 동안, 미국 네트워크관리국 직원이 먼저 웜의 존재를 감지했다. 웜프로그램이 등장하는 순간 겹겹이 보호벽으로 둘러싼 컴퓨터들도 추풍낙엽처럼 나가 떨어졌다. 이 불청객은 컴퓨터에 침입하자마자 사용자 암호부터 해독했다. 해독한 암호를 이용해 컴퓨터 사용자권한을 모두 장악하고 직접 컴퓨터를 컨트롤했다. 이렇게 주객이 완전히 전도되면 자가 복제를 진행해 새로운 프로그램을 인터넷으로 내보낸다. 이때부터 여러 개의 웜프로그램이 동시다발적으로 여러 컴퓨터에 침입하는데, 그 수는 기하급수적으로 늘어났다. 식사를 마치고 컴퓨터실에 돌아와 상황의 심각성을 깨달은 모리스가 어떻게든 프로그램을 중지시키려 했지만, 이미 프로그램은 그의 통제권을 벗어나 있었다.

미국 동부에서 서부까지 메모리 리소스 소모 후 다운된 컴퓨터가 한두 대가 아니었다. 곧이어 대형 은행, 미국 항공우주국, 각 지역의 군사기지, 유명 대학의 컴퓨터 시스템도 재앙을 맞이했다. 미국 전역의 수많은 컴퓨터 사용자들은 두 눈을 동그랗게 뜨고 믿을 수 없는 광경을 지켜보며 놀라는 것 외에 할 수 있는 것이 아무 것도 없었다.

바이러스 치료를 도운 바이러스 창시자

모리스는 자신이 큰 재앙을 일으켰다는 사실을 인지하고 서둘러 관련기관에 자수했다. 일단 자신이 만든 프로그램 소스코드를 전문가에게 넘기며 자신의 죗값이 최소한으로 줄어들길 바랐다. 전문가들은 10시간 동안 머리를 싸맨 끝에 해결 방법을 간신히 찾을 수 있었다. 그러나 웜프로그램은 이미 미국 전체를 휩쓸며 인터넷에 접속해 있던 컴퓨터 6천 대와 유닉스 OS 컴퓨터 대부분을 공격한 후였다. 덕분에 1988년, 미국 전역에서 온라인에 동시 접속한 컴퓨터 사용자수가 6천임을 알 수 있었다. 모리스의 목표는 이렇게 달성되었다.

컴퓨터 6천 대가 다운된 후에도 여전히 수많은 웜프로그램이 네트워크를 뒤덮고 있었다. 사건이 수습된 후 미국 정부가 발표한 자료에 따르면 모리스의 웜프로그램이 일으킨 경제적 손실은 무려 9천 만 달러에 달했다.

모리스 이전에는 이렇게 짧은 시간에 이렇게 큰 피해를 입힌 사람이 없었다. 당시 미국 법률에는 '순수 기술에 의한 정보파괴 사건'에 적용할 법적인 근거가 없었다. 때문에 담당 판사들은 이 사건을 어떻게 처리해야 할지 큰 고민에 빠졌다. 뉴욕지방법원은 1990년 5월이 돼서야 모리스에게 집행유예 3년에 벌금 1만 달러를 선고하고 사회봉사 400시간을 명령했다. 그렇지만 이 판결은 명확한 법적 근거가 제시되지 않아 많은 논란을 불러일으켰으며, 모리스측도 이의를 제기했다. 이후 '컴퓨터 사기와 오용에 관한 법률'이 제정됐다.

사건 이후 모리스는 미국을 넘어 세계적인 유명인사가 됐다. 개인이 일으킨 사건으로 새로운 법이 제정되는 것은 미국에서도 매우 이례적인 일이었다. 하지만 모리스의 컴퓨터 기술에 대한 색다른 사고와 아이디어, 그것을 현실로 옮긴 뛰어난 기술만큼은 인정해야 했다. 덕분에 그는 대학원을 졸업한 후, 지금까지 MIT교수로 성실히 살아가고 있다.

모리스 사건의 가장 큰 의의는 웜프로그램에 대한 새로운 정의와 색다른 실행방법을 밝혀냈다는 것이다. 그러나 동시에 수많은 해커와 컴퓨터바이러스 제작자에게 바이러스 자가 복제라는 새로운 알고리즘을 선물했다. 이후 인터넷 메일서버를 이용한 웜프로그램 공격은 해커들의 단골 메뉴가 됐고 안티해킹 및 보안전문가와 백신회사에는 큰 골칫거리이자 숙제로 남았다.

요청하신 문서입니다 아무에게도 보여주지 마세요

1999년 3월 26일은 컴퓨터 역사상 최악의 금요일로 기록됐다. 모리스 사건 이후 11년. 웜이란 단어가 사람들의 기억 속에서 서서히 사라질 즘, 새로운 웜이 등장해 또 한 번 인터넷을 발칵 뒤집어 놓았다.

웜바이러스는 보통 두 가지 특징을 나타낸다. 하나는 메일서비스를 매개체로 이용하는 것이고, 두 번째는 전파 속도가 상상을 초월할 만큼 빠르다는 것이다. 웜바이러스가 일단 인터넷에 진입하면 몇 분도 안 돼 세계로 뻗어나가고 엄청난 경제적 손실을 일으킨다. 누군가 웜바이러스의 존재를 인식하고 응급조치를 취했을 때는 웜바이러스가 이미 모든 공격을 끝낸 후일 것이다.

MS워드프로세서는 기능과 안정성이 뛰어나고, 편리하고 쉽게 누구나 사용할 수 있어, 오늘날 많은 사무실에서 사용하는 사무툴이다. MS워드는 매크로 프로그래밍 방식으로 모든 조작을 최대한 간편하고 쉽게 만들었다. 실용적이고 편리한 매크로 프로그램을 이용하면 컴퓨터 전문가가 아니어도 본인이 사용할 매크로코드를 쉽게 만들 수 있다. 이처럼 매크로는 전문적인 기술을 요하지 않아 광범위하게 사용됐다. 하지만 그 쉽고 편리함은 멜리사라는 슈퍼

웜을 탄생시키는 요인이 됐다.

멜리사 바이러스는 윈도우OS에 탑재된 MS워드프로세서와 이메일클라이언트 아웃룩(Outlook)을 매개로 이용했다. 일단 하나의 컴퓨터를 장악한 후에 사용자의 주소록 목록에 있는 주소 중 50개에 똑같은 이메일을 발송한다. 같은 방식으로 바이러스의 복제 및 확산 속도는 기하급수로 증가한다. 이렇게 해서 과부하에 걸린 수많은 메일서버가 차례차례 다운됐다.

멜리사 바이러스가 담긴 이메일은 '요청하신 문서입니다. 아무에게도 보여주지 마시오.'라는 제목에 list.doc이라는 워드파일이 첨부됐다. 파일에는 수많은 음란사이트 주소가 적혀 있다. 별 것 아니라고 생각하겠지만, 이 순간 파일 안에 숨어 있던 매크로 바이러스가 활동을 재개하고 곧 사용자 컴퓨터에 침입해 광란의 자기복제를 시작한다. 얼마 뒤 사용자 컴퓨터의 모든 워드파일 내용이 만화영화 '심슨 가족'에 나오는 장난기 가득한 대사로 바뀐다. 문서의 원래 내용은 사라지고 사용자 정보가 새어나간다. 멜리사 바이러스는 본격적인 활동을 시작하기 전에 먼저 '매크로바이러스 경계령'을 무력화시키기 때문에 워드프로세서는 매크로프로그램이 복제 · 확산하는 동안 아무런 이상도 감지하지 못한다.

금요일 밤, 써트*가 멜리사의 움직임을 포착했다.

"젠장, 불금은 물 건너갔네. 이번 주말여행은 몇 주 전부터 계획했던 건데, 이놈의 버러지가 산통 다 깨버렸네. 앞으로 며칠은 정신없어 질 거야."

써트 직원들은 입으로는 온갖 불평을 쏟아냈지만, 금방 투철한

* CERT, Computer Emergency Response Team, (미국 국토안보부 산하) 컴퓨터 긴급대응팀.

직업정신을 되찾았다. 곧바로 바이러스의 근원을 추적하는 한편 치료 및 예방법을 연구하기 시작했다.

"현재 확산 속도로 볼 때 세계 인터넷이 마비될 때까지 3일밖에 안 걸릴지도 몰라. 어떻게든 막아야 해."

써트의 전문가들은 곧 바이러스의 특징을 분석해 바이러스 소스코드에 효과적인 대응방법을 발표했다. 이것은 완벽한 해결법이 아니였기 때문에 바이러스를 박멸하기 위한 방법을 지속적으로 수정 보완했다. 그러나 자체 경계심이 매우 강한 멜리사 바이러스는 써트의 방어망을 속속 뚫어냈다. 심지어 전문가들이 발표한 백신 프로그램에 대항하기 위한 변종 바이러스까지 만들어냈다.

매드카우, 파파

일명 매드카우(Mad Cow)로 불리는 이 변종 바이러스는 이메일에 첨부된 워드파일을 매개로 전파되는 방식은 같지만, 이메일 제목과 파일내용은 전혀 달랐다. 또한 매드카우는 매크로코드를 여러 단위로 나누어 워드파일 곳곳에 분산 저장했기 때문에 소탕하기가 더욱 힘들었다. 전문 프로그래머들의 노력으로 매드카우 바이러스를 검색할 수 있는 방법을 찾아낼 즈음 또 다른 변종 바이러스 파파(PaPa)가 등장했다. 파파가 출현하자 대 바이러스 공방전은 절정을 치달았다. 전쟁은 끝날 기미가 보이지 않았고, 시시각각 수많은 피해자를 양산했다. 컴퓨터에 저장된 사용자 정보가 노출되고 수많은 데이터가 사라졌다.

파파와 안티파파 툴의 대결은 각각 변종바이러스와 보안소프트웨어를 대표하며 치열한 공방전으로 발전했다. 써트가 멜리사 바이러스와 치열한 싸움을 이어가는 동안 FBI는 재앙의 원흉을 찾아 나섰다. FBI는 세계를 위기에 빠뜨린 벌레의 주인을 찾기 위해 미국 각지에 흩어져 있는 요원을 총동원했다.

멜리사 바이러스 유포자 체포

1999년 3월 30일, FBI는 멜리사 바이러스가 음란사이트 두 곳과 연관이 있다는 것을 포착했다. 써트 전문가가 멜리사 바이러스의 변종 매크로코드 중에 모 음란사이트에 대한 언급을 찾아낸 것이다. FBI는 해당 음란사이트의 서버를 즉시 폐쇄하고 수사를 시작했다. 수사 도중 이 두 사이트에서 멜리사 바이러스의 일련번호를 발견했는데, 이 일련번호에는 멜리사 바이러스가 매개물로 이용한 워드파일의 전자서명이 남아 있었다. 바로 바이러스 제작자가 남긴 흔적이었다. FBI는 이 전자서명을 단서로 한 해커를 체포했다. 그러나 이 해커는 첨부된 워드파일을 만들었을 뿐이었고, 바이러스를 제작한 사람은 따로 있었다.

워드파일을 제작한 해커의 진술에 따르면, 멜리사 바이러스 제작자는 인터넷에서 허위 계정을 이용했다. FBI는 추적프로그램을 이용해 이 계정을 감시 추적했고, 곧 이어 뉴저지주에서 30대 초반의 천재 해커 데이비드 스미스(David Smith)를 체포할 수 있었다. 스미스가 단 3시간 만에 제작한 이 바이러스의 이름은 IT업계의 거물 빌게이츠의 아내 멜린다 게이츠에서 따왔다고 한다.

대부분의 웜바이러스가 그러하듯, 멜리사 바이러스 제작자 역시 자기가 만든 바이러스를 치료할 방법은 알지 못했다. 바이러스 제작자는 잡혔지만, 멜리사 바이러스는 여전히 인터넷을 떠돌며 또 다른 피해자를 양산하고 있던 것이다. 스미스가 잡혔을 즘엔 재앙이 이미 아시아 국가에까지 손을 뻗은 상황이었다.

멜리사 바이러스는 아주 짧은 시간 동안 어마어마한 피해를 양산했다. 정부기관, 군사네트워크, GPS시스템 중앙서버, 은행 등 주요 공공기관의 서버가 부득이하게 운행을 중지해야 했다. 암호 체계가 뒤죽박죽 엉키고 막대한 양의 데이터가 사라졌다. 직접적인 피해액만 12억 달러에 달한 것으로 추정되었다. 분노한 대중은 비슷한 범죄의 재발을 막고자 강력한 처벌을 요구했다. 처음에 검찰은 스미스에게 5년을 구형할 예정이었다. 그러나 스미스가 3년간 바이러스 유포방지에 적극 협조하자 2년을 구형하였다. 이에 미국 연방법원은 징역 20개월과 5,000달러의 벌금을 선고했다.

실체는 없지만 핵폭탄보다 강하다

웜바이러스 공격법이 널리 알려지면서 관련 정보 또한 많이 공개됐다. 덕분에 마음만 먹으면 웜바이러스를 어렵지 않게 만들 수 있게 되었다. 일단 시스템 메일서버의 취약점을 찾아내면 기초적인 코딩 실력만으로도 비교적 간단하게 웜바이러스를 만들 수 있다.

2004년 최악의 바이러스로 꼽힌 새서(Sasser)와 넷스카이(Netsky)를 만든 장본인은 독일에 사는 18살 고등학생 스벤 야센(Sven Jaschan)이었다. 그는 나이도 어리고 컴퓨터 실력도 그리 뛰어난 편이 아니었지만, 컴퓨터업계를 떠들썩하게 만들었다. 2004년 상반기 통계에 따르면, 전 세계를 휩쓴 바이러스 중 70%가 야센의 작품이었다. 새서 바이러스에 감염된 컴퓨터는 서버를 통해 인터넷에 연결된 다른 컴퓨터를 수시로 공격한다. 그리고 60초 카운트다운 창이 뜨고 카운트다운이 끝나면 자동으로 시스템이 종료된다. 컴퓨터를 켜면 60초 카운트다운이 다시 반복되기 때문에 매우 난감한 상황이 된다.

해커기술과 바이러스의 결합으로 보통의 기술로도 강력한 파괴력을 가진 웜프로그램을 만들 수 있는 환경이 조성됐다. 이미 웜바이러스의 위력을 경험한 네티즌들은 이메일을 열 때마다 신중을 기했지만, 점점 더 강력하고 다양해지는 웜바이러스를 피하기는 쉽지 않다.

Wurmark 바이러스

Wurmark 바이러스는 감염된 컴퓨터가 끊임없이 외부로 바이러스 이메일을 발송한다는 점이 특징이다. Wurmark 바이러스는 키로거 공격*으로 사용자 암호를 해독해 사용자 정보를 포함한 여러 가지 자료를 외부로 유출한다. 이 바이러스는 프랑스, 인도, 싱가포르, 중국, 타이완 등 여러 지역에 광범위하게 전파되어 막대한 피해를 양산했다. Wurmark 역시 이메일과 첨부파일을 매개로 전파되지만 특이한 점이 있다. 워드파일 대신 '섹시한 미녀', '섹스', '음악', '사진', '스크린 세이버' 등 유혹적인 문구를 이용한다는 점이다. 이미 웜바이러스를 경험한 수신인이 첨부된 워드파일을 의심해 바이러스검사를 할 것에 대비해 파일형식과 제목을 위장해 목적을 달성했다. Wurmark 바이러스에 대한 정보가 없는 사람들은 쉽게 함정에 빠져들었다.

* 컴퓨터 사용자의 키보드 움직임을 탐지해 ID나 패스워드, 계좌번호, 카드번호 등과 같은 개인의 중요한 정보를 몰래 빼 가는 해킹 공격.

코드레드

대부분의 웜바이러스는 뛰어난 기술력이 필요하지 않다. 그러나 그 중에 새로운 코딩기법과 독보적인 기술을 선보인 웜바이러스가 있었다. 바로 그 이름도 유명한 코드레드(Code Red)이다. 코드레드 바이러스는 차별화된 코딩기법을 이용한 네트워크 바이러스로, 해킹기술과 바이러스를 결합해 막강한 위력을 발휘했다. 웜, 바이러스, 트로이목마프로그램의 특징을 유기적으로 조합함으로써 슈퍼급 웜바이러스를 탄생시켰다. 컴퓨터 전문가들은 이 바이러스에 대해 "컴퓨터바이러스 역사에 한 획을 그었다", "바이러스 역사의 새로운 장을 열었다"고 평가했다.

코드레드 바이러스는 일단 컴퓨터에 침입하면, 관리자 암호를 해독한 후 온갖 악행을 저지른다. 하드디스크 데이터 소각, 기밀문서 탈취, 암호 변경, 인터넷채널 마비 등등 지금까지 있었던 모든 웜바이러스의 장난이 총망라되었다. 코드레드는 자신과 관련된 어떤 정보도 하드디스크에 남기지 않는다. 이 웜바이러스는 컴퓨터 메모리를 스쳐 지나가면서, 이 컴퓨터의 서버를 통해 다른 서버를 공격한다. 마치 널뛰기 하듯 이쪽 컴퓨터 메모리에서 순식간에 저쪽 컴퓨터 메모리로 이동한다. 코드레드의 가장 큰 특징은 개인컴퓨터가 아닌 서버급 컴퓨터를 집중 공격한다는 점이다. 위장능력이 뛰어나 바이러스 검사로도 찾아내기 어려운 이 신형 웜바이러스는 특히 중국에 심각한 피해를 줬다. 이 바이러스는 중국어 OS를 특별 겨냥한 것이었다.

코드레드 II

곧이어 등장한 코드레드Ⅱ는 다음과 같은 방법으로 작동되었다. 일단 컴퓨터의 감염 여부부터 확인한다. 감염되지 않은 컴퓨터라면 곧바로 시스템 안에 스레드* 300여 개를 심는다. 이때 시스템의 디폴트 언어가 중국어 간체나 번체로 판단될 경우 스레드는 순식간에 600여개로 늘어난다. 그리고 IP주소를 임의로 여러 개 생성한 후, 600여개의 스레드가 100초에 한 번씩 하나의 IP주소를 선택해 바이러스에 감염된 데이터 패킷을 전송하게 한다. 엄청난 양의 바이러스 데이터 패킷이 네트워크 광대역 자원을 모두 점령하면 이 네트워크는 순식간에 마비된다. 또한 코드레드Ⅱ 바이러스에는 트로이목마 프로그램이 탑재되어 있어 바이러스 제작자가 컴퓨터 침입 전 과정을 원격 조종할 수 있고 언제든지 프로그램 코드를 수정해 바이러스 기능을 조절할 수 있다.

웜바이러스의 등장 이후 변질된 해커 정신

웜바이러스는 컴퓨터 바이러스 역사에 새로운 장을 열었다. 보통 수준의 기술을 가진 평범한 사람들도 인터넷 세상을 순식간에 큰 혼란에 빠뜨릴 수 있게 된 것이다. 님다(Nimda) 바이러스, 클레즈(Klez) 바이러스, SQL 슬래머 웜(SQL Slammer Worm) 바이러스가 그 예다. 대단하지 않은 기술로 만들어졌음에도 엄청난 파괴력을 보여줬다. 웜바이러스는 인터넷 세상을 순식간에 좀비 네트워크로 만들고 인터넷에 연결된 모든 컴퓨터에 타격을 가한다.

신규 바이러스는 늘 최신 코딩 언어와 기술로 제작되며, 시스템

---

* thread, 컴퓨터 프로그램 수행 시 프로세스 내부에 존재하는 수행 경로, 즉 일련의 실행 코드. 프로세스는 단순한 껍데기일 뿐, 실제 작업은 스레드가 담당한다.

파괴와 기밀자료 탈취 기능을 겸비했다. 또한 위장은닉 기술을 발전시키고 자체복구기능까지 갖추면서 백신소프트웨어를 무색하게 만들고 있다. 변종된 바이러스는 급격히 증가하는 추세인데 비해 백신 개발은 그 속도를 따라가지 못하고 있다.

모리스에서부터 시작한 웜바이러스는 해커정신에 큰 변화를 가져왔다. 재미와 쾌감으로 시작해 의협심으로 발전했던 해커정신이 어느덧 '어둠의 세계'로 변질됐다. 최근에 등장한 해커들은 오로지 사용자암호를 해독해 기밀문서를 탈취하고 시스템을 파괴하거나 네트워크를 마비시키는 것이 목적인 경우가 많다. 예전처럼 기술의 한계에 도전하거나, 자신의 기술을 뽐내면서 타인에게 즐거움을 주는 진정한 해커정신을 가진 이가 점점 줄어들고 있다. 처음에는 해커에 대한 대중의 시선은 '중립적'이었지만, 웜바이러스가 등장한 이후 해커와 바이러스에 혐오적인 시선이 점차 늘어나기 시작했다.

이메일 폭탄

이메일 폭탄은 가장 고전적인 사이버테러 방법이다. 가상의 컴퓨터를 이용해 한 주소로 대량의 이메일을 집중적으로 발송한다. 수신인의 대역폭자원을 소모시켜 인터넷을 마비시키는 것이 목적이다. 이 방법은 간단하고 효과적이며 관련 툴도 쉽게 구할 수 있기 때문에 상대방 이메일 주소만 정확히 알면 쉽게 성공할 수 있다. 뿐만 아니라 당하는 입장에서는 방어하기가 상당히 까다롭다. 이메일 폭탄은 고전적이면서도 현재 가장 유행하는 방법이기도 하다. 개인이나 기업의 잘못으로 분풀이를 하고 싶은 호사가라면, 이메일 폭탄을 이용할 가능성이 높다. 이메일 폭탄은 단순히 수신인의 이메일 클라이언트가 정상적으로 작동하지 못하게 만드는 것뿐 아니라 수신인 컴퓨터가 사용하고 있는 메일 서버 시스템까지 마비시킬 수 있는 가능성이 있기 때문에 그 파괴력은 생각보다 심각해 질 수 있다.

좀비 네트워크

좀비 네트워크에서는 좀비프로그램에 감염된 컴퓨터가 자동으로 서버 역할을 수행하며, 같은 네트워크로 연결된 다른 컴퓨터에 바이러스를 전파한다. 대다수 사용자들은 감염 사실을 알지 못한 채 영화에 나오는 좀비처럼 타인을 공격하는 도구로 전락한다. 이 프로그램은 짧은 시간 안에 네트워크 전체를 마비시킬 수 있는 효과적인 해킹 공격법이다.
해커들은 인터넷을 통해 어디서든 좀비 네트워크를 조종할 수 있다. 종종 여러 해커가 모여 동시에 대규모 네트워크 공격을 감행하기도 한다. DDOS나 대량 스팸메일 발송이 대표적인 사례다. 좀비프로그램을 이용하면 은행계좌번호, 비밀번호, 주민등록번호 등 해당 컴퓨터에 있는 모든 정보를 빼낼 수 있다. 네트워크의 안정성과 사용자 데이터 보안에 위협적인 존재인 것이다. 좀비 네트워크의 위협은 이미 국제 사회가 주목하는 주요 문제로 떠올랐다. 하지만 좀비 네트워크를 찾아내는 것은 쉽지 않다. 보통 좀비 네트워크를 장악한 해커들은 교묘히 자신을 감춘 채 원격으로 세계 각지에 흩어져 있는 좀비 호스트를 조종하기 때문이다.
오늘날 수많은 컴퓨터가 좀비바이러스 감염에 무방비로 노출되어 있다. 인터넷에서 쉽게 볼 수 있는 섹시한 미녀들의 광고 사진, 재미있어 보이는 게임프로그램을 클릭하는 순간, 좀비바이러스의 먹이가 될 수 있다. 좀비바이러스에 감염되는 순간 해당 컴퓨터는 저 멀리 어딘가에 있을 누군가의 명령을 수행하게 되지만, 컴퓨터 운행 자체에 이상이 생기는 것이 아니므로, 사용자는 감염 사실을 전혀 알 수 없다.
관련 통계에 따르면 매주 평균 10만 대 이상의 컴퓨터가 좀비바이러스에 감염되고 있으며, 이 중 상당수가 원격 조종을 통해 불법 행위에 이용당하고 있다고 한다.

네트워크 대전

세계를 전략적으로 발전하게 하는 원동력은 무엇입니까? 경제발전을 저해하는 장애요소는 무엇입니까? 네트워크 범죄에 주목하십시오.

3Q대전

중국 네티즌 중에 텐센트(Tencent, 騰訊)와 치후360(Qihoo360, 奇虎360)을 모르는 사람은 없다. 중국의 컴퓨터 사용자는 두 회사에서 개발한 프로그램을 적어도 하나는 사용하기 때문이다.

1998년 11월 선전(深川)에 설립된 텐센트는 10여 년 만에 중국 네트워크 커뮤니케이션 분야를 석권했다. 주력 제품인 메신저 프로그램 QQ는 사용자 수 11억이라는 경이로운 수치로 MSN을 앞질러 세계에서 가장 많은 사용자를 보유한 네트워크 커뮤니케이션 프로그램이 되었다. 중국 네티즌은 새로운 친구를 사귀면 '전화번호'대신 'QQ번호'를 알려달라고 한다. 텐센트는 메신저 외에도 이메일, 검색엔진, 인터넷게임, 인터넷 친구 사귀기, 블로그 등의 다양한 서비스를 제공해 방대한 고객층을 확보했다. QQ 메신저는 머지않아 업계의 제왕이 되었다. QQ 메신저가 등장한 후 네트워크 커뮤니케이션 프로그램의 원조인 ICQ의 제작사는 중국시장 마케팅 전략을 대폭 수정해야 했다.

치후360은 텐센트와 비교하면 규모나 역사 면에서 걸음마 단계에 있다. 네트워크 보안 회사인 치후360은 2005년 설립된 이래 줄곧 프로그램 무료 배포를 마케팅 전략으로 삼았다. 고품질 네트워크 보안 프로그램을 무료로 제공하는 데 온 힘을 쏟았고, 마침내 중국에서 규모가 가장 크고 품질이 뛰어난 보안 프로그램 제작사가 되었다. 컴퓨터 보안 프로그램과 바이러스 백신, 보안 브라우저, 개인정보 유출방지 프로그램, 휴대전화 보안 프로그램 등이 사용자에게 좋은 평가를 받으면서 치후360은 명실상부한 중국 최고의 보안 프로그램 브랜드가 되었다. 시장점유율 76%로 업계 선두 자리를 차지한 치후360의 보안 프로그램은 사용자 수가 2억8천6백만 명에 이른다.

중국에서 진정한 의미의 무료 바이러스 백신을 내놓은 것은 치후360이 처음이었다. 바이러스 백신은 정식 배포한 지 3개월 만에 사용자 수가 2억2천만 명을 돌파했다. 보안 브라우저는 사용자 수가 1억7천5백만 명이 넘어 시장점유율이 46%를 기록했다. 마이크로소프트의 인터넷 익스플로러 다음으로 사용자 수가 많은 것이다. 휴대전화 보안 프로그램은 출시와 동시에 호평을 받으며 스마트폰 시장의 55.6%를 장악했고 업계 1위가 되었다. 트로이목마 바이러스 치료와 불필요한 파일 정리, 기기 최적화 등 사용자의 입맛에 딱 맞는 응용프로그램은 선풍적인 인기를 끌었다.

그런데 2010년, 활동분야와 영업방향, 사용자 군이 전혀 다른 두 회사 간에 한바탕 전쟁이 벌어졌다. 누군가 텐센트의 프로그램이 사용자의 컴퓨터를 불법 스캐닝해서 사생활을 침해한다고 고발한 것이 도화선이 되었다. 이 사건은 중국 인터넷 커뮤니티를 뜨겁게 달구었고 세계적으로 초미의 관심사가 되었다.

인터넷 패권을 잡아라

텐센트의 프로그램 중에 트로이목마 바이러스가 QQ 비밀번호를 알아내지 못하도록 보호하는 프로그램이 있는데, 사용자들은 이것을 'QQ닥터'라고 부른다. 2010년 5월 25일, QQ닥터가 하드디스크의 문서를 스캐닝하고 다량의 스크린 캡처 화면을 유포한다는 글이 인터넷에 게재되었다. 'QQ닥터'는 컴퓨터를 샅샅이 뒤지는 트로이목마 바이러스나 백신 프로그램처럼 사용자의 문서를 하나

하나 스캐닝하고 검사하면서 시스템의 안정성을 검증할 수밖에 없는데, 이처럼 '하나도 놓치지 않는' 검사 방식은 사생활을 침해한다는 혐의를 피하기 어렵다.

일주일 후 텐센트는 'QQ닥터'의 이름을 'QQ컴퓨터 집사'로 바꿔, 텐센트의 프로그램은 물론 컴퓨터 시스템의 안전을 책임지는 프로그램으로 도약했음을 알렸다. 그러나 시스템 업그레이드 기능 외에는 'QQ닥터'의 핵심기술을 그대로 가져 왔기 때문에 사용자의 정보를 불법 스캐닝 한다는 혐의는 여전히 벗지 못했다. 새로운 기능이 추가된 'QQ컴퓨터 집사'는 치후360의 보안 프로그램인 360세이프와 중복되는 기능이 많았는데, 이는 치후360의 심기를 불편하게 했다.

2010년 7월 24일, 유명한 잡지 '컴퓨터 세계(計算機世界)'에 텐센트가 ICQ 등 메신저 프로그램을 표절했다는 내용의 글이 실렸다. 이 글은 텐센트를 '국가의 적'이라 비난하며 거센 파도를 몰고 왔다. 때마침 업계의 한 유력 인사는, 텐센트가 네트워크 보안 업계에 뛰어들자 불만을 품은 치후360이 여론을 조작한 것으로 보인다고 의견을 밝히면서 전혀 교집합이 없던 두 회사 사이에 적대심이 생기기 시작했다.

2010년 9월 말, 치후360은 암묵적으로 텐센트의 프로그램을 겨냥한 '사생활 보호 프로그램'을 배포했다. 이 프로그램은 사용자에게 수시로 텐센트의 프로그램이 당신의 하드디스크를 스캐닝하고 사생활을 염탐한다고 경고했다. 한 달 뒤, 치후360은 다시 'QQ보디가드'라는 프로그램을 배포해 정면으로 텐센트에 반기를 들었다. 텐센트의 QQ를 콕 집어 말한 'QQ보디가드'는 QQ 프로그램이 시스템을 수정하거나 스캐닝하는지 감시했다. 또한 QQ메신저 이외에 텐센트가 설치를 강요했던 QQ뉴스, QQ아바타, QQ뮤직, QQ농장 등의 각종 프로그램을 사용자가 원하는 대로 선별해서 설치할 수 있게 했다. 그 전에는 모든 프로그램을 일괄적으로 설치해야만 했기에 사용자는 한 가지 프로그램만 사용하고 싶어도 모든 프로그램을 설치해야 했다. QQ메신저만 사용하던 수많은 사용자는 'QQ보디가드'의 등장에 환호했다. 치후360은 텐센트가 첫 번째 공격에 따른 피해를 수습하기도 전에 두 번째 펀치를 날려 첫 결전을 승리로 이끌었다. 텐센트는 타격이 컸다. 프로그램을 일괄적으로 설치하는 것은 제품을 홍보하고 보급하는 주요 통로였다. 치후360이 사용자의 손에 텐센트의 팔다리를 자를 수 있는 칼을 쥐어준 것이나 마찬가지였다.

사용자는 경쟁사를 압박하기 위한 도구가 아니다

2010년 11월 15일, 라이징 안티바이러스 사는 360세이프를 분석하다가 암호화된 파일을 하나 발견했다. 암호를 해독한 결과, 사용자의 사생활을 수집한 파일이었고 그 수가 일 만여 건이 넘었다고 밝혔다.

"치후360이 사용자가 컴퓨터에 설치한 프로그램과 사용자의 회사정보, 바탕화면 단축 아이콘 등의 사생활을 빠짐없이 수집했다는 사실이 증명되었습니다."

라이징 안티바이러스는 치후360의 프로그램이 사용자의 컴퓨터에서 어떤 정보를 수집했는지 검사할 수 있는 '360 데이터베이스 검사기'라는 프로그램을 배포했다. 그러나 얼마 후 이 검사기의 다운로드 링크 연결이 끊어졌다. 이미 다운로드 한 사용자들은 기념으로 이 프로그램을 소장했고, '3Q대전'을 비웃는 농담거리로 삼았다.

2010년 말, 두 회사의 설전은 절정으로 치달았다. 치후360은 '텐센트의 불법 염탐'을 집중적으로 공격했고, 텐센트는 타 프로그램을 함부로 수정하는 불법 프로그램인 치후360의 'QQ보디가드'를 승부수로 반격에 나섰다. 두 회사는 약속이라도 한 것처럼 상대 회사를 고소했다. 2010년 11월 3일, 텐센트는 홈페이지에 팝업 창을 띄워 다음과 같이 공지했다.

"폐사는 고민 끝에 다음과 같은 결단을 내리고 여러분께 이 사실을 알립니다. 텐센트는 치후360이 프로그램 불법 수정과 악의적인 비방을 멈출 때까지 치후360의 프로그램이 설치된 컴퓨터에서 QQ 프로그램 실행을 중단하겠습니다."

이와 동시에, 치후360 역시 자사의 보안 브라우저에서 QQ의 웹페이지 실행을 중단한다고 밝혔다. 치후360의 브라우저는 텐센트의 웹페이지가 연결을 시도하면 즉시 거부하고 내장된 인터넷 익스플로러를 실행했다. 치후360은 자사 브라우저에서 텐센트의 웹페이지를 연결하지 않지만 '기타 브라우저에서 실행하도록' 유도하며 텐센트와 달리 관대한 모습을 보였다.

경쟁사를 압박하는 도구로 사용자를 이용한 텐센트의 몰지각한 행동은 큰 반향과 논쟁을 불러왔다. 각 매체는 사용자에게 '양자택일'을 요구한 것은 지나친 처사라 비난하며 이 소식을 톱뉴스로 보도했고 사용자는 분노했다. 텐센트는 일전에 자사 프로그램이 컴퓨터를 스캐닝하지 않는다고 밝히지 않았던가? 그럼 어떻게 치후

360의 프로그램이 설치되었는지 알 수 있단 말인가? 텐센트는 다년간 자사 제품을 사용해 온 고객의 편익은 안중에 두지 않고, 고객을 무기로 치후360을 단죄하려 했다. 어려움이 닥쳤을 때 사용자를 보호하지 않고 제물로 삼을 생각부터 하다니, 과연 이런 회사를 믿을 수 있을까?

각 포털사이트는 이 사태에 발 빠르게 대응해 치후360의 보안 프로그램을 사용할지 QQ에 한 번 더 기회를 줄지 묻는 투표를 개설했다. 많은 사용자가 '메신저는 MSN도 있고 야후 메신저도 있고 시나 UC도 있지만 품질 좋은 컴퓨터 보안 프로그램을 무료로 주는 회사는 치후360뿐'이라며 치후360을 선택해 텐센트를 실망하게 했다. 이 사건으로 MSN과 시나UC 등 국내외 동종업계는 즐거운 비명을 질렀다. 텐센트와 치후360의 격전의 한창일 무렵, 이들 메신저 프로그램의 사용자 수가 대폭 증가했던 것이다.

2010년 마지막 달, 각고의 노력 끝에 두 회사는 화해했고 네티즌은 마침내 고래 싸움에 낀 새우 신세를 면했다. 우리는 묻지 않을 수 없다. 최고의 기업으로 거듭나려면 어떻게 해야 할까? 사용자를 왕이라 여겨야 하지 않을까? 사용자의 편익을 출발점에 두는 것이 기업이 생존하고 발전하는 길이다. 사용자의 편익을 젖혀두고 오히려 제물로 삼다니, 근시안적인 행동이 아닐 수 없다.

사람들은 경쟁사를 무자비하게 비방한 이 사건의 원인이 컴센즈(Comsenz Inc. 康盛創想)라고 추측했다. 컴센즈는 수년간 중국 최대 규모의 전자게시판을 운영해 온 전자게시판 시스템 제작사다. 2010년, 텐센트와 치후360은 컴센즈와 합작하려고 수차례 접촉하며 공을 들였다. 컴센즈는 당초 치후360을 염두에 두었으나, 하루가 다르게 사세가 팽창하는 텐센트로 방향을 틀어 텐센트의 자회사가 되었다. 컴센즈의 투자 방향 변경이 소모적인 '3Q대전'의 단초가 된 것으로 보인다.

복권에 당첨되는 가장 빠른 방법

세상에서 가장 무서운 무기는 날카로운 칼이나 핵폭탄이
아니라 세상 구석구석까지 뻗쳐 있는 인터넷 네트워크다.
인터넷은 전쟁터인 동시에 나의 필살기이다.

복권에 당첨되는 가장 빠른 방법

2004년 9월, 칠레 차이나타운 복지복권운영기관이 중국 신장(新疆)으로 전문조사단을 파견했다. 이들의 목적은 베일에 싸인 'K.O'라는 인물을 찾는 것이었다. K.O는 복싱경기에서 링 위에 쓰러진 한 쪽이 정해진 시간 내에 경기를 재개하지 못할 때 승부가 결정되는 규칙이다. 이 수수께끼의 인물은 K.O라는 닉네임을 통해 강한 자신감을 표현하고자 했을 것이다. 초동 조사 결과, 중국 신장에서 출발한 IP주소를 사용한 K.O는 4시간 동안 칠레 차이나복권 추첨 시스템에 침입했다. 그는 특별히 제작한 프로그램을 이용해 추첨 시스템 운영을 조작해 자신이 인터넷으로 구매한 복권이 76만 페소가 걸린 1등에 당첨되도록 만들었다.

이 복권은 주로 칠레 차이나타운에서 판매됐기 때문에 발행규모나 당첨금 액수가 그리 크지 않았다. 그래서 복권시스템도 매우 간단했다. 공증사무소의 감독 아래 컴퓨터 프로그램을 통한 자동추점 방식으로 당첨번호를 뽑았다. 복권시스템 운영자와 복권 구매자가 대부분 중국인인 까닭에 피차간의 신뢰가 깊었고, 근 100회를 이어오는 동안 별 다른 문제가 없었다. 그런데 지난 몇 회에 걸쳐 1등 당첨자가 나오지 않는 바람에 1등 당첨금이 76만 페소까지 불어났다. 드디어 76만 페소의 주인공이 탄생했을 때, 사람들은 모두 고개를 갸웃했다. 주인공은 인터넷으로 복권을 구매한 중국 신장 사람이었다. 이것은 칠레 차이나타운에서 발행하는 복권인데, 중국 신장 사람이 구입했다는 것도 이상했지만 단번에 정확히 1등 번호를 맞췄다는 점이 더욱 의심스러웠다.

복권운영기관은 인터넷보안 전문가에게 추첨시스템 분석을 의

뢰했다. 분석의 초점은 당연히 중국 신장에 사는 76만 페소의 주인공이었다. 분석 결과 이 신장 IP주소는 추첨 4시간 전에 이미 시스템에 침입해 추첨프로그램을 자신이 미리 만들어둔 컴퓨터프로그램 모듈에 연결시켰다. 4시간 후, 이 모듈의 사전 설정에 따라 특정 숫자가 1등에 당첨됐다.

신장은 중국 내에서도 해커 활동이 거의 없는 지역으로 당연히 주목할 만한 해커나 해킹 사건도 전혀 없었다. 그러나 칠레 차이나 복권시스템을 겨냥한 이 해커는 침착하고 신중한 데다 네트워크 기술 수준도 상당했다. 사건 경위를 종합해볼 때 이 해커는 이미 오래 전에 해당 추첨시스템의 취약점을 발견했고, 이 취약부분을 겨냥한 침입 프로그램을 만들었다. 이렇게 미리 프로그램을 조작한 후 인터넷으로 복권을 구매해 하루아침에 백만장자의 꿈을 이루려 했던 것이다.

신장에 도착한 조사단은 사건이 어느 PC방에서 일어난 것을 알아냈다. 그들은 사건이 일어난 시간의 CCTV 기록을 뒤지기 시작했다. 용의자는 헌팅캡을 쓴 30대 초반의 남자였다. 비쩍 마른 이 남자는 모자를 깊이 눌러 쓴 데다 커다란 안경을 끼고 있었다. 그는 PC방 구조에 익숙한 듯 곧바로 CCTV에서 멀리 떨어진 구석자리에 앉았다. 그리고 몸을 약간 돌려 CCTV와 등을 지고 모자를 더욱 깊게 눌러 썼다. 등을 지고 있었기 때문에 CCTV상으로는 그가 뭘 하고 있는지 정확히 알 수 없었다. 그는 빵을 뜯어먹고 물을 마시면서 뭔가 바쁘게 움직였다. 그리고 약 5시간 후 사용료를 계산하고 유유히 사라졌다.

조사단은 신장 공안당국의 적극적인 도움을 받긴 했지만, 수사는 더 이상 진전되지 않았다. 76만 페소는 칠레 경찰이 임시 보관하였다. 그로부터 한 달 후, 잠시 운영을 중단한 복권판매사이트 홈페이지 화면에 피 묻은 칼 사진과 혈서를 연상시키는 시뻘건 문구가 등장했다.

"고객 서비스 책임 조항에 따라 모든 전자상거래 시스템은 치밀하고 빈틈없는 완벽한 보안을 유지해야 한다. 그러나 유감스럽게도 이 세상에 취약점이 없는 시스템은 존재하지 않는다. 이것은 컴퓨터 업계의 영원한 딜레마이다."

신뢰할 수 있는 사이트를 불신하라

요즘 중국의 주요 은행은 대부분 인터넷거래시스템을 운영하고 있다. 수도세, 전기세, 전화요금, 가스요금 등 생활공과금이 대부분 인터넷뱅킹으로 납부되고 있다. 또한 인터넷쇼핑은 편리함과 신속함을 앞세워 중국인들의 소비패턴을 완전히 바꿔놓았다. 덕분에 타오바오, 이취, 러타오와 같은 대형쇼핑몰이 등장했고 기존의 유명브랜드도 점차 온라인상점에 힘을 주고 있다. '아시아 최대 온라인소매쇼핑몰'을 자처하는 타오바오는 2010년에 이미 가입자 2억 명을 돌파했다. 이처럼 온라인쇼핑몰은 큰 인기를 누리고 있지만 해킹의 위험 또한 높아졌다. 특히 인터넷뱅킹 시스템은 하루도 보안 문제에서 자유로울 수 없다.

대형 은행들은 보안카드를 출시한 데 이어 기술적으로 조금 더 발전한 USB key*을 내놓으며 꾸준히 보안을 강화하고 있다. 대형

* 인증서ID와 USB key사이의 하드웨어 코드를 맞춰 주는 것. 인터넷뱅킹 사용 시 인증서 코드를 확인하는 동시에 usb key의 하드웨어 코드도 검사하며 데이터가 일치해야인터넷뱅킹을 정상으로 사용할 수 있다.

쇼핑몰은 다양한 모바일인증 및 결제 시스템을 만들었으며 이와 더불어 인터넷결제 안전시스템도 속속 출시됐다. 그러나 이런 새로운 프로그램과 시스템이 등장은 기술한계에 도전하고픈 해커들의 전투 의지를 강하게 불태웠다.

2000년 1월 17일, 전자상거래 사이트 쉬요우(所有)가 해킹당해 메인페이지가 백지로 바뀌었다. 시스템 관리자는 이를 발견하고 곧바로 복구 작업을 진행했다. 백업파일을 이용해 메인 페이지를 원래 상태로 되돌리고 해커가 삭제한 서브파일도 모두 복구했다. 그러나 해커의 공격은 아직 끝나지 않았고 관리자도 긴장감을 늦추지 않고 사이트를 주시했다. 해커가 시스템 정보를 바꾸고 관리자가 다시 원래 상태로 되돌리는 과정이 3시간 넘게 되풀이됐다. 관리 책임자는 해킹이 계속 이어질 경우 회원 정보와 거래 정보가 유출될 수도 있다고 판단해 사이트 서버를 중지시켰다.

서버 중지 후 복구 작업을 하면서 해커가 사이트 메인에 게재하려 했던 파일이 발견됐다. 서둘러 사이트를 폐쇄한 덕분에 다행히 이 파일을 다운로드한 고객은 없었다. 스스로 대학생이라고 밝힌 해커는 '쉬요우와 네티즌에게 전하는 편지'라는 제목의 파일을 남겼다. 이 편지는 대략 이런 내용이었다.

"지금 한창 졸업 논문을 준비하느라 스트레스가 심하다. 쉬요우 해킹은 논문 스트레스를 푸는 동시에 논문에 언급한 이론이 현실과 얼마나 차이가 나는지 테스트해보기 위함이다. 이번 논문에는 중국의 인터넷 사이트 대부분이 외부 침입에 매우 취약하며 해킹을 통해 누군가가 부당이득을 취할 수 있음을 경고하는 내용이 포함되어 있다. 쉬요우 거래시스템에는 수많은 취약부분이 존재해 회원 정보와 자금의 안전을 전혀 보장할 수 없는 상황이었다. 이번 테스트를 통해 쉬요우 고객에게 '당신이 신뢰하고 있는 사이트'가 얼마나 위험한지를 알리고 모든 네티즌에게 요즘 유행하는 전자상거래 시스템의 위험성을 경고한다."

해커는 며칠 전 쉬요우에서 판매했던 '오리엔트특급 번역소프트웨어'의 판매가격을 1위안으로 바꿨던 것도 자신의 소행이라고 밝히며 "쉬요우 시스템이 복구되는 대로 다시 돌아오겠다"고 으름장을 놓았다. 쉬요우는 얼마 전 거래 과정, 지불, 배송, 데이터베이스 등 전 분야에서 '신뢰할 수 있는 사이트'로 선정되었는데 그 이유로 오히려 해커의 공격 대상이 되고 말았다. 다음날 쉬요우측 시스템 관리 책임자는 해킹 사실을 인정하면서 "지불을 포함한 시스템 핵심 부분은 공격당하지 않았다"고 발표했다. 그러나 이 사건으로 쉬요우는 24시간 동안 사이트를 폐쇄해야 했다.

시나닷컴 피습 사건

설 연휴는 남녀노소 모두에게 달콤하고 행복한 시간이다. 그리고 해커에게는 짜릿한 흥분과 모험의 시간이다. 중국에는 공식적인 직업 해커가 없다. 주요 관공서와 공공설비관리회사를 비롯해 거의 모든 대기업이 긴 연휴에 들어가기 때문에 해커들은 본업의 스트레스에서 벗어나 부업에 모든 시간과 여력을 집중한다. 또한 설 연휴 기간 동안 대부분의 인터넷 사이트는 최소한의 인력으로 관리하려 하기 때문에 문제가 생겨도 이를 쉽게 감지하지 못한다. 해커에게는 절호의 기회인 셈이다.

설 연휴 5일째인 2000년 2월 9일, 중국은 온통 평화로운 신년

분위에 젖어 있었다. 언론에 등장하는 장황하고 뻔한 설 연휴 풍경 보도에 신물이 날 즈음 주요 매체 헤드라인에 '시나닷컴 피습, 인터넷 마비'라는 충격적인 사건이 등장했다.

당시 중국 최대 포털사이트로 승승장구했던 시나닷컴은 2월 8일 오후부터 장장 18시간 동안 해커들의 집중 공격을 받았다. ~@sina.com 형식의 시나닷컴 이메일 주소가 포함된 모든 이메일이 갈 곳을 잃었다. 이 사건은 뉴 밀레니엄 출발 이후 중국 인터넷업계를 강타한 첫 번째 핵폭탄급 해킹이었다. 설 연휴의 여흥은 순식간에 공포와 충격으로 바뀌었다. 컴퓨터 전문가뿐 아니라 일반 네티즌들까지 커뮤니케이션사이트 게시판에 다양한 의견을 게재했다. 이들의 의견은 대부분 걱정과 두려움이었다.

"시나닷컴은 자타가 공인하는 중국 최고의 포털사이트다. 뛰어난 기술, 안정적인 서버, 우수한 보안성을 바탕으로 막강한 영향력을 발휘해왔다. 이런 시나닷컴이 해킹을 당했다니, 중국의 인터넷 보안 기술을 어떻게 믿겠는가?"

"우리는 인터넷 세상에서 발가벗겨진 채 전시되고 있다."

시나닷컴 해킹에 사용된 해킹 기술은 특별히 대단한 것이 아니지만, 이메일 시스템에는 매우 치명적인 스팸 메일을 이용한 공격이었다. 이번 해킹을 주도한 해커는 전국 각지에 퍼져 있는 동료들을 총동원해 같은 시간에 시나닷컴 메일서버를 향해 대량의 스팸 메일을 발송했다. 전국에서 수많은 해커가 동시에 같은 해킹프로그램을 이용해 같은 메일서버를 향해 인해전술을 펼쳤다. 그러자 시나닷컴 이메일 시스템에 할당된 네트워크 대역폭 자원이 순식간에 소모됐다. 이후 시나닷컴 이메일은 수신과 발신을 포함해 모든 시스템 통로가 막혀 18시간 동안 이메일 서비스가 정지되었다. 시나닷컴측은 10명의 네트워크보안전문가를 투입해 해커의 공격을 막아내는 한편 시스템 복구 작업을 병행했다. 18시간 만에 간신히 네트워크 입구를 가로막은 쓰레기를 치우고 해커 공격을 종료시켰다.

그러나 2월 13일, 시나닷컴 시스템 관리자들이 겨우 한숨을 돌리고 있을 때, 또 다시 스팸메일이 몰려오기 시작했다. 당시 시나닷컴 수석엔지니어였던 옌위안차오(嚴援朝)는 6시간에 걸쳐 또 한 번 해커와의 전쟁을 치렀다. 시나닷컴은 해커와의 전쟁에서는 승리했지만, 손해 배상을 요구하는 시나닷컴 회원의 집단 소송으로 또 다른 난관에 봉착했다.

스팸메일 공격법은 최근 신세대 해커들이 즐겨 이용하는 무기 중 하나다. 1세대 해커의 목표는 기술적인 침입 그 자체였다. 보안이 철저한 사이트에 침입함으로써 자신의 기술 한계에 도전하고 끊임없이 기술을 발전시켰다. 그러나 최근 등장한 해커들은 깊이 있게 기술을 연구하는 것이 아니라 최대한 쉽고 간단하고 빠른 방법으로 해커그룹에 동참하고 싶어 한다. 요즘 해커들은 시간도 없고, 해킹과 관련된 하드웨어와 소프트웨어 기술을 습득하고 연구할 인내력은 더더욱 없다. 그래서 이들은 주로 선배들이 개발한 해킹프로그램이나 이미 알려진 공격방법을 이용해 시나닷컴의 서비스거부 공격처럼 특정 시스템에 집중 공격을 감행한다. 특별하거나 대단한 기술이 없어도 기존 프로그램을 다운받아 공격대상의 주소와 공격내용을 입력하기만 하면 누구나 해킹을 할 수 있다. 일단 프로그램을 설정하면 특별히 따로 해야 할 일은 없다.

이것은 매우 간단한 방법이지만 거액을 투자해 나름 완벽한 시스템을 갖췄다는 사이트도 하루아침에 무너뜨릴 수 있는 강력한 파괴력을 발휘한다. 쉽게 비유하면 누군가 특정 전화번호에 계속 전화를 걸어 다른 사람이 이 전화번호를 이용하지 못하게 하는 것과 같다. 다만 전화는 단선 채널이기 때문에 해당 전화번호 하나만 불통되는 것으로 끝나지만 인터넷은 다르다. 많은 회원을 거느린 대형 사이트는 동시에 수백만 접속자를 수용하기 위해 대규모 채널을 확보하고 있다. 따라서 한 번의 해킹 공격으로 수많은 컴퓨터와 서버를 먹통으로 만들 수 있다. 안타깝지만 현재의 보안기술로는 서비스 거부 공격을 완전히 막을 방법이 없다.

임자 만난 야후

시나닷컴이 공격당하기 하루 전인 2000년 2월 7일, 미국 동부시간 오전 9시경 세계 최대 포털 사이트 야후도 같은 공격을 당했다. 시나닷컴을 공격한 것과 같은 방법을 사용한 야후 해킹은 그 충격과 영향력 면에서 볼 때 해킹 역사상 3위 안에 드는 큰 사건이었다.

당시 AOL에 이어 세계 2위의 IT기업이었던 야후는 회원수 1만 명에 동시접속 트래픽 허용치가 600메가 수준이었다. 데이터 처리 규모가 워낙 커서 서비스 거부 공격이 쉽지 않았다. 야후가 확보한 광대역 자원은 웬만한 서비스 거부 공격을 스스로 해결할 수 있었다. 하지만 야후를 노린 해커는 그 규모에 상관없이 광대역 자원이 소진되는 순간이 있다는 사실을 포착했다.

야후 발표에 따르면 사건 발생 당시 메일액세스 요청이 쓰나미처럼 몰려와 야후 이메일서버 채널을 틀어막고 메일시스템을 마비시켰다고 한다. 공격이 최고조에 달했을 때 시스템의 초당 데이터 처리량이 천 메가바이트까지 치솟았다. 이 수치는 일반 사이트에서 일 년 동안 처리하는 용량과 맞먹는다. 이 때문에 미국의 야후 회원 98%가 이메일 서비스를 이용하지 못했고, 야후사이트의 뉴스와 전자상거래 시스템도 서비스가 중단됐다. 야후 시스템의 절반 정도만 겨우 제 역할을 했다.

야후 사이트 공격은 3시간 정도 지속됐다. 야후의 기술전문가들은 끊임없이 밀려오는 액세스요청 중 70만 개 IP주소를 추려내 차단함으로써 겨우 사태를 진정시킬 수 있었다. 그나마 야후는 중앙 데이터베이스를 안전하게 지킴으로서 겨우 체면치레를 했다. 그러나 이 사건으로 확실히 이미지와 신뢰도가 실추됐을 뿐 아니라, 3시간 동안 사이트 배너광고 클릭 건수를 올리지 못해 광고수익에서 큰 손해를 봤다.

해킹으로 걸프 전쟁의 승기를 잡은 미국

세계를 호령하는 미국의 군사 전략 시스템도 컴퓨터에 패할 수 있다.

– 미국 랜드연구소* 대변인

* 세계적으로 유명한 전략 싱크탱크

사이버 전쟁의 시작

이란은 석유 생산량을 줄여 원유 가격을 높이고 폭리를 취하고자 이웃 나라인 사우디아라비아를 공격했다. 이 소식을 들은 미국은 중동지역에 정예부대를 파견해 사우디아라비아를 지원할 준비를 했다. 이란은 미국을 격파하기 위해 비밀리에 컴퓨터 정보전을 개시했다. 미국이 이 사실을 알았을 때는 이미 걷잡을 수 없이 일이 커진 후였다. 백악관은 연이어 각지에서 온 급전을 받았다. 캘리포니아 주와 오리건 주의 전화 연결이 끊겼고, 워싱턴 주 루이스버그에 있는 육군 기지 시스템과 전화 연결도 중단되었다. 국가안전보장회의가 막 끝났을 무렵, 메릴랜드 주에서는 시속 320km로 달리던 여객 열차와 화물 열차가 충돌했다. CIA가 범인으로 지목한 이란 특수요원은 철도의 컴퓨터 시스템에 '논리 폭탄(Logic bomb)*'을 주입해 재앙을 초래했다. 사우디아라비아 북부 도시 다란 인근의 한 정유공장이 해킹당해 폭발하며 화재가 발생했고, 런던의 은행에서 증권 거래를 저지하는 바이러스가 세 개나 발견되었다. 뉴욕과 런던의 주식 가격은 폭락했다.

2월 10일, 미국은 중동 지역에 부대를 파견하려 했지만, '전자 공격'으로 주둔기지의 군용 전화 시스템이 먹통이 되었다. 소프트웨어에 숨어든 바이러스가 컴퓨터 시스템을 정상적으로 작동하지 못하게 했고, 협력부대를 파견해 장비와 식량, 연료를 보급하려던 국방부의 계획은 틀어졌다. 워싱턴에 있는 은행에서는 고객의 장부가 아무렇게나 수정되었고, 금융 업무는 모두 정지되었다. 정부의 개입에도 불구하고 사람들은 은행 예금을 인출하기 위해 서둘

* 프로그램에 어떤 조건이 주어져 숨어 있던 논리에 만족되는 순간 폭탄처럼 자료나 소프트웨어를 파괴하여, 자동으로 잘못된 결과가 나타나게 한다.

렸다. 미국 유선 TV 망의 TV 신호가 12분 동안 중단되었으며, 미국 전역은 공황상태에 빠져들었다.

2월 18일, 사우디아라비아의 TV 채널에서는 아나운서 대신 적군 수장이 모습을 드러냈다. 그는 군부가 쿠데타를 일으켜 현 정부를 전복해야 한다는 터무니없는 말을 뱉었다. 미국 정보 부문은 국방부 장관에게 침투 경로가 불분명한 해커가 미국에 전면적인 정보전을 개시했다고 보고했다. 세계 각지에 있는 미군기지의 컴퓨터가 모두 공격당했고, 대부분 국방부와 연락이 끊어졌다. 미군의 자랑이던 '합동 감시 표적 공격 레이더 체제(Joint Surveillance & Target Attack Radar System, JSTARS)'에서조차 바이러스에 감염된 흔적이 발견되었다. 2월 19일, 워싱턴에서 휴대전화를 포함한 모든 전화 시스템이 작동을 멈췄다. 대통령이 국가안전 긴급회의를 소집했으나 통신 상태 불량으로 전달되지 못했다.

지금까지의 이야기는 미국 랜드연구소가 시행한 컴퓨터로 통제되는 모의 전투에 대한 이야기였다. 전투 결과는 미국 군부 고관들을 불안하게 했다. 일부 낙관적인 사람들은 컴퓨터로 각본을 짜고 연출한 엉터리 자작극이라 비하했지만 진실은 알 수 없다. 진정 컴퓨터가 세계를 휘두를 수 있을까?

정보전의 시작, 걸프전쟁

세계 석유의 절반은 중동 지역에 매장되어 있다. 중동은 아랍 국가들이 가진 오랜 내부 모순과 미국 등 서방 국가의 정치적 개입으로 혼란과 전쟁이 끊이지 않는 지역이다. 1990년 7월 이라크가 제시한 석유 정책과 영토 분쟁 해결 방안, 채무 처리 방안을 쿠웨이트가 거절하자, 8월 2일 새벽 쿠웨이트를 침공했다. 오후 4시 무렵, 이라크군은 무서운 공세로 쿠웨이트 전역을 점령했다.

이라크의 쿠웨이트 침공에 반기를 든 국제 연합(UN)은 이라크에 제재를 가하기로 결의했고, 미국, 영국 등에서는 군사력을 신속하게 집결해 다국적군을 결성했다. 다음 해 1월 17일 새벽, '사막의 폭풍(Desert Storm)'이라는 작전명으로 대 이라크 군사행동이 시작됐다. 다국적군은 하늘을 새까맣게 뒤덮는 공습으로 전쟁의 서막을 열었다. 공습은 효과가 있었다. 다국적군이 지상 공격을 시작했을 때는 쿠웨이트를 점령한 이라크 545부대의 병사 중 25%가 사망한 후였다. 다국적군은 육해공 가리지 않고 이라크를 공격했고, 지상 공격을 시작한 지 100시간이 지난 1월 28일 새벽에 종전을 선포했다.

전쟁이 막 시작했을 무렵 지리적으로 유리한 위치를 선점한 이라크군은 점령지에서 힘을 비축하고 있었다. 전후 통계수치에 따르면, 이라크군의 군사와 대구경 화포 수량은 다국적군의 2.4배였고, 탱크와 중형 장갑차 수량 비율은 이라크군이 44% 더 많았다. 이렇게 전력이 우세한 상황이었음에도 전쟁 시작 4일 만에 이라크군 43개 사단 중 38개나 되는 사단이 치명타를 입힌 것이다. 6만2천 명이 포로가 되었고, 6천 대의 탱크와 장갑수송차, 3천 개의 화포, 백여 대의 전투기가 격파되거나 노획되었다. 반면 다국적군 사망자는 4백여 명에 그쳤다.

이렇게 우세한 이라크군이 어떻게 이렇게 빨리 섬멸 당했을까. 당시 세계 4위 군사 대국이라 불리던 이라크가 다국적군의 공격에 그토록 맥없이 쓰러진 이유가 무엇일까. 사담 후세인(Saddam

Hussein)이 세계에서 가장 부유하고 견고하며 군센 국가라고 자부한 이라크가 이토록 약한 국가였단 말인가.

다국적군 군사전문가의 전후 심층 분석에 따르면, 다국적군은 첫 번째 공습에서 이라크군의 지상 레이더와 정보 전송 시스템 대부분을 파괴했고, 지하 수십 미터 아래에 묻힌 이라크군 지휘부까지 포탄을 침투시켰다. 첫 공격으로 지휘 능력을 상실한 이라크군은 반격을 꾀할 방법조차 없었다. 다국적군의 정교한 공격 능력은 세계를 놀라게 했다. 그렇다면 이라크군의 전략 전술 정보와 일급기밀인 군사설비의 위치를 어떻게 이렇게 정확하게 파악했을까?

걸프 전쟁을 승리로 이끈 비밀 병기

영국의 뉴 사이언스(New Science)지에 따르면, 미국은 걸프전쟁이 시작하기 전에 이라크가 프랑스에서 방공 레이더를 조종하는 신형 컴퓨터를 구입했고 요르단을 거쳐 이라크로 옮기려 한다는 정보를 입수했다. 요르단 수도 암만에 있던 미국 특수요원은 즉시 행동을 개시해 도청장치와 정보전송 기능이 있는 마이크로 칩을 이 컴퓨터에 설치했다. 마이크로 칩에는 메릴랜드 주 포트미드에 있는 NSA가 설계한 컴퓨터 하드디스크를 포맷하고 중요 파일을 삭제할 수 있는 프로그램, 'AFgl'이 내장되어 있었다.

첫 공격을 개시하기 전, 다국적군의 컴퓨터 전문가 집단은 'AFgl'의 정보 전달 프로그램을 활성화했다. 공습경보가 울리고 이라크군의 방공 레이더가 작동하려 할 때, 레이더 운용 시스템이 설치된 컴퓨터가 완전히 마비되었다. 이라크군은 다국적군의 전투기 공습 상황과 레이더 데이터를 방공 부대의 고사포(anti-aircraft artillery)*로 전달할 수가 없었다. 지휘자를 잃은 고사포 사격수는 적군의 대략적인 공습 위치를 향해 아무렇게나 사격할 수밖에 없었다. 이는 다국적군에게 전혀 위협적이지 않았다.

이라크의 방공 시스템이 무용지물이 된 후, 백여 대의 전자전투기와 육십여 개의 군용 위성으로 조직된 감시망은 이라크의 각종 중요 군사 목표물을 미사일 표적으로 정확하게 짚어냈다. 이라크군의 전자통신시스템은 미리 설치된 해킹 프로그램에 속수무책이었고 인터넷으로 유입된 전자 공격에 연이어 노출되었다. 제대로 작동하는 이라크군의 컴퓨터 정보시스템은 채 30%도 되지 않았다. 공습에서 지상 포화의 공격을 전혀 받지 않은 다국적군의 전투기는 지상 백 미터로 저공비행하면서 기관포로 이라크군의 지상 목표물을 사격했다. 전쟁이 끝난 후 다국적군의 대변인은 "완벽하게 설계된 컴퓨터 공격 프로그램으로 손실을 최소 1억 달러 감소했고, 전쟁 기간을 한 달 이상 단축했다"라고 의기양양하게 발표했다.

걸프전쟁은 컴퓨터가 발명된 이후 처음으로 해커와 해킹 프로그램을 이용한 전쟁이다. 막대한 양의 군사정보를 훔치고 적진을 파괴했다. 각국의 매체는 "걸프전쟁은 정보화 전쟁의 실험장이었고, 그 결과는 세계인을 놀라게 했다"고 보도했다. 미군은 걸프전쟁 최종 보고에서 "적군의 기밀 정보 정탐을 방어하는 동시에 신속하고 정확하게 적군의 기밀 정보를 탐색, 획득, 처리하는 능력과 이를 기초로 적군의 정보 발생원(information source)을 통제하고 파괴할 수 있는 설비와 인재가 현대 전쟁에서 승리하는 핵심 요소 중

* 비행기 공격용의 지상화기

하나다"라고 밝혔다. 일상적으로 사용하던 컴퓨터로 적진을 정찰했다는 사실과 군용컴퓨터에 침투해서 시스템을 파괴했을 때 발생하는 파급효과에 주목한 각국 군부는 자국 군용컴퓨터의 안전을 보장하기 위해 노력했다. 그리고 언젠가 발생할 수 있는 충돌에서 우위를 점하기 위해 사력을 다해 뛰어난 인재를 끌어모아 정보전 정예부대를 조직했다. 걸프전쟁 이후 각국은 군사정보 시스템 침입 기술과 적군의 침입을 막는 방어 기술 개발에 박차를 가했고, 은밀하게 조직한 정보전 부대를 새로운 병종(兵種)으로 전투서열(order of battle)*에 추가했다.

한 사람이 치른 전투

1995년 초겨울, 컴퓨터에 심취한 미국의 한 대위가 대담한 군사 침투 실험에 참여했다. 미국 국방부는 독창적인 컴퓨터 작전 훈련을 구상하고 있었다. 미국 군사 특수 네트워크상에서 이루어질 십여 척의 군함과 해군 대위 한 명의 대결이 그것이었다.

십여 척의 작전 군함이 바다 위에서 파도를 헤치는 동안, 젊은 해군 대위는 평온하게 훈련실 컴퓨터 앞에 앉았다. 스크린 위의 붉은 등이 경고음과 함께 깜박이자 훈련이 시작되었다. 대위가 컴퓨터를 조작하자 딸칵하는 키보드 소리와 함께 모뎀 표시등에 불이 들어왔다. 순식간에 미국 군사 특수 네트워크에 접근한 대위는 몇 분 만에 목표 군함 중 한 척의 컴퓨터 시스템에 접속했다. 대위의 손가락이 키보드 위를 미끄러지듯 활보하자 컴퓨터 화면에 '제어 성공'이라는 안내문이 나타났다. 이윽고 군함의 최상위 제어 권한 비밀번호를 찾아낸 대위는 군함의 중앙내비게이션 시스템에 침투

* 군사부대의 단대호, 지휘구조, 그리고 병력의 배치와 운용 및 장비, 보급방법 등에 관한 정보.

했고, 전자 나침반 바늘을 엉뚱한 방향으로 바꾸었다. 이로써 군함은 정상 항로를 벗어나 나침반 바늘이 가르키는 엉뚱한 방향을 향하게 되었다. 대위는 군함의 레이더와 피아식별(彼我識別) 시스템을 조작해 '적 군함 발견, 목표 설정 완료'라고 잘못된 정보를 전달했다. 군함의 시스템은 목표물의 움직임에 따라 각종 화포를 조준했다. 대위는 고개를 돌려 눈이 휘둥그레진 관중에게 말했다.

"엔터키만 누르면 이 군함은 폭발할 것입니다. 가장 가까이 있는 군함을 공격 목표물로 설정했습니다. 이렇게 가까운 거리라면 어뢰나 미사일 두 발로 적군을 바다 밑으로 침몰시킬 수 있습니다."

옷에 묻은 담뱃재를 털며 고개를 끄덕인 한 장군이 옆에 있는 버튼을 누르자 훈련 규칙에 따라 이 군함은 대형 스크린에서 사라졌다.

대위는 30분 만에 모든 군함의 제어 권한을 얻었다. 군함을 나타내는 붉은 점이 스크린에서 모두 사라지자 훈련에 참여한 병사들은 식은땀을 흘렸고, 이 사실을 믿지 못했다. 몇천만 달러를 들인 최신 군함이 30분 만에 평범한 컴퓨터 한 대를 가진 젊은 해군 대위에게 '격침'당했다. 훈련실에서 장군이 마지막으로 한 말은 이것이었다.

"네트워크는 상당히 위험하군."

영국의 선데이 텔레그래프(The Sunday Telegraph)지는 이 군사 훈련에 대해 이렇게 평했다.

"컴퓨터를 자유자재로 다룰 수 있는 사람이라면, 누구라도 인터넷에 접속해 파괴적인 전쟁사의 주인공이 될 수 있다."

이 훈련 후 한 달이 채 지나기 전, 미군은 '21세기 초의 정보전'이라는 제목의 연구보고서에서 정보전에 필요한 군사력 배속과 인력 배양 등을 군사 작전에 포함시킬 것을 제안했다. 보고서는 이렇게 설명했다.

"복잡한 기밀 정보를 정탐하는 전문가가 네트워크를 감시하고, 위성 위치 확인 시스템(GPS)과 첨단 무기를 이용해 적진에 침투하는 시대가 왔다. 이 모든 것은 전쟁의 기본 형태를 철저하게 바꿀 것이다."

미국의 국방 무기고에서 세계를 공포에 떨게 할 무기는 고성능 전투기나 탱크, 군함이 아니라, 컴퓨터가 좌우할 정보의 향방이다. 파괴력을 가진 기밀 정보를 누가 쥐느냐에 따라 미래 전쟁의 흐름이 결정될 것이다.

해커 케빈 미트닉

1970년대, 세계 제일의 해커 케빈 미트닉은 미국 일급기밀인 군사 네트워크에 침투했다. 그의 뒤를 이어 펭고(Pengo, 한스 하인리히 휘브너)를 필두로 한 해커들이 미국 정부의 각종 방위 네트워크를 제 집처럼 드나들었다. 불행 중 다행이라고 할 만한 것은 그들이 호기심을 채우는 것에 만족하고 기밀 정보를 팔아넘기지는 않았다는 것이다. 만약 그렇지 않았다면, 미국의 국방에 어떤 폭풍이 불어 닥쳤을지는 상상도 하기 힘들다.

그렇지만 또 다른 해커들은 단순히 네트워크에 침투하는 것만으로 만족하지 못 했다. 이들은 대부분 환금 가치가 높은 군사기밀을 목표물로 삼았고, 방비가 삼엄한 '네트워크 금지 구역'에 침투하려고 애를 썼다.

해킹에 안전한 곳은 없다

1988년, 독일 연방의 한 컴퓨터 천재는 미국의 '스타워즈 계획(정식 명칭은 전략방위구상, Strategic Defense Initiative)'과 북미 방공사령부(North American air defense command)의 핵미사일 자료를 전단 뿌리듯 관련 국가에 넘겼다. 1995년에는 영국의 열여섯 살 소년이 미국 공군의 네트워크에 9개월 동안 잠복했고, 북한 핵시설 자료를 인쇄해 노트에 끼워 놓았다. 1998년에는 한 해커 조직이 미국 국방부 정보센터 산하의 국방 통신 네트워크 여섯 군데에 침투했었다고 자신들의 전력을 공개했다. 그들은 소프트웨어의 소스코드를 모두 빼냈고, 군사 통신 네트워크와 위성 수신 시스템의 연결고리를 제어했다. 같은 해, 이스라엘 소년 에후드 테넌바움(Ehud Tenenbaum)은 NASA에 침입했다. 이스라엘 정부는 아주 정중하게 사과했고, 미국은 양국관계에 악영향을 미치는 사건이 다시는 발생하지 않기를 바란다고 얼버무리며 NASA가 해킹 공격에 속수무책이었다는 사실을 숨길 수밖에 없었다.

미국회계감사원(Government Accountability Office)은 한 보고서에서 '1995년 한 해 동안 미국 국방기관의 네트워크를 침투하거나 침투하려 시도한 사례가 25만 건'에 이른다고 밝혔다.

컴퓨터가 네트워크에 응용된 날부터 컴퓨터와 군사기밀은 긴밀한 관계를 맺었다. 각국의 정보 부문은 거금을 들여 정상급 해커를 초빙하거나 기를 쓰고 전문 인력을 양성해 타국의 군사, 경제 기밀을 정탐한다. 네트워크 침투는 상당히 매력적인데, 소요비용이 적고 은폐하기가 쉽기 때문이다. 정보를 빼낸 후 빠져나오기가 쉬워 담당자의 안전을 보장할 수도 있고, 발각되더라도 민간에서 한 일이라며 둘러댈 수도 있다.

앨런 튜링과 튜링 기계

컴퓨터의 개발은 사실 군사적 용도에서 시작되었다. 제2차 세계대전이 한창이던 시기, 사람의 두뇌를 컴퓨터로 대신해 군사 이념을 실현하려는 움직임이 있었다. 당시 군사 명령과 보고는 모두 전보로 전송되었는데, 주파수 대역만 안다면 전보 발송 시점에 누구라도 전보를 수신할 수 있다는 단점이 있었다.

군사 전보 해독은 전쟁의 흐름을 좌우하는 핵심적인 역할을 했다. 독일에서 아군의 전보가 해독되지 않도록 문서를 암호화하고 해독하는 에니그마(Enigma)가 개발된 계기다. 에니그마는 수수께끼라는 뜻이다. 금속 기어와 회전자를 조합한 이 기계는 언제든 회전자를 교체해서 암호화 방식을 바꿀 수 있다. 이 암호를 해독하기 위해 영국의 과학자 앨런 튜링(Alan Turing)은 기어와 회전자를 이용한 콜로서스(Colossus)라는 기계를 만들었다. 이 기계는 정보전에서 자신의 가치를 드러낸다. 튜링은 이 과정에서 진보적인 계산기에 대한 영감과 아이디어를 얻었다.

이후 튜링은 '자동 계산 기계'와 관련된 논문을 무수히 발표했다. 사람의 두뇌를 모방해 가장 좋은 방법을 판단하고 선택할 수 있는 프로그램 개발에 성공했다. 튜링은 자신의 프로그램과 알고리즘대로 종이테이프와 펜을 이용해 가상 기계를 만들었다. '튜링 기계'라 불린 이 가상 기계는 나중에 체스 대회에서 사람을 이기기도 하였다. '튜링 테스트'*는 오늘날에도 인공 지능 분야에서 전설적인 테스트로 여겨지며 이론적 기초가 된다.

튜링 기계가 보여주는 진보적 알고리즘과 연산 능력, 연산 속도 예측 능력 등은 각국 군부의 관심을 끌었다. 제2차 세계대전 후기 미국은 컴퓨터 연구 제작에 착수했고, 1946년 펜실베이니아 대학교에서 세계 최초의 전자 컴퓨터 에니악(ENIAC)이 개발되었다. 빠르고 정확하게 포탄의 비행 탄도를 계산하고 화포 원거리 사격에 참고할만한 데이터를 만드는 것이 이 컴퓨터를 만든 목적이었다. 전자 기술이 빠르게 발전하고 인터넷이 곳곳에서 응용되면서 작전 지휘와 레이더 추적 분석, 작전 계획 초안 작성부터 전투 시행에 이르기까지 컴퓨터가 사용되지 않는 곳이 없었다. 키보드를 몇 차례 두드리기만 하면 군사 타격 행동을 개시할 수 있다. 신속하게 데이터를 계산하고 분석하며 전송하는 컴퓨터는 전쟁 시 첫 번째 공격 대상으로 꼽힐 만큼 중요한 역할을 한다. 총성 한 번 없는 이 전쟁은 오히려 생명에 더 위협적인 요소가 된다.

현실로 다가온 군사네트워크 공격 위협

과거의 전쟁은 전투마의 울음소리를 들으며 차가운 칼과 창을 휘두르는 것에서 시작했다. 화약 무기로 수백 미터 떨어진 보병을 공격하는 방식에서 가시거리를 넘어서는 미사일과 전투기를 활용하는 것까지 발전하게 되었고, 현재는 인터넷이 새로운 전쟁터로 떠올랐다.

* 기계가 생각할 수 없다는 의견에 반박하며 시행된 실험. 튜링은 특수한 방식으로 기계와 대화하는 피실험자가 어느 정도 시간이 흐른 후에도 대화 상대가 기계임을 알아차리지 못한다면 이 기계는 사고능력을 갖춘 것이라는 가설을 제시했다.

사회와 문명이 진보하고 과학 기술이 비약적으로 발전하면서 전쟁의 형태는 전혀 다른 모습으로 바뀌었다. 인류의 문명사는 전쟁사라고도 부를 수 있다. 시공을 넘나드는 최신식 정보 전쟁은 전쟁에 새로운 개념을 부여했다. 정보전은 인터넷을 이용해 적군의 군사와 경제 체계를 공격하고 파괴하는 것부터 적군의 무기 시스템의 칩에 바이러스 프로그램을 설치하는 것까지 포함된다. 프로그램 코드는 평소에는 군사기밀과 미사일, 군함 등의 설비에 사용되는 칩에 몰래 잠복해 있다가 전쟁이 발발하면 트로이목마가 되어 적군의 전투기 이륙을 저지하고 미사일 공격을 무력화하며 군함이 항로를 잃게 한다. 대부분 군사 설비가 컴퓨터에 상당히 의지하는 상황에서 중요 설비가 마비되면 아무리 막강한 군대라도 진퇴양난의 위기에 빠지게 되고 주도권을 빼앗긴다.

2002년, 미국의 한 정보요원은 러시아가 민간 구매로 위장해 영국에서 6백 대의 대형컴퓨터를 구매한다는 정보를 입수했다. 설비의 최종 인도자는 러시아 군부였다. 영국에 협조를 요청한 미국은 연산 속도가 상당히 빠른 대형컴퓨터에 다량의 자멸 프로그램과 트로이목마 바이러스를 설치한 뒤 러시아에 인도했다. 인터넷으로 제어할 수 있는 이 프로그램은 평소에는 활동하지 않다가 위급한 상황이 닥쳤을 때, 이 대형컴퓨터를 먹통으로 만들 수 있었다. 이런 상황을 예상한 러시아 군부는 컴퓨터가 도착하자마자 하드웨어를 모두 분해한 뒤 재조립하고 모든 소프트웨어를 새로 설치하여 안전성을 최대한 확보한 다음에야 컴퓨터를 사용했다.

근본적으로 전쟁의 승패를 좌우하는 것은 역시 사람이기에 각국의 군부는 컴퓨터 천재 집단을 양성하기 위해 사력을 다한다. 트로이목마 바이러스를 제작할 수 있는 어린 대학생의 해킹 공격은 군부의 총애를 받는다. 군부는 이들에게 선진적이고 완벽한 해킹 기술을 교육한 다음, 성적이 우수한 사람을 선별해 보안 부문의 컴퓨터 특수임무요원으로 임명한다.

미국 캘리포니아 대학의 한 학생은 교내 네트워크의 서버 여섯 대를 엉망으로 만들었다. 다음 날 FBI는 강의실에서 수업을 준비하던 그 학생을 체포해 심문하기 시작했다. 그러나 이 청년은 벌을 받는 대신 철저히 보호받으며 컴퓨터 지식을 배웠다.

1993년, 미국 정부는 국방부의 '국방 정보 기반 체계(Defense Information Infrastructure, DII)'프로젝트를 비준했다. 3년 간 교육을 받은 이 청년은 뛰어난 컴퓨터 실력을 자랑하며 프로젝트의 핵심 인재로 활약했다. 구식 설비를 처분하고 새로운 설비를 설치함으로써, 미국 군대의 정보 분석 및 처리 능력을 제고하였다. 이 프로젝트의 목적은 이후 발생할 수도 있는 전쟁에서 작전 수행 요원의 정보 처리 부담을 감소시키는 것이었다.

결국 이 프로젝트의 성공했고, 다가올 전쟁에서 디지털 병사는 키보드 버튼 몇 개만 누르면 동맹군과 적군의 위치, 전투 진전 상황, 작전 임무 등의 정보를 알 수 있게 되었다. 전쟁 중에 자유롭게 미국에 있는 가족과 영상통화도 할 수도 있게 되었다.

DII 프로젝트의 일환으로, 미국은 지구 상공의 통신 위성을 이용해 범세계 지휘 통제 시스템(Global Commend and Control System, GCCS)을 만들었다. 미국 국방부는 이 시스템을 이용해 모든 작전부대를 직접 지휘하고, 전쟁 진행을 전방위로 통제한다. 국방부의 스크린에는 모든 국지전의 아군 병사 전투 상황과 구체적 위치가 표시됐다. 국방부는 직관에 따라 신속하게 작전 부서를 조정할 수 있다. 무기 외에도 초소형 컴퓨터와 GPS를 장착한 디지털 병사는 작전 정보 피드백 시스템인 '델타포스(Delta Force)'를 사용한다. 델타포스는 병사와 동맹군의 거리, 탄약 사용 상황, 전투지 지형, 피아 군사 분포 상황, 아군이 승리할 확률, 전투 종결 예상 시간 등 각종 정보를 제공한다. 치열한 격전이 벌어지는 순간에는 탄약이 얼마 남지 않았음을 알려주고, 적군에게 포위된 경우에는 '자신을 위해 남겨 두라며' 마지막 남은 탄환 하나는 발사되지 않도록 한다.

여러 나라의 사이버 무기 경쟁

미국은 컴퓨터 바이러스 건을 만들었다. 바이러스 건은 무선 신호를 이용해 타겟이 된 컴퓨터에 바이러스를 주입한다. 사람이 네트워크에 침입해 바이러스를 주입하던 전통적인 방식보다 훨씬 간편하다. 바이러스 건은 습격해오는 전투기와 탱크, 미사일 등의 무기에 설치된 컴퓨터 시스템에 바이러스가 들어있는 무선 전자파를 발사한다. 바이러스 건에 명중된 적군의 무기는 컴퓨터 마스터 컨트롤 시스템이 파괴되고 작전 능력을 상실한다.

새로운 군사 혁명이 진행되면서 서방 국가는 군사 방면에서 정보와 네트워크에 상당히 의지하게 되었다. 미군은 2005년 네트워크 작전을 전담하는 '네트워크 전쟁을 위한 기능구성군 사령부(Joint Functional Component Command-Network Warfare, JFCCNW)'*를 설립했다. 사령부는 적군의 전자정보 네트워크 시스템에 침투하여 기밀을 감시하고 훔치는 동시에 적군의 전자 침입

* 본부는 미국 포틀랜드 주 포트미드에 있다.

을 방어하는 중요한 임무를 맡았다. 미국의 최정상급 컴퓨터 천재가 모인 사령부는 구성원들의 평균 IQ가 140이 넘어서 '140부대'라는 별명이 붙었다. 이들은 세계에서 가장 선진적인 네트워크 침입 기술과 침입 대항 기술을 갖추었다. 걸프전쟁 이후 국방부는 적군에게 더 신속하고 효과적인 원거리 네트워크 공격을 감행하기 위해 네트워크 무기 제작에 총력을 기울였다.

영국은 MI6라는 2001년 해커 부대를 창설했다. 수백 명의 컴퓨터 천재로 구성된 이 부대에는 한때 세상을 시끄럽게 했던 민간 해커들이 다수 포함되었다.

일본은 민간의 젊은 해커와 컴퓨터 바이러스 제작자를 모아 방위성 내 컴퓨터 전문가로 구성된 사이버 방위대에 편입했다. 이 조직은 네트워크 시스템을 파괴하고 필요시 적군의 중요 네트워크를 마비시키는 '마비전(Paralysis Warfare)'기술과 소프트웨어 연구 개발에 주력한다.

인도와 독일 등도 뒤따라 컴퓨터 고수로 구성된 정보전 정예부대를 조직했다. 다른 개발도상국도 현대화 전쟁에서 우세한 '비대칭 전력'*을 확보하고자 정보전을 위한 인원과 설비를 군비에 포함하기 시작했다.

본 장 앞머리에서 언급한 1990년대 초기에 발생한 걸프전쟁 당시 이라크군은 전쟁에서 우위를 점할 기회가 있었다. 네덜란드에서 온 해커 집단이 이라크 군부에 접촉해 온 것이다. 이들은 다국적군의 작전 계획을 알아내고 '적당한 시기에 다국적군의 정보 제

---

* 핵무기, 생화학무기, 탄도미사일 등 대량살상이 가능한 무기를 포함해 땅굴로 침투하는 무장공비, 잠수함 등을 통한 기습공격, 게릴라와 같은 비정규군 등의 전력을 말한다. 탱크, 전차, 군함, 전투기, 포, 미사일, 총 등 실제 전투에서 사용되는 무기가 대칭전력이다.

어 센터를 파괴'할 것을 약속하며 160만 달러를 요구했다. 정보전에 대해 전혀 아는 바가 없던 이라크는 코웃음을 쳤다. 사담 후세인이 해커들의 의견을 받아들였다면 전쟁의 결말은 어떻게 되었을까.

일본 이지스(AEGIS)함 사건

2007년, 일본 해군의 '이지스함'에 보관된 최고 기밀자료가 유출되었다. 완벽하게 컴퓨터로 조종하는 '이지스' 시스템은 최고급 성능의 레이더와 피아식별 시스템을 갖추었다. 아군을 습격하는 목표물을 신속하게 분석하여 가장 위협적인 목표물을 판별하고, 십여 발의 미사일을 동시에 발사해 습격을 막는다.
요미우리신문은 요코스카 해군기지에 근무하는 33세의 일본해상자위대 하사관이 근무 도중 인터넷으로 사귄 타국 친구와 음란 사진을 교환한 사실을 보도했다. 하사관이 사용한 컴퓨터에는 '이지스함'의 시스템과 관련된 극비 자료가 저장되어 있었다.
'이지스함' 전투 시스템의 기밀자료가 해킹당했던 시기는 하사관이 컴퓨터의 권한을 해제한 직후였다. 이 사건 후 하사관의 친구가 종적을 감춘 것을 보면, 군사기밀을 해킹하려고 의도적으로 접근한 것으로 추정되었다. 이 기밀 유출 사건으로 일본은 수억 달러의 손실을 떠안게 되었다.

미국의 사이버전쟁 시스템

미래 전쟁의 최강 무기는 컴퓨터다. 전선은 사라지고, 포탄과 총알이 아닌 컴퓨터 네트워크를 떠도는 비트와 바이트가 영토통제권을 결정할 것이다.

미국과 북한의 사이버 전쟁

2013년 2월 12일 10시 57분, 중국의 지진감지 시스템이 북위 41.3도-동경 129.0도 지점에서 리히터 규모 4.9 지진을 감지했다. 진원지는 북한 함경북도 길주군 풍계리 지표 부근이었다. 풍계리는 아주 작은 황무지 언덕 마을이지만 2013년을 기점으로 세계 군사대국의 관심을 한 몸에 받게 됐다. 특히 미국은 인공위성과 각종 원격탐사기술을 총동원해 이 작은 마을을 상시 주시하고 있다.

북한은 2009년 4월 5일에 첫 장거리미사일을 발사했고, 4월 14일에 6자회담을 거부한다고 발표했다. 곧이어 4월 25일 핵실험 원자로에 핵연료를 재주입했고, 5월 25일 드디어 2차 핵실험에 성공했다. 북한 핵실험에 가장 민감한 나라는 역시 미국이었다. 국토면적이나 경제력 등 상대가 되지 않는다고 생각했던 북한이 주변 강대국의 반대를 무릅쓰고 결국 핵실험을 강행한 점은 확실히 놀라운 사건이었다. 하지만 곧이어 더욱 놀라운 사건이 벌어졌다. 북한이 2년여에 걸친 사이버전쟁에서 미국에 완승을 거둔 것이다.

북한이 핵무기 보유국임을 공식 선언한 후, 미국 국방부는 미국 국가안전보장회의의 지시에 따라 북한이 사용하고 있는 미국 내 네트워크서버와 북한 현지의 비밀네트워크에 대한 특별 감시에 돌입했다. '군사', '핵개발'과 같은 민감한 단어와 관련된 자료를 모니터링하고 핵실험기지로 추정되는 북한의 군사기지 4곳과 주변 민간 네트워크에까지 전방위 감시 체제를 구축했다.

1999년 미국 공군은 신유고연방(유고슬라비아 연방공화국)을 상대로 작전명 'I-War'로 사이버 공격을 개시했다. 이 사건은 미군의 첫 번째 대규모 사이버전쟁이라는 점에서 큰 의의가 있다. 당시 미군 컴퓨터전문가 30여 명이 세르비아 공습에 참여했다. 세르비아군이 공습에 대비해 철저한 방어전선을 구축했지만, 미군의 컴퓨터전문가는 세르비아 레이더기지에 성공적으로 침투해 레이더에 연결된 케이블을 끊어버리고, 세르비아 컴퓨터 시스템에 바이러스를 심었다. 세르비아군 레이더 시스템이 제 기능을 상실하자 미군 전투기는 마음 놓고 세르비아 상공을 활보하며 승리를 굳혔다.

다시 북핵 문제로 돌아가 보자. 북한이 6자회담에서 강경한 입장을 고수하자 미국 국방부는 북한 내부 여론 감시를 강화했다. 북한 내부 네트워크에 대한 전방위 감청을 진행하면서 특히 북한 군사네트워크의 핵 관련 자료에 주시했다. 미국은 자동 키워드 검색 기능을 탑재한 트로이목마 프로그램 뱅가드 1호와 뱅가드 2호를 개발해 북한군사시스템에 심었다. 이를 통해 유용한 정보가 고스란히 미국 국방부로 전해졌다. 이 중에서 가장 중요한 정보는 단연 풍계리와 관련된 내용이었다. 관련 정보를 종합할 때 북한의 3차 핵실험 장소로 가장 유력한 곳은 풍계리였다.

무참히 무너진 미군 사이버부대

한편 북한도 만반의 준비를 해둔 상태였다. 핵실험과 관련된 컴퓨터 네트워크는 모두 북한 내 군사용 서버를 이용하도록 했고, 북한이 자체 개발한 OS를 사용하면서 여기에 다른 나라에서 개발한 방화벽과 백신프로그램을 설치했다. 핵실험 관련 네트워크를 통과하는 모든 데이터는 독립시스템에서 수동으로 일일이 체크하고 암호화한 후 출입하도록 했다.

북한의 대비가 철저하긴 했지만 미군 해커는 모든 수단과 방법을 동원해 정보 20여개를 수집하고 암호 해독까지 성공했다. 이 정보는 북한이 2013년 연초 특급비밀실험을 진행한다는 내용이었다. 이 비밀실험은 북한의 3차 핵실험이었다.

2013년 1월 7일, 북한은 단거리 대공방어 유도탄에 장착된 탄약을 해체하고 시설을 철거했다. 동시에 이 비밀실험을 완료했다. "이 시간부로 군사보안등급을 2등급에서 3등급으로 하향한다"라는 내용을 전달됐다. 이후로 북한 군사네트워크에서 이 비밀실험과 관련된 내용이 완전히 사라졌다.

해킹으로 이러한 사실을 살펴보던 미국 측은 핵실험에 대한 걱정이 기우였다고 생각했다. 북한이 겉으로는 강경한 태도를 보였지만 실제로 그만한 실력을 갖추지 못해 스스로 포기한 것이라고 판단했다. 그러나 한국 측은 자체 분석을 통해 북한이 핵실험을 진행할 것으로 추정되는 풍계리 갱도를 이미 시멘트로 봉쇄하고 갱도 내부 케이블을 완전히 제거했다고 발표했다. 이것은 북한이 핵실험을 중단하고 실험기지를 폐쇄한 것이거나, 이미 핵실험 준비가 완료되어 언제든 스위치만 누르면 되는 상황이 됐음을 의미한다.

이 때문에 한국과 미국은 한동안 북한의 핵실험 가능성 여부를 두고 수차례 논쟁을 벌였다. 한국 측은 후자일 가능성에 무게를 뒀고, 미국 측은 그들의 네트워크 해킹 자료를 근거로 전자에 무게를 뒀다. 그러나 미국이 '북한이 세계 여론과 경제 제재조치의 압박으로 핵실험을 포기했을 것'이라고 강하게 주장하자 한국은 결국 뜻을 굽힐 수밖에 없었다.

그러나 한 달여 지난 2013년 2월 12일, 북한은 결국 3차 핵실험을 진행했다. 약 10킬로톤*(미국이 히로시마에 투하했던 핵폭탄이 약 16킬로톤이었다)으로 추정되는 이번 핵폭발로 리히터 규모 4.6의 지진이 발생했다. 중국 지린성(吉林省) 안투현(安圖縣), 바이허진(白河)과 백두산 천지 북부 지역의 상당수 주민들이 당시 약 1분 정도 지표가 흔들렸다고 말했다.

북한은 군사력과 기술력 부분에서 이란보다 훨씬 아래였지만, 핵개발에서만큼은 오히려 한 수 위였다. 무엇보다 북한은 세계를 움직이는 강대국 미국에게 굴욕의 패배를 안겼다. 수년 전 이란은 미군 해커의 방해로 핵기술 발전에 큰 어려움을 겪었지만, 북한은 미국의 어떤 발언과 도발에도 흔들리지 않았다. 북한은 심리전에서도 사이버전에서도 미국을 능가하며 결국 해킹 대결에서도 승리를 거두고 핵실험도 성공적으로 마쳤다.

미국의 사이버전쟁 준비

사실 미국의 사이버전쟁 시스템은 세계 최고 수준이다. 한국전쟁 당시 38선에서 아쉬운 발길을 돌려야 했던 미군은 1953년에 이미 국방부의 정식 승인하에 세계 최초로 군사정보 분석 및 통계를 위한 전문 컴퓨터 네트워크 시스템을 구축했다. 이때는 컴퓨터 발명 초기였기 때문에 컴퓨터의 계산 능력, 속도, 처리능력이 매우 제한적이고 소프트웨어도 거의 없었다. 그래서 주로 기본적인 문서 작성이나 간단한 데이터통계에만 이용됐다. 그러나 미군은 이때 이미 "미래는 컴퓨터가 지배할 것이다"라는 생각을 가지고 있었다.

1988년, 미국 국방부는 육해공 3군 통합 컴퓨터 신속대응부대

* 1,000t을 표현하는 단위이자 핵무기의 위력을 나타내는 단위. 에너지 총량 기준으로 1kt는 TNT(trinitrotoluene) 1,000t을 터뜨리는 폭발력과 맞먹는다.

를 창설하고 대대적인 군사 네트워크 기술 발전 및 인재 육성에 돌입했다. 이로써 네트워크 공격력 향상은 핵기술, 항공모함, 4세대 전투기 개발과 함께 미군의 핵심 전략으로 부상했다.

부시 정부가 국방 정책과 관련해 F-22스텔스 전투기, 대륙간탄도미사일, 핵잠수함 등 무기 산업을 발전시키는 데 치중한 데 비해 오바마 정부는 네트워크로 눈을 돌려 정보화전쟁, 사이버전쟁 준비에 박차를 가했다.

2010년에는 NSA 국장 케이스 알렉산더(Keith Alexander)이 사령탑을 맡아 미군 사이버전과 관련된 모든 부서를 통합하고 인재 양성 및 작전까지 체계적으로 재편했다. 각 군 산하에 설치된 기존 사이버특수부대에 대한 지휘권을 통합해 미국 군사네트워크와 군사와 관련된 민간 네트워크를 체계적으로 관리하도록 했다. 나아가 미국은 물론 동맹국의 모든 네트워크로까지 활동 범위를 넓혀 사이버전쟁의 유리한 고지를 확보했다.

2차 세계대전 이후 미군 내에 5스타급 장군이 사라졌다. 평시에는 4스타급이 최고 직위이고 그 수도 많지 않았다. 따라서 사이버사령부 사령관을 4스타급이 맡았다는 것만으로 미국 국방부가 사이버전쟁에 얼마나 큰 기대를 걸고 있는지 알 수 있다. 케이스 알렉산더가 이끄는 사이버사령부(U.S. Cyber Command)는 미공군우주사령부(AFSPC, Air Force Space Command), 전략사령부와 동급으로 지위가 상향됐다. 사이버사령부의 리더 그룹은 백악관 네트워크보안사무실 업무를 책임지며 국가안보위원회 및 대통령과 다이렉트로 연결되어 있었다. 케이스 알렉산더는 백악관네트워크보안사무실의 책임자이자 대통령의 네트워크보안 고문이기도 했다. 한마디로 케이스 알렉산더는 미국 네트워크 부분의 대통령인 셈이었다.

미국 사이버사령부 창설 과정과 3만 명이 넘는 방대한 전문 인력 규모를 통해 미국에서 사이버전쟁의 위상을 가늠할 수 있다. 사이버전쟁은 미군의 중요한 글로벌전략임무 중 하나로 독립작전도 가능한 상황이다. 이미 정규군으로 편입된 미군 사이버전투부대는 체계적인 통일 지휘체계가 구축되어 완벽한 전면전을 수행할 수 있다.

천재 해커들의 낙원

최근 미국의 글로벌 전략 중에서 가장 큰 관심을 받으며 큰 영향력을 발휘하는 체계가 바로 사이버전쟁이다. 미국 사이버사령부는 NSA가 관리하는 100여 개 첩보 위성과 캐나다, 뉴질랜드, 호주, 일본 등지에 설치한 대형 지상수신소 10여 개를 이용해 24시간 내내 데이터를 수집하고 암호를 해독한다. 이중 미국 입장에서 '가치 있는 '정보라고 생각되는 데이터는 모두 미국 네트워크기술센터의 필터링을 거친다. 이 과정에서 미국이 말하는 소위 세계안보에 위협이 될 만한 내용을 우선적으로 걸러낸다.

이 작업은 수준 높은 네트워크 기술과 암호해독 능력을 요하며, 방대한 데이터를 처리할 뛰어난 사이버전쟁 전문가와 수준급 컴퓨터 해킹기술자가 많이 필요했다. 미국 국방대학교 다니엘 쿠엘(Daniel Kuehl) 교수는 "미군은 마치 종교에 빠지듯 사이버전쟁에 몰두해 전국에 흩어져 있는 유명 해커들을 불러 모았다. 또한 미군 병사 수만 명이 전문 군사 해킹 기술을 교육받고 있다"라고 밝혔다.

실제로 미군 사이버사령부는 미국의 일부 대학에 관련 학과를 개설해 뛰어난 컴퓨터 전문기술 인력을 체계적으로 대량 양성하고 있다. 또한 사이버사령부는 정기적으로 외부 전문가를 초빙해 새로 등장한 네트워크 침입기술 및 소프트웨어를 치밀하게 분석하는 기술 강좌를 마련해 소속 인재들의 네트워크 공격력을 향상시키고 있다. 미군은 사이버전쟁에 대비한 인재양성계획을 '명사학술양성계획'이라 명명했으며, 2012년 5월에는 노스다코타주립대학교(North Dakota State University), 해군대학원, 노스이스턴대학교(Northeastern University), 털사대학교(University of Tulsa)와 협의를 거쳐 학과를 신설하기로 했다.

인터넷과 해킹은 떼려야 뗄 수 없는 관계다. 사이버전 인재 수요는 학부를 졸업한 사회초년생으로만 구성될 수 없다. 최고의 해킹기술은 학교에서 교과서를 통해 배우는 것이 아니라 천재 해커의 머리와 손에서 탄생하기 때문이다. 따라서 컴퓨터 하나로 세상을 두려움과 혼란에 빠뜨린 해커들도 미군의 주요 모집 대상이 됐다.

실제로 NSA는 대대적인 해커 군단 모집을 실시했다. 2012년 7월, 케이스 알렉산더는 라스베이거스에서 개최된 국제해킹대회 데프콘을 직접 방문해 해커들에게 국가네트워크 수호에 동참해달라고 호소했다. 이에 따라 해킹을 운명의 직업이며 궁극의 예술이라고 생각하는 유명 천재 해커들이 속속 동참했다.

NSA는 22세 때 미국 국회 네트워크를 해킹했다가 체포되었던 더스틴을 주목했다. 그가 만든 침입프로그램 중 암호해독 알고리즘은 기존 방법보다 30% 이상 높은 성공률을 보였다. 이후 더스틴은 해커 60여 명이 모인 사이버사령부 테스트에서 발군의 실력을 보이며 사이버사령부 요직에 발탁됐다. 더스틴은 미국 국방부 산하 레이시언*에 소속되어 국방부 홈페이지 해킹 작업을 전담했다. 다른 해커보다 먼저 네트워크 취약점을 찾아내 미리 보완하기 위함이었다. 더스틴은 한 매체 인터뷰에서 이런 소감을 밝혔다.

"이 일은 내게 아주 자극적이고 재미있는 놀이다. 결과를 예측할 수 없기 때문에 더 흥분되고 도전의식이 강해진다. 해킹에 성공할 때마다 훈장이 생기는 셈이니 성공에 대한 쾌감과 자부심을 동시에 얻을 수 있다."

미군은 레이시언 외에 민간 기업 노스럽 그러먼**, 제너럴다이내믹스*** 산하 피더(feeder)네트워크와 기술 제휴를 맺었다. 이 두 회사는 업계 최고의 네트워크 해킹 기술 특허를 30개 이상 보유하고 있다. 여기에는 특히 타국의 컴퓨터 네트워크 취약부분을 공격하거나 프로그램 백그라운드 액세스에 효과적인 침입 전용 소프트웨어가 포함되어 있어 유용한 정보를 빼내고 적의 네트워크를 마비시키는 데 꼭 필요한 기술이다. 미군은 이 두 회사와 '적군 네트워크 시스템에서 사용하는 OS와 기타 응용프로그램에 연결할 수 있는' 외부접속프로그램을 개발하기 위해 70억 달러 규모의 기술협약을 맺었다. 이 프로그램의 목적은 적군의 백신프로그램과 방어벽이 제 기능을 하지 못하게 만들어 아군이 만든 바이러스와 침투 상황을 인지하지 못하게 만드는 것이다.

---

* Raytheon, 미국 방위산업 통합솔루션 전문업체
** Northrop Grumman, 미국의 항공우주 관련기업
*** General Dynamics, 잠수함과 전투 시스템 등을 생산하는 미국의 방위 산업체

사이버전쟁의 향방

미군 통계 발표에 따르면, 이들은 매년 미국 전역에서 발생하는 해킹 7만 5천 건을 방어하고 있다. 미군은 이처럼 날로 치열해지는 정보화전쟁에서 미국 시민과 동맹국의 안전을 수호하기 위해 사이버사령부를 조직했다. 미군의 해커 양성 프로젝트에 13년 간 참여하며 미군 해커인재관리를 담당해온 보안전문가 조엘 하딩(Joel Harding)은 다음과 같이 말했다.

"2013년 2월 현재 미군이 보유한 정보 전문가는 7천여 명이고, 네트워크 시스템 분야를 담당하는 일반 병사는 약 10만에 달한다. 이 중 전문기술 인력이 6만 4천여 명이다. 여기에 기존의 전자전쟁, 암호해독, 군사통계국 관련 인원을 더하면 미군 내에서 직간접적으로 사이버전쟁과 관련된 인원은 총 15만에 달한다. 이 숫자는 수십 년 간 맹위를 떨치며 전 세계에 강렬한 미군의 이미지를 심어준 101공수사단*의 150배 규모다."

101공수사단은 2차 세계대전이 막바지에 접어든 1944년 6월 6일 노르망디상륙작전에 선봉부대로 참가했다. 같은 해 가을에 벌어진 벌지전투(Battle of the Bulge)에서 독일군의 반격을 성공적으로 막아내며 미군의 위상을 드높이기도 했던 미국의 대표적인 신속대응부대다.

미국 국방부는 사이버사령부에 매년 예산 30억 달러를 지원하고 있다. 예산 규모만으로도 미국의 사이버 전투력을 충분히 예상할 수 있는데 일단 전쟁이 시작되면 세계 최고 기술을 보유한 특수해커부대가 곧바로 적군 시스템에 침투해 감시제어 프로그램을 심

---

* 제101공중강습사단이라고도 한다. 걸프전 활약으로 유명해졌으며, 영화 〈라이언 일병 구하기〉의 배경이 되었다.

고 주요 기능을 파괴한다.

미국 해커부대에게 적군 네트워크 시스템에 침투해 바이러스나 트로이목마 프로그램을 심는 일은 그리 어렵지 않다. 적군 네트워크에 미리 심어놓은 프로그램을 간단히 활성화시키기만 하면 되는 것이다. 평시에 꾸준히 타국 시스템의 취약점과 백그라운드를 탐색해 필요한 침입프로그램을 준비해둔다. 전투기나 미사일 대신 평범한 컴퓨터 하나만 있으면 훨씬 더 빠르고 정확하게 피 한 방울 흘리지 않고 상대방 네트워크를 원격 공격할 수 있다.

사이버전쟁에서는 군인이 피를 흘리며 전투를 치를 필요가 없다. 사이버부대 대원들은 한 손에 커피 잔을, 다른 한 손으로 마우스를 쥐고 공격을 개시한다. 적군 시스템을 마비시킨 후 군사지휘체계를 교란시킨다. 또한 적군의 전자에너지 및 통신시스템을 장악하고 통신방송을 통해 명령 하달을 차단한다. 미군 사이버사령부는 그들의 존재와 전투능력을 과시하는 경향이 있다. 미군 전략사령부 사령관을 역임한 공군 장군 출신 존 브래들리(John Bradley)의 발언이 대표적인 사례다.

"지금 우리는 네트워크 보안 기술 개발보다 네트워크 공격에 더 많은 시간을 할애하고 있다. 고위 지도층은 대부분 보안보다 공격에 더 큰 관심을 갖고 있다."

양날의 검 사이버 전쟁

하지만 세상의 모든 충돌은 승패에 관계없이 결국 양쪽 모두에게 피해가 가기 마련이다. 사이버전쟁을 핵확산금지정책과 같은 맥락에서 생각해볼 필요가 있다. 인터넷 네트워크는 본질적으로 세계를 하나로 연결하는 것이다. 그러므로 적군을 향한 공격은 결국 부메랑이 되어 자신에게 돌아온다. 해킹의 무대는 본질적으로 한 나라가 아닌 세계라는 점을 잊지 말아야 한다.

미군 해커부대의 전투력이 높아지면 다른 나라들도 위협을 느끼고 사이버전쟁 시스템 발전에 박차를 가할 수밖에 없다. 군에 소속된 해커는 나름 체계적이고 엄격한 규율이 있는 만큼 민간 해커들처럼 특별한 이유 없이 몰려다니며 못된 장난을 치지는 않을 것이다. 그러나 부작용을 완전히 막을 수는 없다. 미군은 시스템을 교란시켜 적군이 유도탄을 발사할 수 없게 할 수 있다. 레이더 신호체계를 망가뜨리고 방어체계를 무너뜨릴 기술을 가졌다. 하지만 이 기술은 거꾸로 미국을 공격하는 데 사용될 수도 있다.

과학기술은 인류의 삶과 전쟁의 방법을 바꾼다. 첨단과학이 발전할수록 피 흘리는 전쟁터는 점점 사라지고 결국 키보드 조작과 마우스 클릭 속도가 전쟁의 향방을 결정하게 될 것이다. 하지만 모든 전쟁은 인류가 과연 최저 도덕한계선을 지켜낼 수 있을 것인가에 대한 시험무대이다. 선을 넘어서는 순간, 인간은 더 이상 인간이라 부를 수 없게 된다. 사이버전쟁도 예외가 아니다.

사이버전쟁 유형과 무기

사이버전쟁에서 주로 사용되는 방법은 컴퓨터 바이러스 전파와 침입 해킹이다. 이것이 보통 해킹과 다른 점은 엄격한 군사지휘체계에 따라 명확한 목표와 강력한 파괴력을 보인다는 것이다. 사이버전쟁의 해킹 목표는 은행계좌의 암호를 푸는 것 정도가 아니라 군사정보를 수집하고 전자작전시스템을 파괴하는 데 있다.

바이러스는 사이버전쟁에서 보편적으로 사용하는 가장 효과적인 무기다. 미국, 러시아, 인도, 영국, 일본 등 군사강국은 컴퓨터 바이러스를 '군사작전무기 목록'에 포함시키고 있다. 미군은 이미 2000개 이상의 바이러스 무기를 개발했고, 일본군도 현재 북한, 러시아, 중국을 겨냥한 바이러스 무기 1500종 이상을 개발했다고 한다.

바이러스 무기의 가장 큰 장점은 아군과 적군을 확실히 구분한다는 것이다. 적군 네트워크와 컴퓨터에서 사용하는 특정 코드만 감염시키고 집중 공격한다. 그리고 임무 수행이 끝나거나 적군에게 발각됐을 때 원격제어를 통해 바이러스 프로그램이 자동 소멸되도록 한다. 바이러스 무기가 외교 문제로 비화되는 것을 방지하기 위함이다. 공격력에 대해서는 두말 할 필요가 없다. 일단 바이러스가 활성화되면 적국의 군사네트워크는 물론 금융 및 통신 네트워크까지 마비시켜 정치적, 경제적으로 큰 타격을 줄 수 있다.

침입형 바이러스 무기 외에 사이버전쟁에 꼭 필요한 것이 군용방어벽소프트웨어이다. 적국 네트워크정보와 동태를 실시간으로 파악해 가장 효과적인 네트워크방어전선을 구축하는 것이 목표다. 네트워크 스니퍼*, DARPA**가 디지털회로를 파괴할 목적으로 개발하고 있는 나노로봇이 대표적이다.

나노로봇은 음식이나 옷가지 같은 일상 용품에 숨겨져 침투한 후 원격으로 조종된다. 주요 공격 대상은 컴퓨터의 하드웨어이다. 나노로봇은 네트워크를 통해 침투하는 것이 아니기 때문에 기존 백신프로그램에 걸릴 위험이 없다. 일단 적군 컴퓨터 하드웨어에 물리적으로 침투하면 컴퓨터 회로판을 부식시켜 시스템을 마비시킨다.

---

* Sniffer, 네트워크 트래픽을 감시하고 분석하는 프로그램

** Defence Advanced Research Projects Agency, 미국 방위고등연구계획국

해커의 정신을 지키기 위한 투쟁

나는 빛과 어둠이 뒤바뀐 이 세상을 뒤집어엎을 것이다!

교만한 열등생

조나단 제임스는 가난으로 요절했지만, 그와 마찬가지로 인터넷 자유를 숭배했던 킴 닷컴은 해적왕(Pirate King)이라 불리며 호화로운 삶을 살았다.

소위 '해적판'이라는 말이 처음 등장했을 때는 네트워크와 전혀 상관이 없었다. 해적판이 가장 유행했던 품목은 영화나 음악을 담은 CD였다. 대량으로 제작된 불법복제 CD는 주로 노점에서 판매됐다. 당시 거리에는 은밀히 접근해오는 해적판CD 호객꾼이 많았다. 하지만 킴 닷컴은 그럴 필요가 없었다. 그가 하는 일이라고는 컴퓨터 앞에 앉아 수시로 통장잔고를 확인하는 것뿐이었다.

순수 독일 혈통을 이어받은 킴 닷컴의 총명하고 진지하면서 고집스러웠다. 슈퍼 해커의 기본 요건을 갖춘 셈이었다. 그러나 학생 시절 킴 닷컴은 최고의 문제아였다. 치고받고 싸우는 일은 예사였고, 여학생 책상에 본드를 칠해 놓거나 교탁에 독니를 제거한 살무사를 풀어놓는 등 짓궂은 장난을 즐겼다. 학교 측의 배려로 여러 번 심리치료를 받았지만 별 효과가 없었다. 심리치료를 받으러 가서는 의사선생님의 지갑을 훔쳐 친구들과 아이스크림을 사먹기도 했다. 퇴학당하는 그 날까지 그는 악동 혹은 문제아로 악명을 떨쳤다. 사실 그를 비뚤어지게 만든 가장 큰 원인은 가정폭력이었다. 알코올중독자였던 아버지는 거의 매일 술에 취해 들어와 허리띠로 어머니를 때렸다. 뜨거운 볕이 내리쬐는 베란다에 하루 종일 킴 닷컴을 묶어놓기도 했다.

킴 닷컴은 어느 면으로 보나 절대 좋은 사람이 될 수 없었다. 더 이상 학교에 갈 필요가 없어진 그는 하루 종일 어떻게 시간을 보내야 좋을지 고민하기 시작했다. 이왕이면 돈도 벌 수 있는 일이어야 했다. 당시 청소년들 사이에서 플로피 디스크 게임이 크게 유행했다. 오늘날 관점에서 보면 단순하기 짝이 없지만, 당시의 인기는 가히 폭발적이었다. 킴 닷컴은 게임디스크 가게에서 정품제품을 구입한 후, 본인이 만든 간단한 프로그램을 이용해 복제품을 만들었다. 그리고 주변 사람들에게 정상가보다 훨씬 저렴한 가격으로 팔았다.

얼마 뒤 인터넷이 보급되기 시작했고, 킴 닷컴은 인터넷이 자신에게 꼭 어울리는 세상이라는 것을 직감적으로 알았다. 남들보다 한 발 앞서 모뎀을 구입한 그는 하루 종일 인터넷에 빠져 살았다. 그러던 중 BBS게시판에서 해킹 방법에 대한 게시글을 발견했다. 어려서부터 승부욕이 강했던 그는 드디어 자신의 재능을 쏟을 운명의 미션을 찾아냈다.

킴 닷컴은 1990년부터 약 3년 동안 독일 통신회사에서 발행한 장거리전화 카드번호와 비밀번호를 해독한 후, 인터넷상에서 직접 판매했다. 결국 당국에 체포되어 4개월 동안 옥살이를 하기도 했다. 19살 소년이 네트워크를 통해 복잡한 통신회사 시스템을 자유자재로 드나드는 일은 확실히 예삿일이 아니었다. 킴 닷컴은 지금도 최대한 거만한 표정으로 당시 일을 떠올리곤 한다.

"감옥 생활이 얼마나 끝내주는지 모르지? 집에 있는 거랑 비교가 안 돼. 그리고 내가 감옥에 있는 동안 누가 날 찾아왔었는지 알아? 미국에서 제일 큰 통신회사 AT&T의 수석엔지니어가 나한테도와 달라더군. 자기네 회사 네트워크 시스템의 취약점을 보완해 달라고 말이야."

4개월의 감옥생활은 킴 닷컴에게 반성의 기회가 되기는커녕 야심과 교만함만 더 크게 키우는 계기가 되었다. 킴 닷컴은 이때 해킹에 대한 경각심이 부족한 회사가 얼마나 많은지, 이들 회사의 홈페이지가 얼마나 취약한지, 그 안에 있는 데이터가 얼마나 중요하고 가치 있는 것들인지 확실히 알고 있었다.

클라우드 스토리지와 자료공유

출소 후 킴 닷컴은 친구 몇 명과 함께 데이터보안회사를 만들었다. 극비자료를 다루는 시스템에서 취약점을 찾아 보완하는 것이 주요 임무였다. 이들은 회사의 인지도를 높이기 위해 종종 항공우주국 시스템을 해킹하고 취약부분에 대한 정보를 제공했다. 이 방법은 확실히 효과가 있었다. 점점 고객이 늘어났고 심지어 NSA에서도 일을 의뢰해왔다. 어느새 킴 닷컴은 '디지털보안'의 대명사가 됐다. 미국의 모 은행은 "우리 은행 시스템은 킴 닷컴 회사에서 관리하고 있습니다"라는 광고 문구를 내걸기도 했다. 그의 이름은 각종 매체에 오르내리며 유명인사가 됐다.

"그건 정말 대단한 경험이었다. 사람들이 내게 '넌 세상에서 가장 똑똑한 컴퓨터 전문가다'라고 말할 때마다 슈퍼맨이 되어 하늘을 나는 기분이었다."

킴 닷컴은 어려서부터 유난히 거만하고 고집이 강했다. 또한 그는 2m 가까운 키에 130kg가 넘는 거구였기 때문에 조금만 거들먹거려도 조직의 보스 같았다. 혹자는 그를 '세상에서 가장 거대한 IT 기업가'라고 부르기도 했다. 일련의 성공을 거둔 그는 뉴질랜드 교외 농장을 사들여 호화별장을 짓고, 고급스포츠카 등 자동차 20여

대와 전용헬기까지 구입하며 온갖 사치를 부렸다.

갑부가 된 해커는 오랫동안 구상해온 완벽한 디지털 데이터베이스 문제에 집중했다. 그리고 마침내 누구나 자유롭게 자료를 업로드하고 스스로 자료 공유 여부를 선택할 수 있는 공공 파일저장소를 만들었다. 이 시스템은 갑자기 하드웨어에 문제가 생겨 중요한 데이터를 모두 잃어버리는 일을 예방하고, 한 사람이 업로드한 자료를 여러 사람이 공유함으로써 정보 활용도를 극대화했다.

2005년 킴 닷컴이 만든 메가업로드(Mega Up load)는 최초의 온라인 파일공유 사이트다. 메가업로드는 첫 해에 이미 회원수 2억을 돌파했고, 킴 닷컴은 참신한 아이디어 덕분에 손쉽게 거액을 벌어들였다.

메가업로드는 인터넷 사용자에게 무료로 저장공간과 파일공유 서비스를 제공했다. 메가업로드 파일은 크게 비공유와 공유로 나뉜다. 비공유파일은 업로드 본인만 사용할 수 있는 것으로, 중요한 자료를 백업해두는 것이다. 공유파일은 업로드 후 누구나 자유롭게 다운로드해 사용할 수 있다. 여기에는 다양한 소프트웨어, 학술논문, 동영상 자료 등이 포함되어 있다.

또한 메가업로드의 사용자는 무료와 유료 회원으로 나뉜다. 유료회원은 본인이 업로드한 자료의 다운로드 횟수에 따라 수익을 올릴 수 있다. 또한 무료회원보다 저장공간을 더 많이 이용할 수 있고, 파일을 업로드하거나 다운로드할 시 빠른 전송 서비스를 이용할 수 있다.

킴 닷컴은 "결국 네티즌이 원하는 것은 안전하고 믿을 수 있는 데이터백업공간이고, 나는 이 공간을 더욱 안전하고 편리하게 만들어 돈을 버는 것이 목적이다"라고 여겼다. 이후 메가업로드는 '데이터안전'의 기치 아래 승승장구했다. 회원수가 기하급수로 증가하면서 데이터량도 크게 증가했고, 데이터량이 늘어날수록 수익도 늘어났다. 메가업로드는 매일 수 억 건에 달하는 업로드파일을 수용하기 위해 세계 각지 네트워크서버공급업체로부터 연이어 중계호스트를 사들였다. 또한 킴 닷컴은 프로급 해킹 기술을 총동원해 꾸준히 시스템보안 수준을 높였다. 메가업로드의 안정성은 FBI를 고객으로 끌어들일 만큼 뛰어났다.

프로 해커 출신이었던 킴 닷컴은 해커 침입 방법과 기술에 대해 누구보다 잘 알고 있었다. 그 기술을 이용해 타의 추종을 불허하는 철옹성 데이터베이스를 구축할 수 있었다. 하지만 어느 순간 메가업로드는 바이러스와 불법소프트웨어의 온상으로 전락해버렸다. 단순히 데이터 저장공간 서비스를 제공하는 메가업로드 입장에서는 법적으로나 사이트 운영규칙 상으로나 이들을 규제할 권한이 없었다.

그러나 NSA는 메가업로드의 공유데이터를 분석해 정식 인증을 받지 않거나 허가받지 않은 불법소프트웨어가 분당 수백 건 이상 전송되고 있다는 것을 파악하고 메가업로드를 불법소프트웨어 유통 및 확산의 주범으로 규정했다. 이에 따라 2012년 1월, 수많은 저작권자에게 5억 달러가 넘는 손해를 입혔다는 이유로 미국 사법부는 대표 킴 닷컴을 기소하고 홈페이지를 강제 폐쇄했다. 당시 킴 닷컴은 변호사를 선임하지 않고 단 한 마디로 항변을 끝냈다.

"자유를 지향하는 것은 죄가 아니다."

메가업로드는 단순히 파일 공유 공간과 방법을 제공했을 뿐이다. 메가업로드가 없어도 불법 소프트웨어는 끊임없이 유통될 것이다. 네트워크를 이용한 데이터 전송 방식이 불가능하다면 옛날처럼 불법CD 형태로 계속 퍼져 나갈 것이다.

새로운 도전 P2P

메가업로드가 강제 폐쇄된 후 킴 닷컴은 새로운 파일공유방식을 구상하기 시작했다. 그는 프로 해커의 자유정신을 바탕으로 정보공유를 위한 위대한 사업을 이어갔다. 이번에는 P2P 기술을 이용해 서버를 거치지 않고 컴퓨터에서 컴퓨터로 곧바로 파일을 전송하는 공유방법을 선택했다. P2P기술을 기반으로 만든 새로운 시스템은 온라인음악서비스 사이트였다.

킴 닷컴의 한 마디 항변은 백 마디 변론보다 효과적이었다. 법원은 킴 닷컴의 기소 사유가 합당하지 않다는 결론을 내렸다. 다시 자유를 찾은 그는 뉴질랜드 호화별장으로 돌아가 향락을 즐겼다. 그는 메가업로드 사건에 대해 이렇게 말한 바 있다.

"소프트웨어 복제는 불법이지만, 클라우드 스토리지 이론과 기술은 절대 옳다."

불법파일 공유는 확실히 잘못된 일이다. 메가업로드가 직접 만들지는 않았더라도 유통과 확산에 크게 기여했다는 점에서 책임을 피할 수 없다. 하지만 해적왕 킴 닷컴과 그가 상용화시킨 클라우드 스토리지 기술은 데이터 저장에 대한 기존 관념에 획기적인 변화를 가져왔다.

"정의에 눈 먼 자들은 나를 도둑놈이라고 욕하지만, 나를 영웅이라 부르는 사람이 더 많다."

김 닷컴은 지금도 '자유제일주의'를 부르짖으며 자신의 신념을 위해 투쟁하고 있다.

소프트웨어 유료 대 무료

자유란 무엇인가? 자유는 인류가 오랫동안 추구해온 기본 가치 중 하나이다. 그리고 해커정신의 근간이자 핵심이기도 하다.

일반적으로 상품은 형태가 있고, 유형의 상품은 그 형태에 따라 합당한 가치를 매길 수 있다. 그렇다면 무형의 상품은 무엇을 근거로 가치를 매겨야 할까?

컴퓨터는 하드웨어와 소프트웨어의 결합체로 어느 한쪽이라도 없다면 기능을 제대로 할 수 없다. 컴퓨터 개발 초기에는 하드웨어 제조업체가 소프트웨어까지 같이 만들었기 때문에 소프트웨어에 대한 선택권이 없었다. 그러나 오늘날 소프트웨어업계의 거물이 된 MS는 컴퓨터 하드웨어에 비해 상대적으로 크게 뒤쳐진 소프트웨어 시장에서 기회를 포착했다.

MS를 창업한 빌 게이츠는 IBM컴퓨터용 DOS프로그램을 만들던 중 아이디어를 얻어, 그래픽 인터페이스 윈도우를 개발했다. 윈도우가 등장하면서 더 이상 길고 복잡한 명령어를 외울 필요 없이 마우스 클릭만으로 컴퓨터를 조작할 수 있게 되었다. 윈도우 성공 이후 소프트웨어는 하드웨어로부터 확실히 분리되어 독자적인 생존 발전 역사를 시작했고, 소프트웨어 따로 가격이 매겨졌다.

빌 게이츠는 최초로 소프트웨어 저작권보호법 입법을 주장한 사람이기도 하다. 빌 게이츠는 '컴퓨터 애호가들에게'라는 공개서한을 발표했고, 끝내 목표를 이뤘다.

"불법 복제는 법으로 처벌해야 합니다. 하드웨어 값을 치르는 것은 당연하게 여기는 반면, 소프트웨어는 당연하게 공유하고 있습니다. 소프트웨어를 만든 사람도 당연히 그에 상응한 대가를 받아야 합니다. 지금의 상황이 반복된다면 결국 프로그래머들은 더 좋은 소프트웨어를 개발하지 않을 것이고, 업계는 더 이상 발전하지 않을 것입니다. 아무 대가 없이 힘든 기술 노동을 할 사람이 누가 있을까요? 여러분, 세 사람이 꼬박 일 년 동안 프로그램을 짜고 오류를 수정하고 다시 정리해서 만든 상품을 과연 무료로 배포할 수 있을까요?"

하지만 모두가 빌 게이츠처럼 생각하지는 않았다. 프로그래머가 실력을 키우고 기술을 발전시키려면 상호 교류와 토론이 이뤄져야 하는데, 백 마디 말보다 서로 프로그램 코드를 공유하는 것이 가장 효과적이다. 그러나 소프트웨어 저작권보호법으로 코드암호화 체계가 확립되면서 자료공유가 어려워지자 아이디어와 사고가 제한되어 창의성이 크게 줄었다. 이에 리처드 스톨먼(Richard Stallman)은 이렇게 반문했다.

"소프트웨어를 왜 돈을 받고 파는가?"

리처드 스톨먼

리처드 스톨먼과 빌 게이츠는 하버드 대학 동문이다. 빌 게이츠가 하버드를 자퇴하던 1974년, 두 살 많은 스톨먼은 하버드 졸업장을 얻었다. 패기와 젊음으로 무장한 스톨먼에게 당시 사회는 그의 꿈을 실현시켜줄 한없이 멋진 세상이었다.

졸업 후 그는 MIT공대 인공지능 연구소에 취직했지만 매일 똑

같은 일상에 무료함을 느꼈다. 스톨먼은 주로 프로그램 테스트와 인터페이스 업그레이드 작업을 담당했다. 이 연구소에서 일하면서 스톨먼은 해커계의 전설이 된 고성능 편집기 이맥스*를 개발했다. 이 프로그램은 일반인에게는 생소하게 들릴지 모르겠지만 프로그래머 사이에서는 매우 유명하다.

주로 문자와 도표 데이터 처리에 많이 사용되는 이맥스는 기능면에서 MS오피스와 유사하다. 그러나 MS오피스보다 프로그램 용량이 작아 처리과정이 가볍고 빠르다. 프로그래머들이 많이 사용하는 이맥스는 주로 매크로코드와 프로그램 세그먼트를 편집하는데 유용하다. 특히 자동으로 오류를 체크해 수정 의견을 제안할 뿐 아니라, 하나의 소프트웨어 안에서 모든 시스템 조작 기능을 정리할 수 있어 코딩 작업이 한결 빠르고 편리해진다. 또 하나 이맥스의 가장 큰 특징은 소프트웨어 소스코드가 공개되어 있다는 점이다. 누구나 필요에 따라 코드를 수정하고 기능을 추가할 수 있어 기술적으로 완전히 개방된 소프트웨어다. 이맥스 출현 이후 문자처리 소프트웨어를 개발한 프로그래머들은 대부분 이맥스 소스코드를 통해 기술과 아이디어를 얻었다고 밝히며 스톨먼을 스승이라 불렀다.

사실 스톨먼이 한 일은 일반적인 해커의 개념과는 거리가 멀지만, 결과적으로 수많은 해커에게 날개를 달아줬고 그 역시 해커라 불린다. 해커라는 단어가 처음 등장했을 때, 해커는 '침입자'의 의미가 아니라 '컴퓨터 시스템 문제를 열정적으로 탐구하고 해결하는 사람' 혹은 '치밀하고 완벽한 프로그램 코딩에 열중하는 사람'

* Emacs, Editor MACroS, 매크로코드 편집기

을 의미했다. 이런 관점에서 본다면 스톨먼은 진정한 해커가 틀림없으며, 나아가 해커들의 진정한 스승인 셈이다.

빌 게이츠가 '컴퓨터 애호가들에게'라는 편지를 내세워 소프트웨어 저작권보호법 입법을 주장할 때, 스톨먼은 빌 게이츠에게 전혀 동의할 수 없었다.

"그는 프로그래머 정신을 위배했다. 자유정신과 돈은 물과 기름처럼 한 데 섞일 수 없다."

스톨먼은 IT업계의 진정한 프로그래머라면 프로그램 코드를 공개하는 것이 옳다고 생각했다. 프로그램 코드는 대중의 알 권리에 해당하며, 코드를 자유롭게 사용하고 복제함으로써 프로그램의 최종 목표를 달성할 수 있다고 주장했다.

"윈도우OS를 사용해본 사람이라면 아마도 한 번쯤 이런 생각을 해봤을 것이다. 'MS가 내 컴퓨터에 도대체 뭘 쑤셔 박아놓은 거야! 도대체 알 수가 없잖아!'"

GNU프로젝트

얼마 뒤 스톨먼은 MIT공대 연구소 일을 정리하고 한적한 시골로 들어갔다. 거기에서 그는 이맥스 프로그램을 꾸준히 업그레이드하며, 자유소프트웨어 운동을 준비하기 시작했다. 이 운동의 핵심은 모든 소프트웨어 사용자에게 제도적으로 소스코드가 공개된 소프트웨어를 제공하는 것이다. 소프트웨어 자체는 어떤 형태로든 개인이 독점할 수 없으며, 누구나 소프트웨어 커널을 확인하고 소스코드의 오류와 취약부분을 찾아내 수정 보완할 수 있다. 또한 각자의 필요에 따라 소프트웨어 기능 중 필요 없는 부분을 삭제해 시스템 작동 효율성을 높일 수 있다. 자유소프트웨어 운동의 핵심은 간단히 무보수, 무료, 공유, 투명으로 요약할 수 있다.

스톨먼은 사이트를 준비하는 동시에 자유소프트웨어 재단(Free Software Foundation)을 설립했다. 곧이어 본인이 직접 제작한 소프트웨어를 온라인상에 공개하고 누구나 무료로 이용할 수 있도록 했다. 그는 본인이 주장한 '자유소프트웨어 정신'에 따라 모든 소스를 공개했다. 스톨먼은 소프트웨어 제작이나 사이트 활동을 통해 단 한 푼돈 벌지 못했고, 사무실에서 숙식을 해결했다. 하지만 이런 문제 때문에 그의 결심이 흔들리지는 않았다.

스톨먼이 만든 소프트웨어는 간결한 데다 실용성과 편리함까지 갖춰 점점 널리 알려졌다. 이 소프트웨어는 인터페이스에서 기능적인 부분까지 사용자의 필요에 따라 2차 수정이 가능했기 때문에 모든 사람의 수요를 만족시킬 수 있었다. 이것은 자유소프트웨어의 큰 장점 중 하나였다. 그 중에서도 가장 큰 매력은 역시 '무료'로 이용할 수 있다는 점이고, 더불어 프로그램 코딩 실력까지 늘릴 수 있다는 점이었다. 기존의 사고방식으로는 정말 상상도 못할 대사건이었다.

1985년, 스톨먼과 자유소프트웨어 재단을 이끄는 동료 10여 명은 공공라이선스 GPL*, GNU프로젝트 등 대형 소프트웨어 프로젝트와 관련된 내용을 발표했다. 이 프로젝트는 기본적으로 다음과 같은 취지에서 출발한다.

"지금까지 대부분의 소프트웨어 라이선스는 제작자가 소프트웨어 사용자의 배포 및 수정 권리를 빼앗는 형태였다. GPL 라이선스

* GPL, GPL General Public Licence. '일반 공중 사용 허가서'라고도 한다.

는 정반대이다. 자유소프트웨어는 프로그램 사용자가 자유롭게 배포 및 수정할 수 있도록 사용자의 모든 권리를 보장한다."

여기에는 무한한 자유만이 존재한다. 그 어떤 제약도 존재하지 않는다. 해적 혹은 불법이라는 멍에 없이 마음껏 소프트웨어를 사용하면서 인류정신의 가장 큰 욕망, 자유를 진정한 의미에서 체험할 수 있다.

GNU프로젝트는 과학적인 컴퓨터 소프트웨어 사용규범을 만든다는 목표로 완벽하게 자유로운 OS를 지향했다. 한 회사가 폐쇄적으로 연구개발해 특정 하드웨어에 끼워 파는 것이 아니라, 모든 컴퓨터 사용자가 공동으로 개발 작업에 참여하는 위대한 사업이다. GNU 프로젝트는 자유소프트웨어 정신을 수호하기 위해 카피레프트(Copyleft)라는 새로운 개념을 만들었다. 자유소프트웨어는 사용자가 모든 기능을 무료로 사용할 수 있도록 했다. 나아가 복제, 수정 및 재배포를 자유롭게 할 수 있어 '소프트웨어 개발 초기와 같은 협동 정신'이 재현되었다.

자유소프트웨어 정신은 전 세계 수많은 사람을 감동시켰고, 많은 컴퓨터 엘리트들이 동참하기 시작했다. 또한 개인뿐 아니라 유명 기업들의 지지와 지원도 이어졌다. 프로그래머들은 이 일을 통해 경제적인 이익은 얻을 수 없지만 관련 기술을 배우고 실천할 수 있다는 사실만으로도 만족했다. 실제로 참여해본 사람들은 '인류를 위한 위대한 봉사'라는 점에서 높은 자부심과 행복을 느꼈다고 한다. 자유소프트웨어 제작자 중에는 무한한 자유와 창의력을 소유자가 많았다. 이들은 먹고 자는 것도 잊으며 개발에 몰두했고, 실용적이고 간단한 기초 소프트웨어에서부터 규모가 큰 대형 OA시스템까지 짧은 시간 안에 다양한 자유소프트웨어를 만들어냈다.

자유소프트웨어 운동에서 가장 주목할 만한 성과는 바로 OS분야이다. 애플의 iOS와 MS의 윈도우가 기존 OS시장을 장악한 가운데, 스톨먼과 자유소프트웨어 재단의 지휘 아래 새로운 OS 커널이 탄생했다. 바로 그 이름도 유명한 리눅스(Linux)다.

무료 사용 및 배포로 유명한 유닉스OS 리눅스는 여러 개의 창을 띄워 동시에 여러 개 작업을 진행하는 윈도우 그래픽 인터페이스의 특징을 참고하되, 사용자 편의성과 효율성을 강화하는 데 주력했다. 리눅스 패키지에는 텍스트편집기, 프로그래밍언어 컴파일러와 같은 응용소프트웨어가 포함되어 있다. 리눅스의 가장 큰 특징이자 강점은 윈도우에서 만든 각종 문서를 호환할 수 있다는 점이다. 현재 세계에서 가장 광범위하게 사용하는 MS오피스 문서를 리눅스에서 정상적으로 조작할 수 있다.

종합해볼 때 리눅스는 스톨먼의 GNU시스템을 완성해줄 적임자였다. GNU시스템은 스톨먼이 초기 형태를 잡아놓긴 했지만, 한참 부족한 상태였다. 게다가 당시 자유소프트웨어 재단 참여자들은 소규모 영세 작업 방식으로 만든 자유소프트웨어를 윈도우OS에서 사용해야 한다는 사실에 불만을 표출하기 시작했다. 그래서 스톨먼은 과감히 GNU 카드를 꺼내들었다.

100여 명의 프로그래머가 GNU시스템 기초 작업에 참여해 리눅스 커널 코드 코딩과 수정 작업을 진행했다. 작업 효율을 높이기 위해 전체 프로그램을 여러 모듈로 나누었고, 세계 각지에 흩어져 있는 프로그래머들은 사전에 약속된 대로 본인에게 할당된 임무를 수행해 결과물을 자유소프트웨어 재단 홈페이지에 올렸다. 마지막으로 스톨먼을 포함한 5명의 핵심멤버가 정리 및 표준화 작업을 마친 후 전문가 그룹 사용자들이 테스트해보도록 했다. 이런 과정을 거쳐 1994년 3월, 리눅스 1.0의 17만 줄 코드가 공개됐다. 물론 자유소프트웨어 정신에 따른 무상배포였다. 스톨먼과 자유소프트웨어 재단은 리눅스를 통해 그토록 원했던 컴퓨터 하드웨어와 응용소프트웨어가 온벽하게 결합된 그들만의 OS를 완성했다. 그리고 이 모든 것은 무료였다.

언젠가 스톨먼이 빌 게이츠에게 이런 질문을 던진 일이 있었다.

"MS는 그 비싸디 비싼 윈도우에 개인사용자의 사용기록을 감시할 수 있는 백도어나 다른 어떤 감시프로그램도 존재하지 않는다는 사실을 어떻게 증명할 수 있나?"

지금까지도 이 질문에 대한 답은 나오지 않았다. 어쩌면 답이 필요 없는 질문일지도 모른다.

소프트웨어는 자유다

MS가 얼마나 강한 권력을 휘둘렀는지는 컴퓨터 소프트웨어 발전 역사의 일부만 엿보아도 알 수 있다.

MS의 첫 성공작은 텍스트 인터페이스 컴퓨터 환경을 기반으로 만든 MS-DOS였다. 여러 가지 응용프로그램이 탑재되어 있었지만 중국어를 지원하지 않는 경우가 많아 중국어권 사용자가 큰 불편을 겪었고, 결과적으로 UCDOS, WPS와 같은 중국어 워드프로세서를 탄생시켰다. 중국어권 컴퓨터에는 예외 없이 이 둘 중 하나를 사용했다.

얼마 후 MS가 그래픽 인터페이스 OS 윈도우를 출시하자 킹소프트(King soft)는 재빨리 윈도우 시스템에 맞춘 WPS 업그레이드 버전을 내놓았다. 킹소프트는 WPS OA를 100위안에 판매하며 승승장구했다. 한편 글꼴 패키지를 고가에 판매하며 UCDOS를 히트 상품으로 만들었던 베이징시왕(北京希望)은 윈도우 시대에 적응하지 못하고 역사 속으로 사라졌다. 그러나 MS가 한층 업그레이드된 OA패키지를 출시한 후 WPS도 백기를 들었다. 킹소프트는 어쩔 수 없이 WPS 소프트웨어를 무료 배포했고(소스코드는 공개하지 않았다), 꾸준히 MS 오피스의 변화를 따라갔다. 당시 킹소프트는 "중국인은 중국이 만든 OA를 써야 한다"라며 애국심 마케팅을 펼쳐 중국 사용자의 발길을 붙잡기 위해 안간힘을 썼다. 그러나 MS의 독점은 더욱 강화됐다. 경쟁자 하나 없이 시장을 완전히 독점한 MS는 사기 싫으면 마라는 식으로 고가 정책을 고수했다.

이런 상황에서 갑자기 스톨먼이 튀어나왔으니 MS로서는 정말 환장할 노릇이었을 것이다. 스톨먼이 등장한 후 세계 OS시장에는 삼국시대가 시작되었다. 애플 제품에만 사용되는 iOS, 세계 시장의 70%를 장악한 MS 윈도우, 그 나머지가 리눅스의 몫이었다. 리눅스가 등장하기 전에는 윈도우의 시장 점유율이 거의 100%에 가까웠다는 사실을 고려하면 리눅스의 활약은 정말 대단한 것이었다.

빌 게이츠 입장에서는 스톨먼처럼 극악무도한 인간이 또 있을까 싶겠지만 대다수 컴퓨터 사용자들에게 스톨먼은 독재시대의 막을 내린 영웅이며 프로그래머에게 '프로메테우스'와 같은 존재다. 개방, 공유, 민주, 자유를 위해 싸우는 해커정신을 받들어온 스톨먼과 자유소프트웨어 재단은 점점 더 세력을 넓혀가며 컴퓨터 세계의 '신'이 되어가고 있다.

해커는
당신 옆에
있다

컴퓨터 분야의 뛰어난 인물들이 그들의 컴퓨터 생애를
해킹으로 시작하지 않았다면, 평생 한 번도 타인의 컴퓨터를
해킹하지 않았다면, 그들의 삶은 무기력했을 것이고
그들의 이름이 전설로 남지 못했을 것이다.

개구쟁이 리카이푸

리카이푸(李開復)는 현임 미국 대통령 버락 오바마와 함께 미국 컬럼비아대학교 로스쿨의 학생이었다. 1998년에는 소프트웨어 회사에 입사했고, 얼마 후 중국에 마이크로소프트 연구소를 세웠다. 2005년 7월에는 구글의 부사장직과 구글 차이나 사장직을 역임했고 2009년 9월에는 구글을 떠나 창신공장(創新工場)을 창립했다.

컬럼비아대학 재학 시절, 밝고 활발한 리카이푸는 법학이 너무 지루해 컴퓨터학과로 전과를 신청했다. "프로그램을 만들 때는 누구보다 빨리 만들지만, 법학을 공부할 때는 누구보다 빨리 잠든다"는 것이 신청 사유였다.

컴퓨터라는 재미있는 장난감에 빠진 리카이푸는 장난도 많이 쳤다. 친구의 게시판 계정을 해킹한 뒤, 미인대회 출신이라 자신을 소개하며 멋진 남자친구를 사귀고 싶다는 글을 올렸다. 계정의 주인은 영문을 알 수 없는 메일을 한 무더기 받아야 했다.

이런 일도 있었다. 친구가 프로그래밍 과제를 도와달라고 부탁했는데 리카이푸는 일이 있다며 거절했다. 친구는 별수 없이 혼자 과제를 했는데, 프로그래밍을 끝내고 저장 버튼을 누르자 자료가 삭제되었다는 오류 메시지가 나왔다. 친구는 다시 작성해서 저장하려 했지만 또 동일한 오류 메시지가 나왔다. 기운이 빠진 친구가 재수 없는 날이라며 컴퓨터를 끄려 할 때 새로운 메시지가 나타났다. '장난이야! 과제는 잘 저장되었어. 리카이푸'

리카이푸 본인은 인정하지 않았다면, 글로벌 IT 분야의 거물에게 이렇게 귀여운 구석이 있다고 누구도 상상하지 못했을 것이다. 사실 엄숙하기 그지없는 사람도 귀여운 일면이 있기 마련이다.

방화벽 시장의 경쟁

현대인에게 해커는 위협적인 존재이다. 15초마다 해킹 사건이 발생하고, 세계적으로 해킹 때문에 생기는 경제 손실이 500억 달러를 넘는다는 통계도 있다. 이렇게 어마어마한 경제적 손실이 발생하는 이유는 컴퓨터 사용자가 네트워크의 안전을 가벼이 여기기 때문이다. 한 조사에 따르면 개인과 기업용 컴퓨터의 90%에서 심각한 보안 결함이 발견되었고, 일부 정부기관과 은행마저도 보안 상태가 심각했다고 한다. 곳곳에 숨어있는 네트워크의 보안 결함은 해커가 침투할 수 있는 통로가 되므로 시스템의 결함을 보완하고 네트워크 방화벽을 설치해 안전성을 높여야 한다.

시스템에 내장된 방화벽이 사용자의 요구를 충족하지 못하자, 이 시장을 주시하던 컴퓨터 보안 업체는 성능이 뛰어난 방화벽을 속속 출시했다. 1990년대 초, 텐왕과 장민신과학기술유한공사, 라이징 안티바이러스 등의 업체와 해외 기업이 방화벽을 출시하면서 시장은 경쟁이 치열해졌다.

중국에서 지명도가 높은 가전제품 전문 업체인 하이센스(Hisense Group, 海信集團)는 자사 브랜드의 컴퓨터를 출시해 활동 영역을 넓혔다. 2000년 여름, 하이센스는 컴퓨터 시장을 발판으로 잠재력이 무궁한 방화벽 시장에 출사표를 내놓았다. 하이센스는 기존 방화벽의 기술력을 바탕으로 '8341 네트워크 방화벽'을 출시했다.

"이 제품은 기존 방화벽의 각종 결함과 위험 요소를 보완했습니다. 8341 방화벽은 세계에서 가장 우수하고 가장 안전한 '보안 시스템'입니다."

하이센스는 수차례 방어 모의테스트를 실시해 만족할 만한 결과를 얻은 후에야 공안의 검측을 받고 생산허가증을 취득했다. 최대한 빨리 고객을 확보하고 싶었던 하이센스는 현상금 50만 위안을 걸고 국내외 해커를 대상으로 방어 모의테스트 대회를 개최했다.

"정보사회가 도래하면서 정보 상품에 대한 수요가 폭발적으로 증가했지만, 하이센스는 맹목적으로 시장수요를 쫓지 않았습니다. 시장이 성숙하고 기술력이 완비될 때를 기다렸습니다. 하이센스는 완벽한 방화벽으로 '인터넷 세계에 진입'했습니다. 방어테스트가 하이센스의 제품을 지켜보던 국내외 동종업계와 사용자를 실망하게 하지 않을 것이라 믿습니다."

하이센스의 방화벽을 넘어라

하이센스는 베이징 텔레콤(北京市電信有限公司)에 해커가 공격할 IP 주소(210.12.114.58)를 신청했고, 베이징 최대의 전자제품 시장인 중관춘에 호스트 컴퓨터의 상태와 공격의 출처, 공격 방법, 공격 횟수 그리고 방화벽 작동상태를 24시간 표시하는 거대한 LED 디스플레이를 설치했다.

2000년 8월 21일부터 9월 1일까지 열흘 동안 진행된 모의테스트는 방화벽 백그라운드 서버의 지정 파일(fw3010ag.test)을 훔쳐내거나 서버의 웹페이지를 수정하면 공격이 성공한 것으로 간주했다. 성공한 해커에게 하이센스가 50만 위안의 상금을 검사비로 지급할 예정이었다.

유명 브랜드의 방화벽을 합법적으로 공격할 수 있고 고액의 상금까지 걸린 방어테스트는 상당히 매력적이었다. 누가 50만 위안을 가져갈까? 하이센스의 방화벽은 전 세계 해커에게 도전장을 내밀었다. 훔치려는 자와 막으려는 자 중 누가 뛰어날까, 해커의 창이 날카로울까 하이센스의 방패가 견고할까, 모의테스트는 시작부터 사람들의 이목을 집중시켰다.

모의테스트가 시작되고, 방화벽을 공격한 다양한 국가의 인터넷 주소가 LED 디스플레이에 나타났다. 미국 국방부 네트워크 센터와 버지니아 육군 기지도 있었다. 중국 내에서는 수도 없이 많은 지역에서 방화벽을 공격해왔다. 나흘 만에 공격계수기의 숫자는 8만을 넘었다. ICMP* 공격, 파편 공격**, 웹 서버 공격, UDP*** 공격, 원거리 오버플로**** 공격, FTP***** 서버 공격, 백도어(Backdoor)****** 공격 등 세간에 알려진 주요 공격 방법들이 일일이 열거하기도 어려울 만큼 다양한 방법들이 등장했다. 정해진 규칙에서 벗어난 악의적인 공격도 셀 수 없이 많았다. 통신 포트를 막거나 방화벽을 우회하여 침투하는 사람도 있었다. 하이센스의 방화벽은 과연 명성에 걸맞게 백 시간이 넘도록 공격당하고도 여전히 견고했다.

방어테스트를 시작한 지 닷새째 되던 8월 25일, LED 디스플레이로 방화벽의 승리 소식이 전해지던 중, '흑매(黑妹)'라는 유명 해커가 하이센스의 홈페이지를 해킹하고 메인 페이지에 하이센스의

---

* Internet control message protocol. CP/IP 프로토콜에서 IP 네트워크의 IP 상태 및 오류 정보를 공유하게 하며 핑(ping)에서 사용된다.

** 의도적으로 분할된 데이터 패킷을 대량 전송하여 서버의 실행력을 떨어트리는 공격 방법

*** User datagram protocol. 인터넷에서 정보를 주고받을 때, 서로 주고받는 형식이 아닌 한쪽에서 일방적으로 보내는 방식의 통신 프로토콜이다.

**** Overflow. 컴퓨터 연산 과정에서 한 단어가 표시될 수 있는 최대 정수보다 큰 수가 입력되어 과잉 유출이 되는 것. 이 경우 연산은 중지된다.

***** File transfer protocol. 인터넷을 통해 한 컴퓨터에서 다른 컴퓨터로 파일을 전송할 수 있도록 하는 방법과, 그런 프로그램을 모두 일컫는 말이다.

****** 정상적인 인증 프로세스를 거치지 않고 시스템에 접근하는 방법

부자상에게 보내는 편지를 게재했다는 소식이 전해졌다.

존경하는 왕페이송 부사장님께

"지난 21일, 귀사는 현상금 50만 위안을 걸고 대중에게 공개적으로 귀사의 방화벽을 공격할 수 있는 권한을 주셨습니다. 이 행사가 제품을 홍보하기 위한 것임은 모두가 아는 사실입니다. 귀사가 제품에 대한 절대적인 믿음으로 대중 앞에서 공정하게 방어테스트를 시행하는 것은 비난할 여지가 없습니다. 하지만 귀사가 제시한 IP 주소는 쓰레기 데이터가 산재해 핑(Ping)조차 실행되지 않습니다. 오만하고 비열한 태도라 생각합니다. 해커를 모욕한 것이며 대중을 기만한 것입니다. 귀사가 진정 네트워크 보안 영역에서 뛰어난 능력을 갖추었다면 솔선수범하여 자사의 제품을 사용하시고, 네트워크를 제대로 방비하시지요. 그렇지 않고서 어찌 고객의 이익을 보장하겠습니까? 어찌 네트워크 보안 분야에 얼굴을 내미시겠습니까? ……"

당황한 사람들은 하이센스의 반응을 기다렸다. 하이센스는 곧 해커들이 규칙을 위반했다는 내용의 글을 발표했다.

"해당 IP주소에서 핑이 실행되지 않는 것은 테스트를 시작한 후 수많은 해커가 IP주소로 끊임없이 쓰레기 데이터 패킷을 보냈기 때문입니다. 서버의 대역폭을 점거한 쓰레기 데이터 패킷은 해커의 공격을 방해하거나, 아예 공격할 수 없게 합니다. 8월 22일 오전부터 폐사가 신청한 IP주소로 다량의 데이터 패킷이 초당 4~6천 개씩 몰려들었습니다. 쓰레기 데이터를 이용한 악의적인 공격은 네트워크 대역폭의 90%를 점거했고, 결국 방어테스트에 참가자 수를 급감하게 했습니다. 일부 악의적인 프로그램은 몇 초마다 공격을 멈추고 방화벽 작동 여부를 확인한 뒤 다시 공격합니다. 이것은 개인이 할 수 없는 공격방식으로, 경쟁사의 단체 행동이 아닐까 추측합니다."

정당한 루트로 방화벽을 공격하던 해커는 핑이 실행되지 않자 보안이 취약한 회사 홈페이지로 시선을 돌렸다. 신기하게도 하이센스의 홈페이지는 방화벽이 설치되어있지 않았다.

하이센스의 해명은 대중의 혼란을 잠재우지 못했다. 악의적인 공격을 따로 제한하지 않은 것은 어떤 방법을 써도 괜찮다는 뜻이 아닌가. 빈틈없이 완벽하다고 자찬하면서 자사의 홈페이지에는 방화벽을 설치하지 않았으니 사람들의 의혹을 사기에 충분했다. 방화벽은 만능이 아니다. 아무리 견고한 방화벽이라도 시간이 지나면 유명무실해진다. 결론적으로 하이센스의 방화벽은 무너지지 않았지만, 대중에게 그리 좋은 인상을 남기지는 못했다.

호루라기로 해킹의 등장을 알리다

컴퓨터라는 물건이 세상에 나온 후, 해커는 그림자처럼 조용히 모습을 드러냈다. 자신이 세계 제일의 해커라고 호언장담하는 사람도 없었고, 감히 가장 오래된 해커라고 자신하는 사람도 없었다. 세계적으로 공인된 첫 번째 해커는 해킹에 컴퓨터가 아닌 호루라기를 사용했다.

1944년 출생한 존 드래퍼(John Draper)는 어려서부터 공군 엔지니어인 아버지를 따라 세계를 돌아다녔다. 천성이 유순한 그는 세계 각지에서 친구를 사귀었고, 집으로 돌아와서는 하루종일 지구 반대편에 있는 친구에게 전화를 걸었다. 존 드래퍼의 아버지는 매달 고지되는 고액의 전화요금 명세서으로 크게 화를 냈고, 결국 전화기를 없애 존 드래퍼를 길모퉁이 공중전화부스로 내몰았다.

1964년, 존 드래퍼는 아버지의 뒤를 이어 공군이 되었다. 알래스카에 주둔할 당시에도 오랜 습관을 고치지 못한 존 드래퍼는 어떻게 지휘관의 사무실에 들어가 전화기를 쓸까 궁리하며 하루를 보냈다. 2년 후, 존 드래퍼는 업무에 충실하지 않았다는 이유로 해직되었다. 의도치 않게 당시 대통령인 닉슨의 사무실에 전화를 건 것도 해직 이유 중 하나였다. 전역한 존 드래퍼는 결혼을 하고 집을 구했다. 하지만 새신부와 축하주를 마시기도 전에 전화부터 신청한 그는 신부는 아랑곳하지 않고 예전처럼 전화기만 붙잡고 세월을 보냈다.

어느 날 오후, 이웃이 함께 운동하자고 찾아왔다. 하지만 존 드래퍼는 고개도 돌리지 않고 통화에만 정신이 팔려 있었다. 장난기가 발동한 이웃은 목에 걸고 있던 호루라기를 불어 존 트래퍼를 놀래키려 했다. 그러나 존 드래퍼는 조금도 동요하지 않았다. 하지만 놀라운 일이 일어났다. 호루라기 소리가 난 후 전화는 끊기지 않았는데 통화시간을 알려주는 숫자가 멈춰버린 것이다.

흥분한 존 드래퍼는 즉시 크고 작은 호루라기로 실험을 했다. 호루라기의 저주파 음파가 전화기를 속인 것이다. 전화기 시스템은 호루라기의 주파수 신호를 듣고 통화가 중단된 것으로 착각해 시간 계산을 멈췄다. 이때부터 존 드래퍼는 참신한 방법으로 밤낮없이 무료 국제전화를 즐길 수 있게 되었다. 존 드래퍼는 상대방이 전화를 받자마자 힘껏 호루라기를 불었고 편하게 대화를 즐겼다.

참견하기 좋아하는 전화요금 수금원이 아니었다면 존 드래퍼의 무료 전화는 언제까지나 지속했을지도 모른다. 1972년, 한 전화요금 수금원은 존 드래퍼의 전화 요금명세서에서 장거리 국제전화 통화시간이 모두 1~2초밖에 안 된다는 사실을 발견했다. 결국 존 드래퍼는 '호루라기'때문에 2달 동안 감옥에 갇혔다.

호루라기를 불어 무료로 전화통화를 즐긴 이 사람이 바로 '세계 최초의 해커'다. 컴퓨터가 일반 대중도 즐겨 사용하는 기계가 된 후, 존 드래퍼에게 영감을 받은 해커들은 전화요금을 0으로 조작하면서 해커 인생을 시작했다. 그들은 보잘것없는 호루라기를 목에 거는 대신, 주변에 있는 전화국 시스템에 침입해 관리자 권한을 얻으려 애썼다.

열일곱 살 소년 워커

2007년 6월, 열 시간이 넘도록 힘겹게 버티던 미국 펜실베이니아 대학 공대의 네트워크 서버가 결국 망가졌다. 서버의 시스템은 7만 건이 넘는 다운로드 요청에 붕괴했다. 평소 일일 다운로드 요청 수는 대개 5백 건을 넘지 않는다.

이것은 해커들이 즐겨 쓰는 공격 방법이다. 해커는 끊임없이 다운로드 요청을 보내며 빈틈을 살피다가 기회를 틈타 시스템에 침투했다. FBI 수사관은 서버에 접속한 해커의 흔적을 단서로 의심스러운 IP주소 두 개를 찾아냈다. 두 IP주소에서 보낸 다운로드 요청 건수는 6만8천 건에 달했다.

반년 동안 철저하게 수사한 끝에 FBI는 닉네임 'AKILL'을 이용하는 뉴질랜드의 해커를 찾아냈다. 2007년 11월 30일, 경찰은 뉴질랜드 해밀턴에 있는 AKILL의 집을 기습했고 오웬 워커(Owen Thor Walker)를 체포했다. 열일곱 살 소년인 워커는 FBI 본부에서 순순히 사건의 경위를 진술했다. 워커의 진술에 따라 사건을 추적한 FBI는 인터넷으로 경제 범죄를 저지르는 글로벌 범죄 조직을 소탕했다. 이들이 저지른 범죄 사건에는 수많은 사람이 연루되었고 막대한 금액의 돈이 오갔다.

이 조직은 두둑한 사례금으로 우수한 해커들을 모집해 봇 프로그램(Bot program)*을 만든 뒤, 전 세계 130만 대의 호스트 컴퓨터에 불법 침입했다. 사용자의 계좌 정보와 비밀번호를 훔쳐 돈을 빼냈고 주식 거래를 조작했다. 이는 1년 만에 2천6백만 뉴질랜드 달러(약 1천7백3십만 달러)의 손실을 초래했다. 약 3만 달러의 불법 이익을 취한 워커는 1심 판결에서 10년 징역형을 선고받았다.

남다른 컴퓨터 운용 실력을 갖춘 이 해커 집단은 기발한 프로그래밍 기술로 복잡하지만 잘 드러나지 않는 해킹 프로그램을 만들었다. 세계에 퍼져있는 조직원들은 일사불란하게 움직였다. 동시에 동일한 웹사이트에 접근해서 순간적으로 접속 인원을 급증시켰다. 고차원적인 기술로 만들어진 이들의 프로그램에 사람들을 경악했다. 전자 기술 범죄 수사에 다년간 몸담은 전문가조차 감탄을 금치 못 했다. 워커가 만든 해킹 프로그램은 수사관들이 지금까지 일하면서 본 것 중에 단연 독보적이었다. 게다가 이 사건의 주인공 워커는 열일곱 살짜리 소년이었다.

법정에서 워커의 형량이 감형되었다는 소식이 전해지자 사람들은 또 한 번 놀랐다. 워커가 미성년이기도 했지만, 신체검사를 통해

* 사용자의 컴퓨터에 몰래 잠입해 있다가 해커의 조정에 따라 시스템을 감염시키는 악성 원격제어 프로그램

희귀성 질환인 아스퍼거 증후군(Asperger Syndrome)을 앓고 있다고 밝혀진 것이 주된 이유였다.

천재였기 때문에

아스퍼거 증후군은 파킨슨 병(Parkinson's disease)처럼 발견한 사람의 이름이 병명이 되었다. 이 질환은 발병률이 1/100,000에 불과한 유전병으로 청소년기에 증상이 두드러진다. 발병자는 말수가 적고 대인관계에 어려움을 느끼며, 언어장애나 사지 부조화(incoordination) 증상이 나타나기도 한다. 내성적인 아이로 오인되어 지나치는 경우가 많다. 일부 발병자는 IQ가 상당히 높아서 수리논리학 등의 분야에서 특출한 재능을 보인다. 한번 빠져들면 무서울 정도로 집착하는 아스퍼거 증후군 환자는 음악이나 그림, 수학, 컴퓨터처럼 고도의 논리적 사고를 요구하는 분야에 흥미를 느끼고, 초인적인 성과를 내놓는다. 역사에 큰 획을 그은 화가 반 고흐, 음악가 모차르트, 관념론 철학의 대가 칸트 등이 아스퍼거 증후군을 앓았다.

어려서부터 말수가 적고 친구들과 어울리지 못했던 워커는 주로 구석에서 혼자 블록을 쌓으며 놀았다. 학교에서 종종 친구들에게 놀림을 당했고, 9학년 때는 자퇴를 했다. 학교를 떠난 워커는 컴퓨터에 빠지기 시작했다. 매일 키보드와 마우스를 친구삼아 시간을 보내는 워커를 보고 부모는 아들이 마침내 세상과 소통하는 방식을 찾은 것이라 여겨 기뻐했다. 그 대가로 감옥에 갇히게 될 줄은 상상도 못 했다.

워커는 천재이기에 천재의 병이 생겼고, 천재만 할 수 있는 일을 했다. 천재이기에 세상을 놀라게 한 해커가 되었고, 막대한 경제적 손실을 초래해 실형을 선고받았다. 또한 천재이기에 감형을 받았다. 모두 천재이기 때문에 야기된 화(禍)다.

컴퓨터 영재들

많은 사람이 빌 게이츠와 같은 인물이 되기를 꿈꾼다. 하지만 빌 게이츠가 열여섯 살 때 처음 창업을 했고, 막 사회에 첫발을 디딘 대다수 사람이 그렇듯 실패로 끝이 났다는 사실을 아는 사람은 많지 않다. 빌 게이츠의 첫 번째 직업은 해커에 가까웠다. '해커에 가깝다'는 것은 합법적으로 해킹 기술을 사용했다는 뜻이다.

열세 살이던 빌 게이츠는 두 살 많은 폴 앨런과 같은 중학교에 다녔다. 두 사람은 수업이 끝난 후 자전거를 타고 학교에서 몇 마일 떨어진 '컴퓨터센터 코퍼레이션(Computer Center Corporation)'으로 갔다. 그들은 컴퓨터를 사용하기 위해 보수도 없는 일을 했다.

1960년대 말 무렵 컴퓨터는 실험실과 정부기관에나 있는 물건이었다. 학교에서 일주일에 한 시간씩 컴퓨터를 사용할 수 있었지만, 광적으로 컴퓨터에 빠져든 빌 게이츠에게 한 시간은 턱없이 부족했다. 마침 컴퓨터센터 코퍼레이션에서 소프트웨어의 결함을 찾아내는 일을 의뢰했고 빌 게이츠는 바로 수락했다. 보수는 없었지만 마음껏 컴퓨터를 사용할 수 있다는 것만으로 충분했다.

당시 빌 게이츠와 폴 앨런은 어린 나이에도 불구하고 컴퓨터 기술이 매우 뛰어났다. 컴퓨터센터 코퍼레이션에서 맡긴 일은 두 사람에겐 아주 쉬웠다. 컴퓨터센터 코퍼레이션의 프로그램은 상당히 복잡했고 적지 않은 오류가 있었다. 이런 오류는 나중에 프로그램을 운용할 때 시스템의 정상 운행을 방해해서 회사에 부정적인 영향을 미칠 수 있었다. 빌 게이츠는 매일 저녁 아주 사소한 결함까지 찾아내기 위해 프로그램을 반복해서 실험했다.

몇 달 후, 빌 게이츠와 폴 앨런이 제출한 〈문제 보고서〉는 3백 페이지가 넘었다. 소스코드 손상과 오 · 탈자 등 몇천 종의 오류가 발견되었다. 소프트웨어의 미묘한 부분까지 완벽하게 파악한 두 사람은 소프트웨어를 불안정하게 하는 오류를 찾아내는 데 그치지 않고 프로그램 코드를 마음대로 수정했다. 빌 게이츠는 보고서에 어떤 사람은 프로그래밍 방향에 문제가 있고, 어떤 사람은 똑같은 계산 실수를 세 번이나 했으며, 어떤 사람이 만든 5백 줄짜리 코드를 자신이 160줄로 줄였다는 등 조롱 섞인 내용을 거침없이 써내려 갔다. 그러나 컴퓨터센터 코퍼레이션은 사내 정서를 고려하여 흠잡을 것 없이 완벽하게 일한 빌 게이츠와 폴 앨런을 해고했다.

해커 빌 게이츠

직장을 잃은 빌 게이츠는 다시 컴퓨터를 마음껏 사용할 수 있는 곳을 찾아 다녔다. 당시 IBM과 함께 대형 컴퓨터를 생산하는 '컨트롤 데이터 코퍼레이션(Control Data Corporation, CDC)'에 시선이 멈추었다. 이 회사가 보유한 전국 컴퓨터 네트워크인 사이버 넷(Cybernet)은 컴퓨터만으로 세계와 통신할 수 있는, 당시로써는 상당히 귀한 네트워크였다. 데이터 코퍼레이션은 사이버 넷이 어떤 상황에서도 절대 안전하다고 자부했다. 그 모습을 본 어린 빌 게이츠는 사이버 넷을 공격하겠다고 결심했다.

컨트롤 데이터 코퍼레이션의 서버는 수십 대가 서로 연결되어 막대한 양의 데이터를 처리했다. 빌 게이츠와 폴 앨런은 수십 대의 서버 중 한 대에 침투한다면 이를 이용해 사이버 넷 시스템의 호스트 컴퓨터를 조종할 수 있다고 생각했다. 성공적으로 시스템에 침투한 두 사람은 모든 컴퓨터에 '특정 프로그램'을 설치했고, 결국 '어떤 상황에서도 절대 안전한 시스템'은 열 시간이 넘도록 작동을 멈췄다.

모든 해커의 결말이 그렇듯 빌 게이츠와 폴 앨런도 처벌을 피하지 못했다. 법정은 두 사람에게 1년 동안 완제품 컴퓨터와 컴퓨터 소프트웨어에 접근하지 말라는 판결을 내렸다. 그러나 장난기 많은 두 사람이 얌전히 판결을 따를 리가 없었다. 두 사람은 인텔 8088 마이크로프로세서가 출시되자마자 구입했고, 이를 응용하여 컴퓨터를 개조한 뒤 한 달이 넘도록 프로그래밍에 매달렸다.

이들은 트래프오데이터(Traf-O-Data)라는 이름의 회사를 창립했다. 도로교통감시장치의 데이터를 기초로 도시 각지에서 보내온 정보를 종합하고 도시 교통 시스템이 원활하게 운영되도록 신속하게 데이터를 분석했다. 이 소프트웨어를 위해 생애 처음 회사를 설립했다는 것만으로 두 사람이 이 소프트웨어를 얼마나 낙관적으로 바라보았는지 짐작할 수 있다. 머지않아 교통 상황에 변혁을 몰고 올 것이라 확신했다. 하지만 이 회사는 곧 도산했다. 소프트웨어를 신중히 검토한 시 정부와 각 부문은 둘의 나이를 합쳐도 서른다섯이 안 되는 소년들이 이 소프트웨어를 만들었다고 믿지 않았기 때문이다.

트래프오데이터가 도산한 후 폴 앨런은 대학에 입학했다. 빌 게이츠와 폴 앨런이 C-큐브드(C-Cubed)*에서 작성한 프로그램 보고서를 본 TRW(TRW Inc.)**는 두 사람에게 소프트웨어 개발 업무를 맡겼다. 연 수입이 3만 달러였다. 컴퓨터에 대한 욕망을 채우고 돈까지 벌 기회였다. 거부할 수 없는 유혹에 폴 앨런은 대학교를 중퇴했고 빌 게이츠는 고등학교를 휴학했다. 다시 소프트웨어를 만들기 시작한 두 사람은 이후 수십 년 동안 소프트웨어 개발에 몰두했다. 청소년기를 회상하며 빌 게이츠는 이렇게 말했다.

"그때는 결과물을 실수 없이 정확하게 보여주는 기계에서 손을 놓을 수가 없었습니다. 이미 너무 깊이 빠져든 상태였죠."

어린 빌 게이츠는 학급 자리 배정 프로그램을 만들 때 혼자만 여학생들에게 둘러싸이도록 몰래 명령을 넣기도 했다. 치밀하고 논리적으로 사고하는 모습 외에도 또래 아이들처럼 귀여운 면이 많은 소년이었다.

---

* 빌 게이츠와 폴 앨런이 다니던 레이크 사이드 고등학교의 학부모 중 한 명이 공동 창업한 회사. C-큐브드는 자사에서 개발한 소프트웨어의 테스트를 학생들에게 맡기고, 학생들이 컴퓨터를 공짜로 사용하게 했다.

** 미국의 항공우주기기, 자동차부품 제조업체

감사의 말

십 년 전, 회사생활을 정리한 저는 고향에서 조용히 지내고 있었습니다. 매일 강변의 고기잡이배 옆에 앉아 강바람을 맞으며 고향 양조장에서 나온 사오다오즈(燒刀子) 주를 마셨습니다. 틈틈이 잡지에 연재할 글을 쓰기 위해 뿔뿔이 흩어진 글자들을 끌어모으곤 했지요. 마침 학교 교장인 친구의 부탁으로 일주일에 한 번 해커와 컴퓨터에 대해 수업하고 술값을 벌었는데, 시간이 흘러 아이들을 가르치던 교안이 모여 책의 모양을 갖추게 되었습니다.

감사하게도 샹탄쥔위에미디어발전유한공사(湘潭君悅傳媒發展有限公司)의 왕궈쥔(王國軍) 사장님께서 힘을 보태주셨습니다. 그분의 교정과 검토가 없었다면 이 책은 세상에 나오지 못했을 겁니다. 이 책의 한 글자 한 글자를 정성껏 살펴준 마수민(馬淑敏), 루하이쥐앤(盧海娟), 허우용화(候擁華), 리우칭산(劉清山), 리우리잉(劉黎 瑩), 리우쉬에정(劉學正), 마샤오웨이(馬曉偉), 천화칭(陳華清), 루롱싱(汝榮興), 저우궈화(周國華), 텐위롄(田玉蓮), 쉬동린(許東林), 장주롱(張珠容), 자오징웨이(趙經緯), 리우수타오(劉述濤) 씨에게도 깊은 감사의 마음을 전합니다.

비 내리는 장난(江南)에서 이 책을 펼치는 모든 독자께 안부를 여쭙니다. 여러분의 성원으로 마침내 이 책에 눈길로 만든 작은 책갈피를 꽂을 수 있었습니다.

리우 창(劉 創)

비 내리는 첸탕(錢塘) 강 가에서

해커 활약사
: 아줌마에서 CEO까지, 기상천외한 복면의 영웅들
초판 1쇄 발행 / 2016년 8월 23일

지은이 / 리우 창
옮긴이 / 양성희, 권희경
브랜드 / 각광

편집 / 문선미
디자인 / 서당개

펴낸이 / 김일희
펴낸곳 / 스포트라잇북
제2014-000086호 (2013년 12월 05일)

주소 / 서울특별시 영등포구 도림로 464, 1-1201 (우)07296
전화 / 070-4202-9369 팩스 / 031-919-9852
이메일 / spotlightbook@gmail.com
주문처 / 신한전문서적 031-919-9851

책값은 뒤표지에 있습니다.
잘못된 책은 구입한 곳에서 바꾸어 드립니다.

ISBN 979-11-87431-01-5 03500

각광은 스포트라잇북의
실용 비소설 브랜드입니다.